CMP BOOKS

机工IT

计算机前沿技术丛书

Lua
解释器构建

从虚拟机到编译器

吴尹杰 / 著

机械工业出版社
CHINA MACHINE PRESS

Lua 是一门设计精简、功能强大的脚本语言。本书将 Lua 解释器拆解，使用 C 语言，一步一步构建能够正确运行的 Lua 解释器。本书共 6 章，分别为 Lua 解释器概述，Lua 虚拟机，Lua 脚本的编译与虚拟机指令运行流程，Lua 编译器，Lua 的解释器的其他基础特征，dummylua 开发案例：俄罗斯方块。阅读本书，并不需要读者事先精通有关编译原理的知识，书中会尝试用简洁的语言，向读者介绍相关的具体内容。

本书面向对 Lua 内部以及解释器的设计和实现感兴趣的读者，并要求读者对 C 语言和 Lua 有一定的了解和使用经验。本书免费提供书中配套案例的全部源码，相关获取方式见封底。

图书在版编目（CIP）数据

Lua 解释器构建：从虚拟机到编译器/吴尹杰著 . —北京：机械工业出版社，2023.1（2024.5 重印）
（计算机前沿技术丛书）
ISBN 978-7-111-71883-3

Ⅰ.①L⋯　Ⅱ.①吴⋯　Ⅲ.①游戏程序–程序设计　Ⅳ.①TP317.6

中国版本图书馆 CIP 数据核字（2022）第 198149 号

机械工业出版社（北京市百万庄大街 22 号　邮政编码 100037）
策划编辑：李晓波　责任编辑：李晓波
责任校对：张艳霞　责任印制：刘　媛
涿州市般润文化传播有限公司印刷
2024 年 5 月第 1 版第 4 次印刷
184mm×240mm・19.25 印张・483 千字
标准书号：ISBN 978-7-111-71883-3
定价：99.00 元

电话服务　　　　　　　　网络服务
客服电话：010-88361066　机　工　官　网：www.cmpbook.com
　　　　　010-88379833　机　工　官　博：weibo.com/cmp1952
　　　　　010-68326294　金　书　网：www.golden-book.com
封底无防伪标均为盗版　机工教育服务网：www.cmpedu.com

序

Lua 作为一门脚本语言，得益于其灵活性以及相较于其他脚本语言的性能优势，已经被广泛应用于游戏、应用拓展脚本、Web 等领域。得益于 Lua 语言的简洁，学会应用 Lua 的成本很低，大部分具有其他编程语言开发经验的开发者可以在一周甚至更短时间上手 Lua。但是 Lua 虚拟机和编译器是如何实现的，却几乎无人问津。

编程开发领域老生常谈的内功与外功，业务开发常被比喻为外功，而算法、数据结构、编译原理、操作系统、图形学等常被比喻为内功。之所以会有这种比喻，原因在于业务层面变化极快，新技术与新框架日新月异，而其内在原理却几乎能在相对稳定的数据结构与算法、编译原理、操作系统、图形学中找到身影。因此作为开发人员想要练就一身以不变应万变的本领，更需要练好底层内功。

关于 Lua 的书籍，很少有深入研究其内部运行原理的。本书作者通过理论与实际结合，逐步向开发者讲解 Lua 虚拟机、编译器的实现原理。对于不想让自己技术止步于表层业务逻辑的开发者而言，此书可以和你一起领略 Lua 虚拟机和编译器的独特设计。虽然相对于传统的业务开发而言，本书的内容难度会稍高，但欲穷千里目，更上一层楼。多加研读并辅以资料，当尝试自己动手实现一个 Lua 虚拟机和编译器后，相信你对编程也会有更奇妙的体会。

——昆仑万维技术总监　蔡俊鸿

前　言
PREFACE

　　Lua 是一门被广泛使用的脚本语言，它是巴西里约热内卢天主教大学里的一个由 Roberto Ierusalimschy、Waldemar Celes 和 Luiz Henrique de Figueiredo 三人所组成的研究小组于 1993 年开发的。截止本书编写的时间，Lua 的最新版本为 Lua5. 4. 4。Lua 是开源的，读者可以在官网⊖上找到它发布的所有历史版本。运行 Lua 脚本的程序称为 Lua 解释器。

　　众所周知，要想使用好一个工具，最好的方式就是理解它的内部构成和运作原理，这样我们才能如庖丁解牛一般，在使用过程中得心应手。对于一门编程语言来说，也是如此。作为一门知名的开源语言，有相当数量的技术人员、学者对其源码展开研究。

　　Lua 尽管设计精简，我们现在能够搜集的资料也很多，但是要从整体上去研究，还是有一些门槛和难度的。笔者在经过阅读大量的资料并进行了众多实践后，梳理总结出了一套深入研究 Lua 解释器的知识体系和研究方法，并希望通过本书给广大读者提供一种新的视角。

　　荀子有云：不闻不若闻之，闻之不若见之，见之不若知之，知之不若行之。其意思是，没有听到的不如听到的，听到的不如见到的，见到的不如了解到的，了解到的不如去实行的，学问到了实行就达到了极点。这里的实行就是实践。同时，我们也可以相信，要更好地理解 Lua 解释器，最好的方式就是亲自实践去写一个能够正确运行的 Lua 解释器，这就是我编写本书的初衷。

　　本书将 Lua 解释器拆解成多个部分，一步一步对其进行重新构建。全书分 6 章。第 1 章介绍了解释器的基本概念，简要介绍了虚拟机和编译器，为读者阅读后面的内容提供铺垫。第 2 章介绍了 Lua 虚拟机，包括数据结构和基本运作流程、垃圾回收机制、字符串和表，这也是 Lua 虚拟机最核心的部分。第 3 章介绍了 Lua 编译器和虚拟机如何交互。第 4 章介绍了 Lua 编译器的词法分析器和语法分析器。第 5 章介绍了 Lua 解释器的其他基础特性，包括元表、用户数据（userdata）、上值（upvalue）、弱表和模块。第 6 章介绍了一个 dummylua 开发案例：俄罗斯方块，它使用 Lua 脚本编写，并使用本书仿制的 Lua 解释器运行。

　　笔者希望通过拆解 Lua 解释器，让读者每次只专注于章节所涉及的模块，这样比直接阅读最终的源码，干扰因素会更少。因为不需要一开始就直接面对烦琐的模块间交互的逻辑。

　　⊖　https：//www.lua.org/ftp/

阅读本书，笔者推荐的方式是按照目录，逐个章节阅读，并且在阅读每一章随书源码之后，再自己动手写一次，并通过对应的单元测试，这样能够最充分地消化和吸收所学的内容。当然，这也不是阅读本书的唯一方式，如果读者只对 Lua 解释器主要组成部分的结构和运行流程感兴趣，而不关心其内部实现细节，完全可以抽取感兴趣的章节进行阅读，而不阅读对应章节的随书代码。本书尽可能少粘贴代码，而使用大量的图文进行论述。

本书的设计和实现参照了 Lua 5.3 的标准，目的是希望通过简洁的方式，揭示 Lua 的内部运行机制，因此不会在所有的细节上和官方保持一致，但是基本遵循了 Lua 官方的设计思路。读者可以在完成本书的学习之后，再回归官方源码进行研究，相信可以事半功倍。此外，也希望读者通过本书，对研究 Lua 更新版本的源码有所帮助。

本书的内容，始于笔者 2018 年开始写的 Lua 解释器相关的博客。从开始到完成，笔者得到了许多朋友的热情支持。

首先要感谢的是机械工业出版社的编辑们，感谢他们的辛勤付出，使得书籍的书写方式和组织结构更加严谨。

其次要感谢为笔者写推荐语的四位老师：昆仑万维技术总监蔡俊鸿、美国犹他大学 CPU 博士 Marisa、微软最有价值专家 Mouri 和腾讯游戏服务器专家廖阿敏。他们不辞辛劳，在百忙之中阅读了稿件，并提供了很多很好的建议。同时也祝贺 Marisa 博士在学术领域取得了新的突破，他们的新算法能使 V8 引擎的 GC 性能提升 30%。

最后要感谢笔者的父母和妹妹一直以来的支持，还有一直在背后支持笔者的朋友们，他们是笔者能坚持完成本书的动力。

由于本人水平有限，如果读者在阅读过程中发现错漏，恳请批评指正，可以在本书的随书源码 GitHub 仓库（https：//github. com/Manistein/let-us-build-a-lua-interpreter/issues）上提交。

编 者

CONTENTS 目 录

本章将对 Lua 解释器的整体架构进行介绍，并且阐述其运行机制。此外，还会对 Lua 虚拟机和编译器进行简介，最后介绍本书的仿制项目 dummylua。

1.1 Lua 解释器

1.1.1 Lua 解释器的整体架构

Lua 是一门脚本语言，Lua 脚本能够边编译边执行，符合解释器的所有特征。编译和运行 Lua 脚本的程序称为 Lua 解释器。

本节将对 Lua 的整体架构进行讨论。在开始详细讨论之前，首先向读者介绍一下什么是解释器。按照编译原理相关书籍的介绍，解释器是将输入的源代码（脚本），直接编译并且直接运行，源代码被加载到解释器以后，不会输出目标代码，而是直接被解释执行，直接输出结果，如图 1-1 所示。

● 图 1-1

前文比较抽象地介绍了什么是解释器，现在来看一个比较直观的例子。例子在 ubuntu16.04 的云服务器上进行。首先，创建一个 ~/workspace/lua 的目录，并且通过 cd 命令（Dos 系统的目录切换命令），进入这个目录。通过 wget https：//www.lua.org/ftp/lua-5.3.5.tar.gz 命令语句，获得 lua-5.3.5 的源码压缩包，如图 1-2 所示。

接下来，使用 tar -zxvf　lua-5.3.5.tar.gz 命令进行解压，得到 Lua 源码目录 lua-5.3.5，如图 1-3 所示。

```
drwxrwxr-x  2 ubuntu ubuntu   4096 Sep  4 10:52 ./
drwxrwxr-x 14 ubuntu ubuntu   4096 Sep  4 10:43 ../
-rw-rw-r--  1 ubuntu ubuntu 303543 Jun 27  2018 lua-5.3.5.tar.gz
ubuntu@VM-46-92-ubuntu:~/workspace/lua$
```

● 图 1-2

```
drwxrwxr-x  3 ubuntu ubuntu   4096 Sep  4 10:56 ./
drwxrwxr-x 14 ubuntu ubuntu   4096 Sep  4 10:43 ../
drwxr-xr-x  4 ubuntu ubuntu   4096 Jun 27  2018 lua-5.3.5/
-rw-rw-r--  1 ubuntu ubuntu 303543 Jun 27  2018 lua-5.3.5.tar.gz
ubuntu@VM-46-92-ubuntu:~/workspace/lua$
```

● 图 1-3

通过 cd 命令，进入到 lua-5.3.5 的目录中，执行 make linux 指令，等待编译完成。然后，在 lua-5.3.5/src 目录下获得一个名称为 lua 和 luac 的可执行文件。这里的可执行文件 lua 就是 Lua 解释器，luac 则是将 Lua 脚本编译成字节码的编译器。

在 lua-5.3.5 目录下，创建一个 scripts 目录，并且创建一个 test.lua 脚本，脚本里的代码只是一个 print（"hello world"）语句，输入.../src/lua test.lua 指令，可以得到图 1-4 所示的结果。

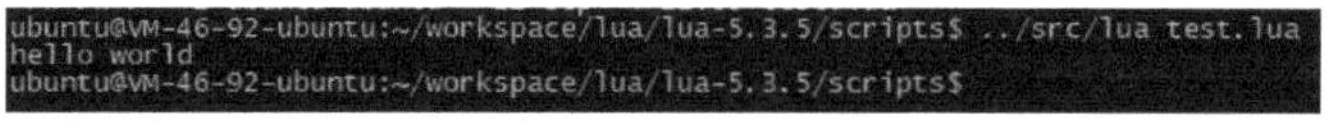

```
ubuntu@VM-46-92-ubuntu:~/workspace/lua/lua-5.3.5/scripts$ ../src/lua test.lua
hello world
ubuntu@VM-46-92-ubuntu:~/workspace/lua/lua-5.3.5/scripts$
```

● 图 1-4

结合图 1-1 可以很自然地联想到，test.lua 就是源代码（脚本），位于../src 目录下名为 lua 的可执

行文件就是解释器，而输出的 hello world 就是运行结果。现在，读者对 Lua 解释器应该有了更为直观
的认识了。那么解释器和编译器又有什么区别呢？按
照编译器的定义，编译器的作用就是将一种语言转化
为另一种语言。在编译器实践中，通常编译器的输入
语言是相对高级的语言，而输出语言通常是更贴近底
层的语言，如图 1-5 所示。

● 图 1-5

编译器在对源语言执行编译时，并不会直接运行源语言的逻辑，而是将其转化为目标语言。比如
前面对 Lua 源码进行编译，会得到很多 ".o" 文件。那么 Lua 源码则是源语言，GCC 是编译器，
"∗.o" 文件则包含了目标语言（二进制机器码）。此外，还需要通过链接器，将诸多 ".o" 文件整合
成可执行文件 lua 和 luac。在 lua 和 luac 程序被启动之前，Lua 源代码在编译和链接的过程中是没有被
执行的，而解释器则会直接对输入的脚本代码进行执行操作，这就是编译器和解释器的核心区别。

在了解完编译器和解释器的概念之后，现在开始探讨 Lua 解释器的整体架构。Lua 解释器主要有
两种运行模式：一种是前面展示的，直接加载 Lua 脚本并执行，直接获得运行结果；另一种则是通过
Lua 编译器（即可执行文件），将 Lua 脚本编译成字节码暂存在磁盘中，当需要使用的时候，再去加载
执行，如图 1-6 所示。

● 图 1-6

两种模式主要的区别是，编译脚本代码发生在不同的时期。第一种是解释器运行期间，加载脚本
代码后，直接编译并直接运行。第二种模式则是预先将脚本编译，并以文件的形式存入磁盘，需要的
时候，再加载到解释器中进行执行，此时省去了编译的过程。

这里就涉及一个新的问题，预先编译的模式能否在运行期比直接加载脚本并执行的模式更快呢？
答案是否定的。因为不论是预先编译，还是直接加载脚本并且编译执行，它们生成的指令是一样的，
因此在运行期间不会有效率上的差别。但是预先编译的方式，确实会在加载和执行时省去编译所需要
的时间。

官方 Lua 中，luac 和 lua 两个可执行文件都包含了一个内置编译器。它们内部包含的内置编译器
是一样的，只是 luac 增加了输出字节码的逻辑。本书不会对如何构建 luac 编译器进行讨论，而是集中
时间精力探索 Lua 解释器，因为只要搞懂 Lua 解释器的运行机制，读者回顾 luac 的时候就自然会驾轻
就熟了。

继续研究 Lua 解释器的整体内部构造。前面将 Lua 当作是一个黑盒子，现在要做的则是打开这个
黑盒子。Lua 解释器可以分割成两大部分，分别是编译器和虚拟机。回顾一下图 1-1 的情景，脚本会
被解释器加载编译并执行，直接输出结果。将其内部继续细化，得到图 1-7 所示的结果。从图中可以
看到，解释器内部被分割成编译器和虚拟机。该运行方式和图 1-6 的方式非常相似，只是通过编译器
编译后的字节码，图 1-6 的方式是存放在文件里，并且在编译的过程中，解释器程序未被启动。而

图 1-7 的方式则是将字节码信息存在一个被叫作 Proto 的内存结构中，这个结构主要是存放编译结果（指令、常量等信息）。虚拟机在运行的过程中，会从 Proto 结构中取出一个个的字节码，然后再执行。

● 图 1-7

前面对编译器和解释器进行了说明，现在发现解释器内部还包含了一个编译器，如图 1-7 所示。有些读者可能会有些困惑，既然编译器和解释器是有区别的，那 Lua 解释器为什么又包含了编译器呢？前文也已经提到过，只要能将一种语言转化成另一种语言的程序，都是符合编译器的定义的。Lua 解释器内部的编译器，本质上是将脚本代码编译成字节码，符合这个定义，因此也是编译器。

在编译原理中，有编译型语言和解释型语言之分。编译型语言的编译器，能够将源代码直接编译成机器码生成可执行文件，运行源码的逻辑需要将可执行文件加载到进程中执行，比如 C/C++ 语言就是这种类型。编译型语言编译出来的机器码是和平台相关的，比如在 x86 平台上编译的程序，是不能在 ARM 平台上运行的。解释型语言则不同，只要目标平台能够运行该语言的解释器，它们的逻辑脚本可以不经过任何修改，就能在这些目标平台上运行。Lua 就是这样的解释型语言。

Lua 解释器的内置编译器和编译型语言（比如 C、C++）是有很大的区别的。编译型语言的编译器强大且复杂，根据《编译原理：原理、技术与工具》一书中的定义，它包含了前端和后端。前端负责对源代码进行词法分析、语法分析、语义分析，再通过中间码生成器生成中间表示，然后交给编译器后端的代码生成器生成目标机器码，最后通过编译器后端的目标码优化器优化目标机器码，如图 1-8 所示。

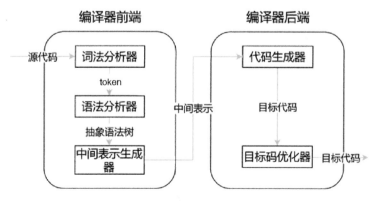

● 图 1-8

Lua 解释器的内置编译器，则没有这么复杂。首先它不负责生成机器码，主要工作就是将 Lua 脚本编译成虚拟机能够识别的字节码。其次，它的构造也很简单，主要包含了词法分析器和语法分析器。其语法分析器也不生成抽象语法树，而是直接生成字节码。

截止到现在，已完成对 Lua 解释器整体架构的介绍。下一节，将对 Lua 解释器的整体运行机制进行简要的介绍。

▶▶ 1.1.2 Lua 解释器的运行机制

上一节介绍了 Lua 解释器的整体架构，并且在比较抽象的层面上，介绍了它的运作机制。本节会详细论述 Lua 解释器的整体运行机制。读者已经知道：Lua 解释器由编译器和虚拟机两个部分组成；脚本代码，在经过编译器编译之后，会得到一系列的字节码，它们会被存放到一个 Proto 结构中。

这里需要对字节码进行解释，字节码是一种能够被虚拟机识别的中间代码。一些解释型语言，能够通过它们的编译器将源代码编译成字节码，再交给虚拟机去执行。和机器码不同，它不能直接被 CPU 识别和执行，而需要借助虚拟机。只要虚拟机程序能够在不同架构的 CPU 上运行，那么同一份字节码，就能在这些不同架构的 CPU 上运行。字节码的名称来自其指令的组织形式。一般来说，一个字节码指令是由 1 字节的操作码（opcode）和若干个可选操作参数组成（如图 1-9 所示）。一般来说，字节码指令就是虚拟机中定义的指令。

操作码 (opcode)	参数	参数	参数

● 图 1-9

如图 1-10 所示，Lua 解释器的内置编译器会将脚本编译成类似这种形式的指令，也就是虚拟机指令（后文统称为指令）。前文所述的 Proto 结构，有一个指令列表（code 列表），这个列表会用来存放编译好的指令。指令列表的最后一个指令通常是 RETURN 指令，代表程序结束。

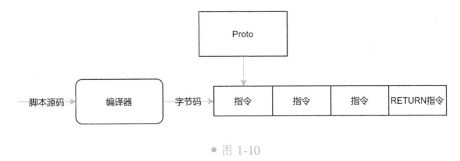

● 图 1-10

在 Lua-5.3.5 中，编译脚本源码，并将指令存入 Proto 结构是通过 luaL_loadfile 函数来进行的。这步操作完之后，脚本代码并不会立即被执行，而需要调用 lua_pcall 函数来执行 Proto 里的指令。lua_pcall 函数会调用 Lua 虚拟机的入口函数，进入到这个函数之后，Lua 虚拟机会将 Proto 指令列表中的指令，逐个取出来并执行。虚拟机内执行的伪代码，如下所示。

```
void luaV_execute() {
    int pc = 0;
    for (;;) {
        Instruction i = Proto.code[pc];
        switch(getopcode(i)) {
            case OP_XX: do something;break;
            case OP_YY: do something;break;
            ...
            case OP_RETURN: return;
        }
        pc++;

    }
}
```

Proto 结构的 code 列表，最后一般都是 RETURN 指令，这是编译器自动加上去的，它要确保程序最终能够被终止。当然，虚拟机的指令执行函数不会这么简单，这里只是为了给读者建立一个整体的概念，理解它大体的运行流程。

1.2 Lua 虚拟机

本节将介绍 Lua 虚拟机，并且介绍 Lua 虚拟机指令的编码格式和指令集。

1.2.1 虚拟机简介

前文介绍了 Lua 解释器的整体架构和运行机制，本节将会对其内部的一些数据结构进行简要的介绍。在后续的章节中，会逐渐丰富虚拟机的内容。回顾一下图 1-7，到目前为止，Lua 解释器的虚拟机被看作是一个黑盒子，那么这个黑盒子里有什么东西呢？由于 Lua 解释器是用 C 语言开发的，并没有什么面向对象的概念，因此也没有一个虚拟机类对象。但是 Lua 虚拟机有一个很重要的数据结构，这个结构被称为 global_State。这个结构包含了为虚拟机开辟和释放内存所需的内存分配函数，保存 GC 对象和状态的成员变量，以及一个主线程结构实例、全局注册表等。

要理解 Lua 虚拟机，有两个特别重要的结构要弄清楚，一个是前面说的 global_State 结构，还有一个是 Lua 虚拟机自定义的"线程"结构，也被称为 lua_State 结构。Lua 虚拟机里的"线程"和操作系统的线程是有区别的。操作系统中多条线程之间可以并发（分时间片交替运行）或并行（在同一时刻、不同 CPU 核心内）执行，而 Lua 虚拟机的"线程"则不行。Lua 虚拟机的"线程"切换，必须等正在运行的"线程"先执行完或者主动调用挂起函数，否则其他"线程"不会被执行。Lua 虚拟机的"线程"实际上是运行在操作系统的线程内。在实践中，一条操作系统线程，在同一时刻往往只会运行 Lua 虚拟机里其中的一条"线程"。当 Lua 虚拟机内部存在多个"线程"实例时，除了"主线程"，其他"线程"实际上是协程。

现在先来看一下 global_State 的整体结构。global_State 结构里的成员可以先从大体概念去划分，而不是过早地关注内部的细节，这样有利于先建立整体的概念，然后顺着概念逐个击破。图 1-11 展示了整个 global_State 大体的结构，这是 Lua 虚拟机最核心的数据结构。现在对 global_State 结构的几个部分分别进行解释和说明。

- **Allocator**：这是 Lua 虚拟机的内存分配器，本质上是一个内存分配函数。虚拟机开辟内存和释放内存均需要通过这个函数。用户可以自定义内存分配器，也可以使用官方默认的。官方默认的最终会调用 realloc 和 free 函数。
- **GC fields**：这是包含一系列和 GC 相关的成员，将在第 2 章详细讨论它们。

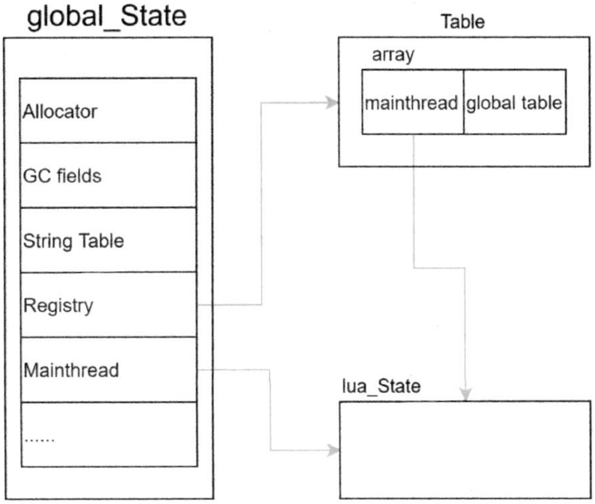

● 图 1-11

- **String Table**：这是短字符串的全局缓存。同样地，对于字符串，将在第 2 章讨论它的设计和实现。
- **Registry**：这是 Lua 虚拟机的全局注册表。它本质上是一个 Lua 表对象，在全局注册表 Registry 中只有数组被用到，并且第一个值是指向"主线程"的指针，而第二个值则是指向全局表（也就是_G）的指针。
- **Mainthread**：这是 Lua 虚拟机，指向"主线程"结构的指针。在 Lua C 层代码中，可以很轻易地拿到 global_State 指针。而这个 Mainthread 指针，可以方便地获取 Mainthread 对象。

剩下的部分是和元表、弱表等相关的内容，在第 5 章会介绍它们。

接下来要来介绍的内容则是 Lua 虚拟机"线程"结构。前文也已经提到过，Lua 虚拟机的"线程"结构实际上是 lua_State 结构。lua_State 结构的内容较多，这里将其抽象成若干个大的模块，如图 1-12 所示。下面对这些模块分类进行简要说明。

- **GC 相关**：所谓 GC 即是 Garbage Collection，也就是垃圾回收。所有垃圾回收相关的成员都归为这类，第 2 章将详细讨论 GC 机制。
- **Stack 相关**：每个 Lua"线程"实例，都会有自己独立的栈空间、信息等。这些部分包含在 stack 相关的域内，Lua 的函数会在栈上执行，临时变量也会暂存在栈上，同时栈的起始地址、大小信息也包含在这里面。此外，Lua 虚拟机的虚拟寄存器也是直接使用栈上的空间，第 4 章将讨论编译器相关的内容。
- **status**：代表了 Lua"线程"实例的状态，Lua"线程"在初始化阶段会被设置为 LUA_OK。
- **global_State 指针**：指向 Lua 虚拟机中 global_State 结构的指针。

● 图 1-12

- CallInfo 相关：这是函数调用相关的信息。前文提到过，函数（Lua 函数和 C 函数）要被执行，首先函数实体要被压入 lua_State 结构的栈中，然后再进行调用。CallInfo 相关的信息则会记录被调用的函数在栈中的位置。每个被调用的函数都有自己独立的虚拟栈（lua_State 栈中的某个片段），CallInfo 信息会记录独立虚拟栈的栈顶信息。此外，它还记录了被调用的函数有几个返回值、调用的状态以及当前执行的指令地址等，是和 Lua 栈一样具有同等重要性的数据结构。
- 异常处理相关：当 Lua 栈内函数调用发生异常时，需要这些异常相关的变量协助进行错误处理。

到这里就已经完成 Lua 虚拟机中最重要的两个数据结构的介绍了。实际上，需要介绍的内容还有很多，包括字符串和表等，这些将在后续章节详细介绍。此外，相关资料对于虚拟机的定义，语言级别的虚拟机是用来运行独立于平台的程序（比如字节码）。也就是说，Lua 虚拟机也需要有解析并运行 Lua 字节码的能力。

Lua 虚拟机的运行主要是调用函数。在 Lua 虚拟机中被调用的函数类型主要有两大类：一类是 C 函数，另一类是 Lua 函数。C 函数又细分为 Light C Function 和 C 闭包（C Closure），Lua 函数主要是指 Lua 闭包。本书将在后续章节介绍闭包的概念，这里仅举两个简单的例子。先来看第一个例子，假设有一个 C 函数，如下所示。

```
static int test_main04(struct lua_State* L) {
  int arg1 = (int)luaL_tointeger(L, 1);
  int arg2 = (int)luaL_tointeger(L, 2);
  printf("test_main04 arg1:%d arg2:%d\n", arg1, arg2);
  lua_pushinteger(L, arg1+arg2);
  return 1;
}
```

在调用 test_main04 函数之前，首先要调用 luaL_newstate 函数创建一个 Lua 虚拟机实例，内存中将会得到一个 global_State 和 lua_State 实例。此时，虚拟机将 test_main04 函数压入虚拟机"主线程"的栈中，然后压入两个整型参数：1 和 2，得到图 1-13 所示的结果。

现在可以清晰地看到栈顶函数和参数的位置。那么此时，要在 Lua 虚拟机中运行 test_main04 函数，需要调用随书代码中的 lua_pcall 函数，其声明如下所示。

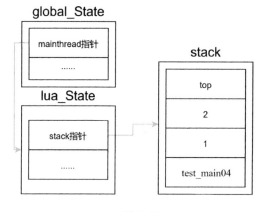

● 图 1-13

```
int luaL_pcall(struct lua_State* L, int narg, int nresult);
```

函数的第一个参数 L 是表示 Lua "线程"；第二个参数 narg 表示要在 Lua "线程"里执行的函数有多少个参数；第三个参数 nresult 表示在 Lua "线程"里执行的函数有多少个返回值。

可以看到，test_main04 函数是将两个输入参数相加再返回，那么要在虚拟机调用这个函数需要调用如下代码。

```
lua_pcall(L, 2, 1);
```

这里需要说明的是，lua_pcall 函数是随书工程
自定义的一个函数，为了方便叙述，它省略了官方
同名函数中的最后一个参数。上面这行代码代表的
含义是，调用图 1-13 中 Lua "主线程"栈上位于
top-（2+1）位置上的 test_main04 函数，其中参数有
两个，返回值是 1 个。接下来，就会执行 test_
main04 函数，于是可以得到图 1-14 所示的结果。

从图 1-14 中，可以看到原来函数的位置被计算
结果覆盖了。而 top 指针则指向了计算结果的上方。

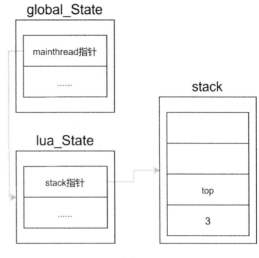

● 图 1-14

以上就是 Lua 虚拟机调用 C 函数的一个简单例
子。既然 Lua 虚拟机的作用是运行 Lua 脚本编译出
来的指令，为什么还要保留调用 C 函数的功能呢？
这样会不会多此一举？答案是不会的。因为在 Lua
脚本中调用 C 函数，C 库可以作为 Lua 语言的高性
能拓展，这也是为什么 Lua 能作为胶水语言的原因。

现在来看第二个例子。假设有一个 Lua 脚本 test.lua，脚本里的代码只是一行 "print（" hello
world"）"的代码，那么加载并运行这段脚本的流程又是怎样的呢？首先，通过 luaL_loadfile 函数加载
test.lua 脚本，并进行编译，此时会生成一个 LClosure 类型的实例（脚本被编译之后的结果，被虚拟机
运行前，要创建这样一个实例来存放这些编译结果和执行状态）。它包含了一个 Proto 结构，Proto 结
构里包含了编译好的指令和其他一些信息，这种状态可以通过图 1-15 来表示。在图中读者可以看到，
编译后的结果会被存放在 Proto 结构中，其中指令存放在 code 列表中，而脚本中的常量则被存放到常
量表 k 中。图中的 Proto 结构是被压入栈中 LClosure 实例的一个成员。目前图 1-15 所展示的是经过
luaL_loadfile 编译后的状态，接下来就是要让虚拟机去运行 LClosure 实例中的代码了。

调用 lua_pcall（L, 0, 0）就能够让虚拟机找到 LClosure 函数，并且去执行它。虚拟机的执行函
数，会逐个运行 Proto 结构中 code 列表的指令。

首先执行的是 "OP_GETTABUP 0 0 256"指令。这个指令的等式表达为 $R(A) = \_ENV[RK(C)]$
（R 表示寄存器，K 表示常量表）。指令的第一个 0 表示目标寄存器的位置，在本例中就是 stack 上被
标记为 0 的位置。第二个 0 表示从 LClosure 实例的第 0 个上值（upvalue）找 RK（256）的变量。在
Lua-5.3 中，每个函数实例的第一个上值都是_ENV，而它默认指向_G。RK（C）的含义是：当 C 的
值<256 时，就去栈中找变量；当 C≥256 时，就到常量表 k[C−256] 中找值。结合起来，就是
$R(A) = \_ENV[RK(C)] ==> R(0) = \_ENV[k[C-256]] ==> R(0) = \_ENV[k[0]] ==> R(0) = \_G["print"]$
含义就是，从全局表_G 中找到名为 print 的值，并且将其设置到 stack 上被标记为 0 的位置上。

接下来要执行的指令则是 OP_LOADK，它的等式表达为 $R(A) = k[B]$。结合本例的例子，可以
得到如下推导：

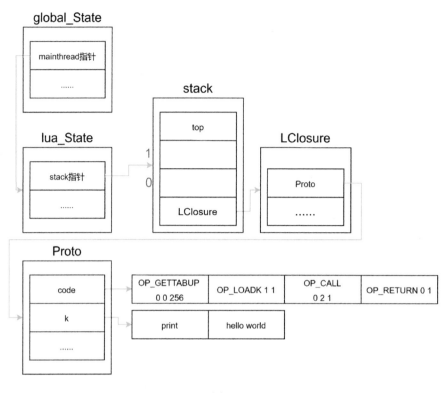

● 图 1-15

$R(A) = k[B] ==> R(1) = k[1] ==> R(1) =$ "hello world"

往后就是执行 **OP_CALL** 指令（见附录 A），它可以用公式 "Call R(A) B-1 C-1" 表示。将当前情景代入，则是 Call R(0) 1 0，表示调用位于栈 0 的函数——print 函数，输入一个参数 "hello world"，并返回 0 个值。完成调用后，屏幕输出 "hello world"，同时栈中 0 和 1 标记的位置就相当于清空状态了。

对 Lua 虚拟机的介绍就到此为止了。本节首先对虚拟机两个重要的数据结构 global_State 和 lua_State 进行简要说明，然后对虚拟机运行 C 函数和 Lua 函数的流程也进行了简要的说明，后面将介绍 Lua 虚拟机的指令编码方式和指令集。

▶▶ 1.2.2 虚拟机指令的编码方式

前面介绍了虚拟机核心的数据结构和基本的运行方式，使读者对 Lua 虚拟机有了大概的认识。Lua 虚拟机运行的本质，就是不断获取并运行 Lua 的虚拟机指令。在 Lua 中，虚拟机有自己能够识别的指令集，在这个集合里有不同的指令，会执行不同的功能。Lua 脚本经过编译后，会生成包含在指令集里的指令，以确保虚拟机能够识别。在探讨 Lua 虚拟机指令集之前，先来了解一下 Lua 虚拟机指令的几种编码方式。

Lua 虚拟机指令的编码方式（也是本书实现 Lua 解释器采用的编码方式）主要有 3 种，它们分别是 iABC、iABx 和 iAsBx。虚拟机指令信息是保存在 32bit 无符号整型变量中，指令信息、参数信息会被编入这样的整型变量中。每个指令一共有 32bit（位），并且所有的指令长度都是一样的。3 种模式所表示的编码方式是不一样的。

iABC 模式的编码方式如图 1-16 所示。从图中可以看到，该模式的指令主要由 4 个部分组成，分别是 opcode 域、A 域、B 域和 C 域。

C 9bit	B 9bit	A 8bit	opcode 6bit

● 图 1-16

opcode 就是操作码，本质上指代的是虚拟机指令集里的指令（每个指令都有自己的数值编码），也就是说，只要识别它就能够知道当前用的是哪个指令了。opcode 占 6bit，因此它能够表示的最大值是 2^6，也就是 64，指令集的指令上限是 64 个。本书实现的 Lua 虚拟机，并没有包含官方所有的指令，随书工程实现的指令一共是 43 个。

紧临 opcode 域的是 A 域，它表示的是被操作的目标，本质就是代表寄存器的位置。前文也提到过，Lua 虚拟机的寄存器实际上用的是栈上的空间，因此 A 域的值指代的就是栈上的某个位置，在这个指令里被当作寄存器使用了。A 域占 8bit，它能表示的最大值是 256（所表示的值落在 0～255 这个区间），实际上限制了栈的有效空间（因为超过 255，虚拟机指令就找不到这个位置了）。

接着是 B 域和 C 域，这两个域主要是存放参数信息。它们各占 9bit，能表示的最大范围是 2^9，也就是 512。B 域和 C 域具体代表什么信息，实际上是由 opcode 决定的。比如，操作对象如果是字符串，字符串本身的内容是没法编入这么短的域中的；因此，需要将不同的信息存放到不同的位置，再将它们的索引信息找出编入指令中。Lua 的绝大多数指令，采用的是 iABC 模式。

iABx 模式的编码方式如图 1-17 所示。和 iABC 模式不一样的是，iABx 模式没有 B 和 C 域，而只有一个 Bx 域，这个域占 18bit。使用这种模式的指令很少，只有 OP_LOADK、OP_LOADKX 和 OP_CLOSURE 三个指令。Bx 所代表的值是无符号的。

Bx 18bit	A 8bit	opcode 6bit

● 图 1-17

iAsBx 模式的编码方式如图 1-18 所示。iAsBx 的模式和 iABx 大体相当，只是高 18bit 的值是有符号

sBx 18bit	A 8bit	opcode 6bit

● 图 1-18

的，可以表示负数。但是 sBx 域并没有采取二进制补码的方式，而是采用一个 bias 值作为 0 值分界。因为 sBx 域占 18bit，因此它能表示的最大无符号整数值是 262143（$2^{18}-1$）。那么它的零值则是 131071（262143 >> 1）。当需要它表示-1 时，那么 sBx 域的值为 131070（131071 - 1）。采用 iAsBx 模式的指令一般和跳转有关系，比如 OP_JMP、OP_FORLOOP、OP_FORPREP 和 OP_TFORLOOP 指令等。

▶▶ 1.2.3 虚拟机指令集

本节将对虚拟机指令集进行介绍。虚拟机指令集如表 1-1 所示。

表 1-1 分 5 列。第 1 列是 C 层定义的，指令的枚举值，也就是指令名称。第 2 列是每个指令对应的指令编码，实际上就是指令中 opcode 的值。第 3 列表明该指令使用了哪些参数域。第 4 列为该指令的编码方式。第 5 列是通过符号的方式对指令进行说明。

表 1-1

指 令 名 称	编码	使用参数域	模式	说　　　明
OP_MOVE	0	A B	iABC	R(A) := R(B)
OP_LOADK	1	A Bx	iABx	R(A) := Kst(Bx)
OP_LOADKX	2	A	iABx	R(A) := Kst(extra arg)
OP_LOADBOOL	3	A B C	iABC	R(A) := (Bool)B; if (C) pc++
OP_LOADNIL	4	A B	iABC	R(A), R(A+1), ..., R(A+B) := nil
OP_GETUPVAL	5	A B	iABC	R(A) := upvalue[B]
OP_GETTABUP	6	A B C	iABC	R(A) := upvalue[B][RK(C)]
OP_GETTABLE	7	A B C	iABC	R(A) := R(B)[RK(C)]
OP_SETTABUP	8	A B C	iABC	upvalue[A][RK(B)] := RK(C)
OP_SETUPVAL	9	A B	iABC	upvalue[B] := R(A)
OP_SETTABLE	10	A B C	iABC	R(A)[RK(B)] := RK(C)
OP_NEWTABLE	11	A B C	iABC	R(A) := {} (size = B,C)
OP_SELF	12	A B C	iABC	R(A+1) := R(B); R(A) := R(B)[RK(C)]
OP_ADD	13	A B C	iABC	R(A) := RK(B) + RK(C)
OP_SUB	14	A B C	iABC	R(A) := RK(B) − RK(C)
OP_MUL	15	A B C	iABC	R(A) := RK(B) * RK(C)
OP_MOD	16	A B C	iABC	R(A) := RK(B) % RK(C)
OP_POW	17	A B C	iABC	R(A) := RK(B) ^ RK(C)
OP_DIV	18	A B C	iABC	R(A) := RK(B) / RK(C)
OP_IDIV	19	A B C	iABC	R(A) := RK(B) // RK(C)
OP_BAND	20	A B C	iABC	R(A) := RK(B) & RK(C)
OP_BOR	21	A B C	iABC	R(A) := RK(B) | RK(C)
OP_BXOR	22	A B C	iABC	R(A) := RK(B) ~ RK(C)
OP_SHL	23	A B C	iABC	R(A) := RK(B) << RK(C)

（续）

指令名称	编码	使用参数域	模式	说　明
OP_SHR	24	A B C	iABC	R(A) := RK(B) >> RK(C)
OP_UNM	25	A B	iABC	R(A) := −R(B)
OP_BNOT	26	A B	iABC	R(A) := ~R(B)
OP_NOT	27	A B	iABC	R(A) := not R(B)
OP_LEN	28	A B	iABC	R(A) := length of R(B)
OP_CONCAT	29	A B C	iABC	R(A) := R(B).. ... ..R(C)
OP_JMP	30	AsBx	iAsBx	pc+=sBx; if (A) close all upvalues >= R(A − 1)
OP_EQ	31	A B C	iABC	if ((RK(B) == RK(C)) ~= A) then pc++
OP_LT	32	A B C	iABC	if ((RK(B) < RK(C)) ~= A) then pc++
OP_LE	33	A B C	iABC	if ((RK(B) <= RK(C)) ~= A) then pc++
OP_TEST	34	A C	iABC	if not (R(A) <=> C) then pc++
OP_TESTSET	35	A B C	iABC	if (R(B) <=> C) then R(A) := R(B) else pc++
OP_CALL	36	A B C	iABC	R(A), ... ,R(A+C−2) := R(A)(R(A+1), ... ,R(A+B−1))
OP_TAILCALL	37	A B C	iABC	return R(A)(R(A+1), ... ,R(A+B−1))
OP_RETURN	38	A B	iABC	return R(A), ... ,R(A+B−2)
OP_FORLOOP	39	AsBx	iAsBx	R(A)+=R(A+2); if R(A) <? = R(A+1) then { pc+=sBx; R(A+3)=R(A)
OP_FORPREP	40	AsBx	iAsBx	R(A)−=R(A+2); pc+=sBx
OP_TFORCALL	41	A C	iABC	R(A+3), ... ,R(A+2+C) := R(A)(R(A+1), R(A+2))
OP_TFORLOOP	42	AsBx	iAsBx	if R(A+1) ~= nil then { R(A)=R(A+1); pc +=sBx }
OP_SETLIST	43	A B C	iABC	R(A)[(C−1)*FPF+i] := R(A+i), 1 <= i <= B
OP_CLOSURE	44	A Bx	iABx	R(A) := closure(KPROTO[Bx])
OP_VARARG	45	A B	iABC	R(A), R(A+1), ... , R(A+B−2) = vararg

本书实现的 Lua 解释器的指令与表 1-1 基本一致，但是指令的编码值和官方的略有不同（指令的枚举定义没有和官方完全一致）并且只有 43 个指令，实现的指令均是表 1-1 中出现的指令。虽然编码的值和官方并不是完全一致，但这并不影响读者动手开发 Lua 解释器以及理解官方 Lua 解释器的设计。

1.3 Lua 编译器

1.2 节简要介绍了 Lua 虚拟机，Lua 解释器主要由虚拟机和编译器构成。本节将对 Lua 的编译器部分进行简要的介绍。Lua 的编译器主要包含词法分析器和语法分析器，脚本源码先通过词法分析器获得 token 流，然后交给语法分析器直接编译成 Lua 虚拟机的字节码指令。

▶ 1.3.1 Lua 的词法分析器

本小节将对 Lua 的词法分析器（lexer）进行介绍。在编译原理中，词法分析是编译流程要进行的第一个步骤，其作用是对源码中的字符识别出其中有意义的 token，它们会作为语法分析器的输入。词法分析器一般是在语法分析器内被调用。在 Lua 解释器中，其内置编译器的编译流程如图 1-19 所示。要理解词法分析器，这里要先对 Lua 编译器内的 token 定义进行说明，具体如表 1-2 所示。

● 图 1-19

表 1-2

类　　别	token 说明
标识符（identifier）	字母、数字、下画线组成的字符串，其中首字母不能是数字
关键字（keyword）	and、break、do、else、elseif、end、false、for、function、goto、if、in、local、nil、not、or、repeat、return、then、true、until、while 等
操作符（operator）	+、-、*、/、//、~、..、=、>=、<=、==、~=、<<、>>、^ 等
数值类型	任意正、负整数，正、负小数和 0
字符串	如果出现 " " 或 ' ' 配对的字符，则表示连同引号在内的部分是字符串
注释	以--开头的一行，或以--［［注释内容］］表示的多行
文件结束符	<eof>
分隔符	,、;、<space>
函数访问	（ ）、:
Lua 表相关	［ ］、｛ ｝、.

对于词法分析器，这里有几点需要说明。首先它会自动跳过注释的内容，其次是对于换行符（\r、\n 等）、空格、\f、\t、\v 也会选择跳过。表 1-2 中的分隔符也是隔开不同 token 的标识。

Lua 词法分析器就是要将符合表 1-2 规则的 token 识别出来。Lua 的词法分析器提供了一个叫作 luaX_next 的函数，每次调用这个函数，就会从文本中抽取出一个 token，供语法分析器使用。现在来看一个例子，如下所示。

```
local t = {}
```

第一次调用 luaX_next：

```
token =luaX_next() -- 此时获得的 token 是 local
```

第二次调用 luaX_next：

```
token =luaX_next() -- 此时获得的 token 是 t
```

第三次调用 luaX_next：

```
token =luaX_next() -- 此时获得的 token 是=
```

第四次调用 luaX_next：

```
token =luaX_next() -- 此时获得的 token 是{
```

第五次调用 luaX_next：

```
token =luaX_next() -- 此时获得的 token 是}
```

接下来，要看一下 token 的组成，token 由两部分组成：一部分是表示类型的 type，另一部分是表示值。这里可以用尖括号来表示一个 token：<type, value>。在 Lua 中，有些 token 是有值的，有些是没有值的。实际上，表 1-2 的 token 分类，并不是 Lua 中的真实分类，主要是为了方便读者理清概念，而做的分类。以标识符为例，所有标识符的类型是 TK_NAME，比如名为 test_name 的标识符，它的 token 表示为 <TK_NAME, "test_name" >；名为 good_game 的标识符，它的 token 表示为<TK_NAME, "good_game" >。

关键字基本上是自己成为独立的一类，比如 and 关键字，它的 token 表示为<TK_AND, 空>，关键字 break 则以<TK_BREAK, 空>来表示，其他关键字以此类推（如：... 是 TK_DOTS）。它们的类型已经表明了它们是什么，因此不需要额外的信息去识别。

操作符就比较有意思了。一般来说，单个操作符的 token，本身就是 token 类别，比如+、-、*、/、~、=、^、[ ]、. 、( )、{ } 等。这些字符的 ASCII 值就是 token 的 type，因此它们也就不需要用值去识别和区分它们了，比如+，它的 token 表示为< ' + ', 空>。对于需要两个或两个字符以上组成的 token，Lua 单独为它们定义了枚举类型，比如= = 的 token 表示为<TK_EQ, 空>等。其他类型，包括 TK_IDIV、TK_CONCAT、TK_EQ、TK_GE、TK_LE、TK_NE、TK_SHL、TK_SHR、TK_DB-COLON 等也类似。

对于数值类型，在 Lua 解释器中主要分两大类，分别是表示整型类别的 TK_INT 和表示浮点型的 TK_FLT。比如一个数值 123456，那么它的 token 表示为<TK_INT, 123456>，如果一个数值为 12345.6，那么它的 token 表示为<TK_FLT, 12345.6>。

接下来要看的是字符串类别，字符串的 token 类型是 TK_STRING，比如一个字符串是 "test_string"，那么它的 token 表示为<TK_STRING, "test_string" >。

注释相关的信息基本会被词法分析器忽略掉，它们在编译过程中没有任何实际的意义。

文件结束符是单独的类型，叫作 TK_EOS，含义是 End of Stream，用 token 来表示则是<TK_EOS, 空>。

分隔符也是用 ASCII 值作为 token 的类型，这个和操作符高度相似，就不再赘述。

到这里为止，就完成了对 Lua 词法分析器的简要介绍，更多内容将在第 4 章的词法分析器一节中进行详细说明。下面将对 Lua 编译器中的语法分析器进行简要介绍。

▶▶ 1.3.2　Lua 的语法分析器

本节将介绍 Lua 的语法分析器（Parser）。词法分析器是需要被语法分析器不断调用的，用以获取 token，并且通过 token 决定语法分析器要走哪个编译分支，编译出怎样的指令。本节不打算太过深入地去探讨语法分析器的设计和实现细节，而是让读者对语法分析器有个整体概念。

首先，给读者介绍两个概念，一个是表达式（expression，简称 expr），另一个是语句（statement，简称 stat）。Lua 的表达式，就是下面用"｜"隔开的其中一种形式。而整个等式定义，被称为扩展巴科斯范式（EBNF）。

```
exp ::= nil  | false  | true  | Number  | String  | '...'  |
        function  | prefixexp  | tableconstructor  | exp binop exp  | unop exp
```

对于第一行，像 nil、false、true 和 TK_DOTS（...），可以表示为具体的值，它们是不可以被继续分解的部分，被称为终结符（terminal）；而第一行的 Number、String 以及第二行中的表达式均是可以被继续分解的，比如 function，可以被拆解为如下的形式。

```
function ::='function' funcbody
```

这种能够被继续拆解的表达式被称为非终结符（nonterminal）。这里，function 本质上就是一个函数体定义。在第 4 章中，会通过 EBNF 对这种需要精确描述的非终止符，进行语法上的精确定义，本节只举一些非常直观的例子，如下所示。

```
function test_print(arg1, arg2)
    print(arg1, arg2)
end
```

上面例子是一个非终结符 function 的一种具体表现形态。下面看一下 prefixexp 的具体定义。

```
prefixexp ::= var  | functioncall  | '(' exp ')'
var ::=  Name  |prefixexp '[' exp ']'  | prefixexp '.' Name
```

上面的定义中，var 表示一个变量的值，functioncall 是函数调用的意思。在括号内的表达式，通常表示它有更高的优先级。

tableconstructor 这个表达式，就是平时常见的表初始化语句，比如：

```
local t = { a = 1, b = 2, c = 3 }
```

花括号以及其内部包含的部分就是 tableconstructor。

binop 表示双目运算符，比如+、-、＊、/等，unop 则表示单目运算符。

前面对 Lua 表达式的定义进行了简要的说明，接下来要看的是语句（statement），Lua 的语句定义如下所示。

```
stat ::= varlist1 '=' explist1  |
        functioncall  |
        do block end  |
        while exp do block end  |
        repeat block until exp  |
        if exp then block {elseif exp then block} [else block] end  |
        for Name '=' exp ',' exp [',' exp] do block end  |
        for namelist in explist1 do block end  |
        function funcname funcbody  |
        local function Name funcbody  |
        local namelist ['=' explist1]
```

每一行就是一个独立的编译分支。当解释器加载和编译一个脚本时，语法分析器在通过调用 luaX_

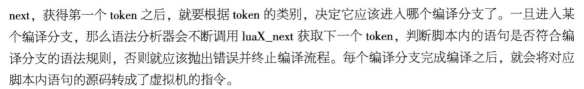

next，获得第一个 token 之后，就要根据 token 的类别，决定它应该进入哪个编译分支了。一旦进入某个编译分支，那么语法分析器会不断调用 luaX_next 获取下一个 token，判断脚本内的语句是否符合编译分支的语法规则，否则就应该抛出错误并终止编译流程。每个编译分支完成编译之后，就会将对应脚本内语句的源码转成了虚拟机的指令。

下面来看一个例子，例子是一个赋值语句，如下所示。

```
a, b, c = 1, 2, 3
```

语法分析器通过 luaX_next 函数，获得的第一个 token 是<TK_NAME,‘a’>。由于 TK_NAME 符合 varlist1 = explist1 这个编译语句的语法规则，因此它进入到这个编译流程之中。语法分析器会不断调用 luaX_next 函数获取后续的 token，并最终把上面这个语句编译成指令。一个语句编译完成后，那么读取的下一个 token，就会重新判定需要进入哪个编译流程。如果源代码中的语法与进入编译分支的语法规则不一致，那么就需要抛出语法错误并终止编译流程。比如下面这段代码就不能通过编译，因为等号左边必须是标识符，因此这个语句是无法通过编译的。

```
a, 9, c = 1, 2, 3
```

1.4 从 0 开发一个 Lua 解释器：dummylua 项目

纸上得来终觉浅，绝知此事要躬行。研究一个东西，只有实践了，才能够获得真正意义上的理解，这也是本书的用意所在。本书除了介绍 Lua 解释器的原理，也会从 0 开始动手开发一个 Lua 解释器。

▶▶ 1.4.1 项目简介

这个项目是 dmmylua，它会从虚拟机最基础的部分开始构建。每个小节要实现的代码均在该项目对应章节的目录里。读者可以通过阅读每一个部分，感受到 Lua 解释器的构建过程。该项目在 GitHub 上，网址是 https：//github.com/Manistein/let-us-build-a-lua-interpreter，欢迎读者 star。

▶▶ 1.4.2 项目架构说明

本小节主要是对 dummylua 项目的目录结构进行说明，目录结构也是架构的一部分。dummylua 的目录结构并不和官方一致，主要是为了更好地符合本书既定的概念，其目录结构如下所示。

```
+ 3rd/        #引用的第三方库
+ bin/        #编译生成的二进制文件
+clib/        #外部要在 C 层使用 Lua 的 C API,那么只能调用 clib 里提供的接口,而不能调用其他内部
              接口
+ common/     #vm 和 compiler 共同使用的结构、接口
+ compiler/   #编译器相关的部分
+ test/       #测试用例
+ vm/         #虚拟机相关的部分
  main.c
```

上文展示了 dummylua 不同目录的功效和作用，后续开发的功能将会被填充到对应的目录里。

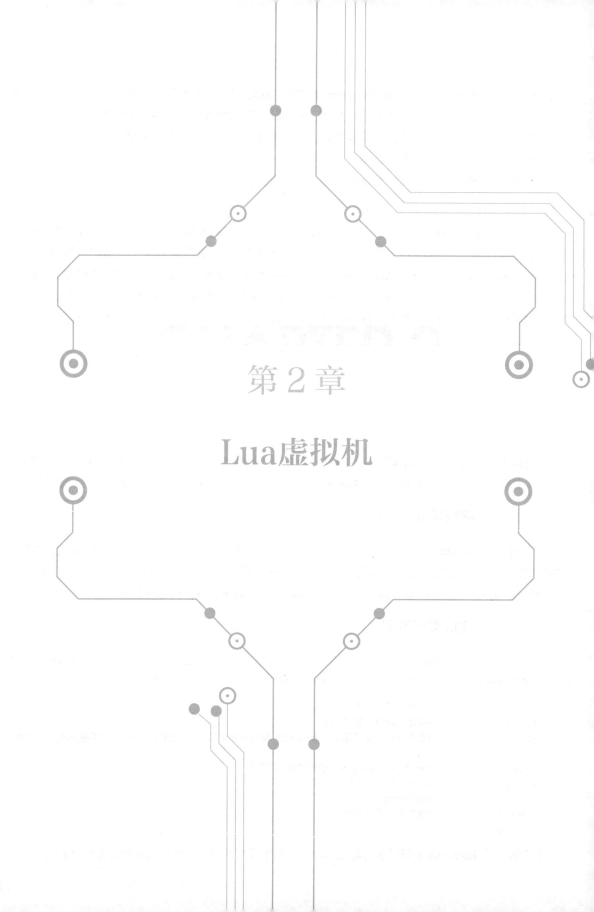

第 2 章

Lua虚拟机

本章要设计和实现 dummylua 项目的虚拟机基础部分。dummylua 是一个仿制官方 Lua 解释器的项目，该项目的目标是希望通过简洁的方式揭示 Lua 的内部运行机制，因此不会在所有的细节上和官方保持一致，但是基本遵循了官方的设计思路。

2.1 Lua 虚拟机基础知识

从本节开始，正式进入 Lua 解释器的开发阶段（遵循 Lua5.3 标准）。本节先设计和实现 Lua 虚拟机的基础数据结构（如基本数据类型、表示虚拟机状态的 global_State 和 lua_State 结构、在函数调用中扮演重要角色的 CallInfo 结构等）和在 Lua 虚拟栈中 C 函数的调用流程，这些都是理解后面虚拟机运行的基础。

▶▶ 2.1.1 基本类型定义

每一种语言都有其自己的基本类型，Lua 也不例外。基本数据类型是构建 Lua 虚拟机最基础的单元。Lua 虚拟机中，几乎所有的指令都与操作基本数据类型相关，因此熟悉它们是具有重要意义的。

Lua 的基本类型包括：nil 类型、布尔类型、轻量用户数据（light userdata）类型、字符串类型、表类型、函数类型、完全用户数据（full userdata，又称 userdata）类型和线程类型。Lua 通过一个通用类型来表示所有类型的数据，它的定义如下所示。

```
typedef struct lua_TValue {
    Value value_;
    int tt_;
}TValue;
```

TValue 类型的值表示所有基本类型的值。它一共有两个成员，其中一个是表示类型的 tt_，另一个则是表示值的 value_。这里将逐个介绍它们，首先要介绍的是类型信息。dummylua 作为官方 Lua 的仿制项目，其类型与官方一致，它通过一系列的宏来定义类型的类别，其定义如下所示。

```
#define LUA_TNONE            (-1)
#define LUA_TNIL             0
#define LUA_TBOOLEAN         1
#define LUA_TLIGHTUSERDATA   2
#define LUA_TNUMBER          3
#define LUA_TSTRING          4
#define LUA_TTABLE           5
#define LUA_TFUNCTION        6
#define LUA_TUSERDATA        7
#define LUA_TTHREAD          8
#define LUA_NUMTAGS          9
```

宏定义的名称基本表明了它的类别信息，因此这里就不额外加任何其他信息去赘述了。TValue 类型的值和表示类型的 tt_变量就是被上面这些宏赋值的。

那么这些基本类型又是怎么存储在 value_变量中的呢？可以通过下面的代码片段来理解 Value 结构。

```
typedef union Value {
  GCObject *gc;          /* 可被垃圾回收的对象 */
  void *p;               /* light userdata 类型变量 */
  int b;                 /* 布尔类型的值 */
  lua_CFunction f;       /* Light C Functions 类型变量 */
  lua_Integer i;         /* 整型变量 */
  lua_Number n;          /* 浮点型变量 */
} Value;
```

Value 是一个 union 类型，因此它的大小实际上是由类型大小最大的成员决定的，相比于 struct 用 union 可以节约很多内存空间。下面对 Value 结构里的每一个成员分别进行说明。

1）GCObject *：当是可回收的类型时，该对象的指针将存储在 gc 变量中。可以被 Lua GC 机制回收的类型，包括字符串类型、表类型、函数类型（函数类型有三种：一种是 Light C Function；另一种是 C Closure（C 闭包）；还有一种是 Lua Closure（Lua 闭包）。后两者是可以被 Lua GC 机制回收的）、userdata 类型和线程类型。这些类型实例都是可以被 GC 机制回收的，因此它们的指针变量是存放在 gc 变量中。有关 GCObject 结构的具体定义，将在 2.2 节进行详细说明。

2）void * 指针 p：它代表的是 light userdata，这个需要和 full userdata 进行区分。它们之间有什么区别呢？full userdata 是受 GC 机制管控的，它就是上一段里所提的 userdata 类型，而 light userdata 是需要由使用者自行释放的。

3）int 变量 b：表示的是布尔类型的值，0 表示 false，1 表示 true。

4）lua_CFunction 类型的变量 f：它表示的是 Light C Function 的值，实际上就是存放函数指针。Light C Function 和另两类函数不一样，它没有上值列表，而另外两类有。lua_CFunction 只有一个参数，就是 Lua 虚拟机的"线程"类型实例，它所有的参数都在"线程"的栈中。Light C Function 只有一个 int 类型的返回值，这个返回值告知调用者，在 lua_CFuntion 函数被调用完成之后，有多少个返回值还在栈中。后面将详细论述 lua_CFunction 的调用流程。

```
typedef  int (*lua_CFunction) (lua_State *L);
```

Lua 的 nil 类型不需要存储实际的值，因此将 TValue 结构中的 tt_变量的值设置为 LUA_TNIL 时，这个 Lua 变量就表示 nil 类型的值了。

5）lua_Integer 类型的变量 i 以及 lua_Number 类型的变量 n。为什么它们要放在一起介绍呢？因为从大类来说，它们都是 LUA_TNUMBER 的类型，只是数值类型还分小类。实际上，存储在 TValue 里的类型值 tt_中，并不是 LUA_TNUMBER，而是以下两种的一种。

```
#define LUA_TNUMFLT  (LUA_TNUMBER |(0 << 4))  /* 浮点型*/
#define LUA_TNUMINT  (LUA_TNUMBER |(1 << 4))  /* 整型 */
```

当 TValue 的类型是 LUA_TNUMFLT 时，TValue 中的 f 域将被赋值，否则就是 i 域被赋值。此外，对于 lua_Integer 和 lua_Number 的定义，一般在 32 位的环境下分别使用 int 和 float，而在 64 位的环境下使用 long long 和 double。

在 dummylua 项目中，分别可以在 common/lua.h 和 common/luaobject.h 文件中，找到上面的定义。

▶▶ 2.1.2　虚拟机全局状态——global_State

本节将介绍 global_State 结构，在正式介绍该结构之前，首先要介绍一下创建 Lua 虚拟机的函数 luaL_newstate，其函数声明如下所示。

```
lua_State * (luaL_newstate) (void);
```

通过这个函数能够创建一个 Lua 虚拟机实例。实际上，luaL_newstate 函数会在内部创建一个 LG 结构的实例，创建它的函数是 Lua 默认的内存分配函数 l_alloc。该函数又是调用 realloc 函数来开辟内存的。LG 结构的定义如下所示。

```
typedef struct LX {
    lu_byte extra[LUA_EXTRASPACE];
    lua_State l;
} LX;

typedef struct LG {
    LX l;
    global_State g;
} LG;
```

这个 LG 结构实例有两个成员，一个是 LX 结构，另一个则是 global_State 结构。这里先介绍 LX 结构。这个结构又有两个成员，分别是 extra_和 l。extra_数组，在 32 位的环境是 4 个字节，在 64 位环境是 8 个字节。在 Lua 的官方文档中，这个成员的地址可以通过 lua_getextraspace 函数来获取，而它的文档提供了 extra_的说明，具体如下。

[source]https://www.lua.org/manual/5.3/manual.html#lua_getextraspace

Returns a pointer to a raw memory area associated with the given Lua state. The application can use this area for any purpose; Lua does not use it for anything.

Each new thread has this area initialized with a copy of the area of the main thread.

By default, this area has the size of a pointer to void, but you can recompile Lua with a different size for this area. (See LUA_EXTRASPACE in luaconf.h.)

文档中表明，这个部分可以被应用层任意使用，Lua 虚拟机本身并未用到这个地方。紧随 extra_成员的，是 lua_State 类型成员 l，它实际上就是"主线程"实例。在 2.1.3 小节中，会介绍 lua_State 结构。实际上，luaL_newstate 函数返回的也是 l 成员的地址。

接下来，要介绍的则是 global_State 结构。本小节并不打算将所有的成员全部放到这个数据结构中，因为这样做会提前引入很多与本章节无关的干扰项，不利于读者去理解。本节要实现的 global_State 结构如下所示。

```
typedef struct global_State {
    struct lua_State* mainthread;
    lua_Alloc frealloc;
    void* ud;
```

```
    lua_CFunction panic;
} global_State;
```

global_State 中的 mainthread 是 Lua 虚拟机"线程"类型的指针。实际上，是将 LX 结构中的 lua_State 类型成员 l 的地址赋值给它。也就是说，Lua 虚拟机"主线程"实际上就是 LX 结构中的成员变量 l。

global_State 的第二个成员是 frealloc 函数，这是个内存分配/回收函数。调用 luaL_newstate 函数时，会将其设置为 Lua 默认的内存分配函数。这个内存分配函数的定义非常简单，如下所示。该 l_alloc 函数的地址会被赋值到 frealloc 上。

```c
static void * l_alloc (void * ud, void *ptr, size_t osize, size_t nsize) {
        (void)ud; (void)osize;  /* not used */
        if (nsize == 0) {
                free(ptr);
                return NULL;
        }
        else
          return realloc(ptr, nsize);
}
```

函数参数非常简单明了：ud 表示不使用、ptr 表示要被重新分配的内存、osize 表示旧内存的大小（也就是 ptr 所指向的内存块的大小）、nsize 表示当前要开辟的新内存块大小。当要开辟一块新的内存时，nsize 的值必须大于 0。这里采用的内存分配函数是 realloc，也就是说，当 ptr 不为 NULL 指针时，realloc 会先开辟 nsize 大小的内存块，并且将 ptr 所指向的内存块的数据复制到新开辟的内存块中，并且将新地址返回。如果 ptr 为空，则不发生复制操作，直接开辟新内存。Lua 虚拟机要释放一块内存也很简单，还是调用 frealloc 所指向的函数，只需要将 nsize 的值置为 0 即可。

接下来介绍 global_State 的成员 ud。当自定义内存分配器时，可能要用到这个结构，但是本书用官方默认的版本，因此它始终是 NULL。

最后介绍的成员是 panic 函数指针。当 Lua 虚拟机抛出异常时，如果当前不处于保护模式，那么会直接调用 panic 函数。调用 panic 函数进行异常处理，通常是输出一些关键日志和伴随进程退出。

在 dummylua 项目中，global_State 的定义位于 common/luastate.h 文件中。

▶▶ 2.1.3　虚拟机的线程结构——lua_State

本节将要介绍的是 lua_State 结构。lua_State 结构如下所示。

```c
typedef struct lua_State {
    StkId stack;                          // 栈
    StkId stack_last;                     // 从这里开始,栈不能被使用
    StkId top;                            // 栈顶,调用函数时动态改变
    int stack_size;                       // 栈的整体大小
    //保护模式中要用到的结构,当抛出异常时,跳出逻辑
    struct lua_longjmp* errorjmp;         // 保护模式中,当异常抛出时,跳出逻辑
    int status;                           // lua_State 的状态
```

```
    struct lua_State* next;              // 下一个 lua_State,通常创建协程时会产生
    struct lua_State* previous;
    struct CallInfo base_ci;             // 和 lua_State 生命周期一致的函数调用信息
    struct CallInfo* ci;                 // 当前运行的 CallInfo
    struct global_State* l_G;            // global_State 指针
    ptrdiff_t errorfunc;                 // 错误函数位于栈的哪个位置
    int ncalls;                          // 进行多少次函数调用
  }lua_State;
```

上述代码的注释，对已经写入的成员进行了简要的说明。下面对 lua_State 中的成员进行补充说明。

首先是 stack 成员变量，前文已经提到过，stack 是一个数组，用来暂存虚拟机运行过程中的临时变量，并且它是一个 TValue 类型的数组。StkId 是 TValue * 的一个别名，实际上它的定义如下所示。

```
    typedef  TValue*  StkId;
```

stack_last 变量表示在 Lua 虚拟机栈中开始不可以被使用的部分。

top 变量表示当前被调用的函数，它在虚拟机栈的栈顶位置（栈底是被调用函数所在位置的下一个位置）。

stack_size 表示 stack 数组的大小。

实际上，可以将以上几个变量视为一个整体。这里可以通过图 2-1 所示的虚拟机栈来对上面的几个变量进行总结。图 2-1 也只是展示了一个例子，实际 stack 数组的初始大小是 40，会随着运行的过程动态调整。stack 指针到 top 指针的部分就是调用函数时的虚拟机栈。读者可以看到，调用某个函数的虚拟机栈是 stack 上的一个部分。虚拟机栈两边的数字就是虚拟机栈索引，同样的空间可以用正值和负值去索引。

其他成员后续的章节内容会涉及并解释它们。

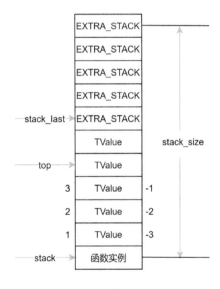

● 图 2-1

▶▶ 2.1.4 虚拟机中执行函数的基础——CallInfo 结构

2.1.3 小节介绍了 lua_State 的结构。lua_State 结构中有这样两个成员：一个是 CallInfo 类型的 base_ci 变量，这是和 Lua 虚拟机 "线程" 类型实例生命周期保持一致的基础函数调用信息；另一个则是 CallInfo * 类型的 ci 变量，它代表当前被调用函数的信息。同样地，本小节中要展示的并非完整的 CallInfo 结构，而是和本章节相关的成员。CallInfo 指明了被调用函数的信息，其结构的定义如下所示。

```
    struct CallInfo {
        StkId func;
        StkId top;
        int nresult;
        int callstatus;
```

```
    struct CallInfo* next;
    struct CallInfo* previous;
};
```

func 成员变量指明了函数位于 stack 中的位置，前面已经提过，StkId 是 TValue * 的别名。

top 成员变量则指明被调用函数的栈顶位置。

nresult 成员变量指明了被调用函数一共要返回多少个值。

callstatus 成员变量则指明了函数调用的状态，最常用的状态则是 CIST_LUA，表明当前调用是一个 Lua 函数（Lua closure）。此外 callstatus 类别还有 CIST_OAH、CIST_FRESH、CIST_YPCALL 等，本书并不会实现所有的这些调用类型，仅保留最核心的部分，感兴趣的读者可参阅其他的资料。

一个被调用的函数再调用其他函数时，会产生新的 CallInfo 实例。此时，保存当前被调用函数信息的 CallInfo 实例的 next 指针就要指向新的被调用函数的 CallInfo 实例，同时新实例的 previous 需要指向当前的 CallInfo 实例。

▶▶ 2.1.5　C 函数在虚拟机线程中的调用流程

到目前为止，本书已经完成了 Lua 虚拟机最基础的数据结构的定义。本节的目标除了定义这些数据结构、对其中的成员变量加以说明之外，还将设计和实现 C 函数在 Lua 虚拟机线程栈中的调用流程。在开始实现具体细节之前，读者不妨从应用程序调用的视角来观察这个流程。以例 2-1 为例，代码如下。

例 2-1

```
 1 #include "clib/luaaux.h"
 2
 3 static int add_op(struct lua_State* L) {
 4     int left =luaL_tointeger(L, -2);
 5     int right =luaL_tointeger(L, -1);
 6
 7     luaL_pushinteger(L, left + right);
 8
 9     return 1;
10 }
11
12 int main(int argc, char** argv) {
13     struct lua_State* L = luaL_newstate();        // 创建虚拟机状态实例
14     luaL_pushcfunction(L, &add_op);               // 将要被调用的函数 add_op 入栈
15     luaL_pushinteger(L, 1);                       // 参数入栈
16     luaL_pushinteger(L, 1);
17     lua_pcall(L, 2, 1, 0);                        // 调用 add_op 函数,并将结果压入栈中
18
19     int result =luaL_tointeger(L, -1);            // 完成函数调用,栈顶就是 add_op 放入的结果
20     printf("result is %d\n", result);
21     luaL_pop(L);                                  // 结果出栈,保证栈的正确性
22
23     printf("final stack size %d\n",luaL_stacksize(L));
24
```

```
25    luaL_close(L);                    // 销毁虚拟机状态实例
26
27    system("pause");
28    return 0;
29 }
```

该例子调用的是 dummylua 库里的 API。
现在将顺着这个例子，来探讨 C 函数在整个
Lua 虚拟机主线程内的调用流程。本例的 main
函数被调用之后，首先被执行的是位于第 13
行的代码。这一行调用 luaL_newstate 函数创
建了一个虚拟机实例，此时的内存状态如图
2-2 所示。图 2-2 并未完全展开 LX 和 global_
State，后续的流程将会逐步展开对应的结构。
第 13 行代码返回的 lua_State 指针实际上就是
LX 结构 l 变量的地址。

接下来，要执行的是第 14 行的代码。
这里将 add_op 函数，压入虚拟机主线程的栈
中，得到图 2-3 所示的结果。图中粗箭头表

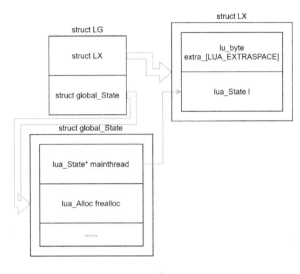

● 图 2-2

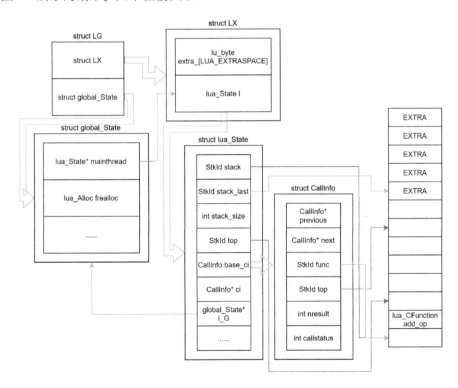

● 图 2-3

示结构体本体，而细箭头表示指针。然后执行第 15 和第 16 行的代码，将两个参数入栈，得到图 2-4 所示的结果。

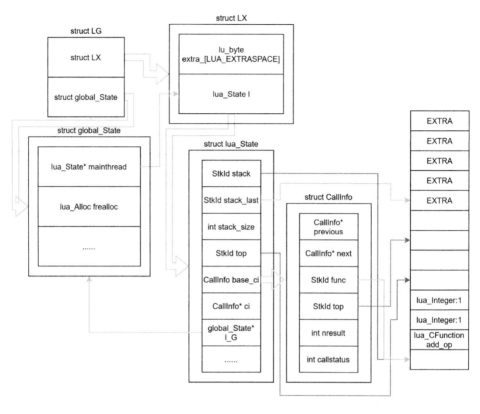

● 图 2-4

到目前为止，本例就完成了调用 add_op 函数的准备工作，下一步就是要调用 lua_pcall 函数去执行 add_op 函数了。在执行之前，还有一些内容需要讨论。目前，本例用到了 base_ci 的信息，base_ci 的 func 指针指向了栈的首个位置。如果被调用的函数是 Light C Function 的话，CallInfo 的 top 变量初始位置在距离函数 20 个单元的位置上，图 2-3 和图 2-4 因为尺寸问题，所以没有按实际的情况去画。L->top 的值不能超过 L->ci->top，否则会抛出 "stack overflow" 的报错，这样做的目的是为了避免溢出。当 "线程" 栈空间不够触发扩张的时候，它也会跟着调整。

这里还有一点需要注意的是，Lua 虚拟机主线程实例此时的 ci 指针是指向 base_ci 的。

接下来，要执行第 17 行的代码，它调用 lua_pcall 函数，目前暂时不支持自定义错误处理函数。调用 lua_pcall 的第一个参数是一个 lua_State * 变量，这个变量就是刚刚创建的 Lua 虚拟机主线程实例。第二个参数指明了要被调用的函数有几个参数，Lua 可以通过这个参数找到被调用函数所在的位置。本例中就是 L->top − （2+1），也就是 add_op 函数所在的位置。第三个参数表明 add_op 函数应该返回 1 个值。

当这个调用开始执行时，add_op 函数会将两个参数从栈中取出，并且相加后压入栈顶，于是得到

图 2-5 所示的结果。读者应该可以发现，在调用 add_op 函数时，多创建了一个 CallInfo 实例，并且
L->ci指针指向了这个新创建的 CallInfo 实例，表明当前在调用 add_op 函数。add_op 函数在获取了两
个参数后，将其相加并且将相加的结果压入栈中。

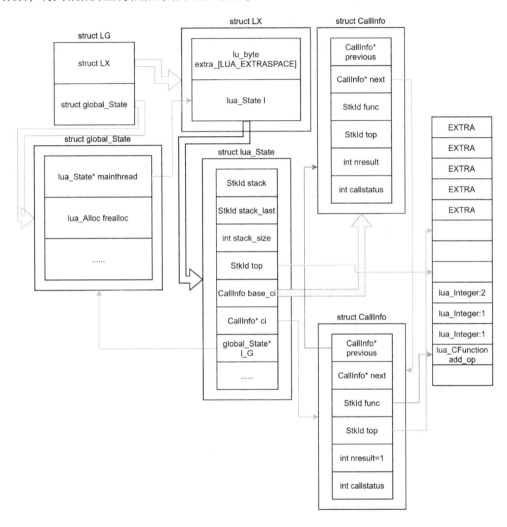

● 图 2-5

在完成 add_op 函数之后，需要执行退出操作。这个操作会将返回值从函数的位置开始覆盖，它要
求有多少个返回值，就覆盖多少个。在本例中，它只有一个返回值，因此会将运算结果 2 覆盖到 add_
op 函数的位置上，得到图 2-6 所示的结果。

现在控制权又回到 main 函数了，main 函数直接将栈顶变量取出打印，然后把 add_op 的返回值出
栈，于是就完成了完整的函数调用了。

到这里，细心的读者可能会发现，在调用 add_op 函数的时候，add_op 内压结果到栈中的次数和
要求的返回值的个数是一致的。如果不一致会出现什么情况呢？当调用 lua_pcall 函数要求 0 个返回值

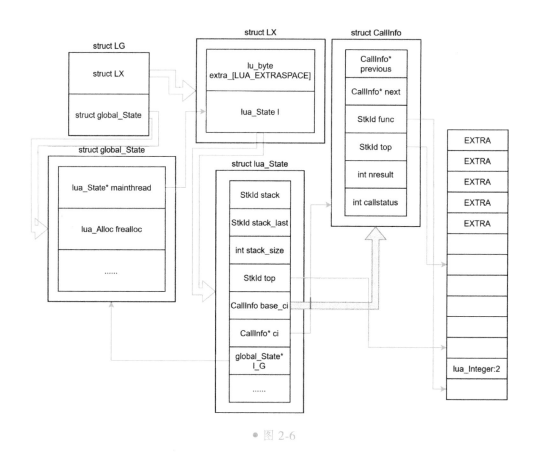

● 图 2-6

时，尽管 add_op 还是会压结果到栈中，但是 L->top 指针会指向 L->ci->func+1 的位置，也就是说 add_op 函数压入的结果无效。如果调用 lua_pcall 函数要求 2 个返回值，并且 add_op 只压入一个结果，那么 L->top 会被设置到 L->ci->func + 3 的位置，L->ci->func + 1 的最终结果是 2，L->ci->func + 2 上的值是 nil。也就是说，当被调用函数压入栈中的结果多于被要求的数量时，它们会被丢弃；当被调用函数压入栈中的结果少于被要求的数量时，缺失的返回值会通过 nil 来填充。

▶▶ 2.1.6 虚拟机异常处理机制

本节将介绍 Lua 虚拟机的异常处理流程，其实质就是为 Lua 虚拟机添加 try catch 机制。在 Lua 虚拟机中，try catch 机制是依赖 setjmp 和 longjmp 函数来实现的，下面开始探索这个机制。

首先要看的是 setjmp 函数，其声明如下所示。

```
#include <setjmp.h>
int setjmp(jmp_buf env);
```

setjmp 函数会将自己的调用环境保存到 env 变量中，以便后续的 longjmp 函数使用。而 longjmp 函数声明如下所示。

```
#include <setjmp.h>
void longjmp(jmp_buf env, int val);
```

longjmp 函数会恢复最近一次调用 setjmp 函数所保存的环境。下面通过一个例子来看 setjmp 和 longjmp 函数的用法。

```c
#include <stdio.h>
#include <assert.h>
#include <setjmp.h>

jmp_buf  b;

int main(void) {
    int ret =setjmp(b);
    printf("setjmp result = % d \n", ret);

    if (ret == 0)
        longjmp(b, 1);

    return 0;
}
```

上面这段代码输出的结果如下所示。

```
setjmp result = 0
setjmp result = 1
```

为什么 printf 函数会被调用两次？答案是，第一次调用 setjmp 的时候，将当前的环境信息保存在了 jmp_buf 的变量 b 中，并且返回 0 值；此时程序继续执行，因为返回值 ret 为 0，所以会调用 longjmp 函数；longjmp 函数会恢复 jmp_buf 变量 b 中记录的环境，因此程序会跳回到 setjmp 调用的地方，并且 longjmp 还将第二个参数 1 带给了 setjmp，并作为其第二次调用的返回值。利用这种特性，可以模拟 C 的 try catch 机制，下面再举个例子。

```c
#include <stdio.h>
#include <assert.h>
#include <setjmp.h>

jmp_buf  b;

#define TRY if(setjmp(b) == 0)
#define CATCH else
#define THROW(b)longjmp(b, 1)

void foo() {
    printf("foo \n");
    THROW(b);
}

int main(void) {
    TRY {
        foo();
    }
    CATCH {
```

```
        printf("catch! \n");
    }

    return 0;
}
```

该段代码输出的结果如下所示。

```
foo
catch!
```

从代码可以看到 foo 函数是在 TRY 分支里被调用的，而 foo 函数内部又调用了 THROW 宏，因此它会跳转到 CATCH 分支内。结合前面 setjmp 和 longjmp 的例子，能很容易理解当前这个例子的逻辑。

前面的例子是为了引出 Lua 虚拟机的异常处理机制。Lua 虚拟机的 try catch 机制，其中的一种就是使用了 setjmp 和 longjmp 机制，在 ISO C 标准下，其定义如下所示。

```
#define LUAI_THROW(L,c)        longjmp((c)->b, 1)
#define LUAI_TRY(L,c,a)        if (setjmp((c)->b) == 0) { a }
#define luai_jmpbuf            jmp_buf
```

它定义了 try 和 throw 两个宏，其中 try 的宏将在 luaD_rawrunprotected 函数中被用到，代码如下。

```
int luaD_rawrunprotected (lua_State * L, Pfunc f, void * ud) {
        unsigned short oldnCcalls = L->nCcalls;
        struct lua_longjmp lj;
        lj.status = LUA_OK;
        lj.previous = L->errorJmp;
        L->errorJmp = &lj;
        LUAI_TRY(L, &lj,
                    (* f)(L, ud);
        );
        L->errorJmp = lj.previous;
        L->nCcalls = oldnCcalls;
        return lj.status;
}
```

从上述代码中可以看到 LUAI_TRY 包含的几个参数。首次进入 LUAI_TRY 宏的时候，会直接执行传入的 f 函数。这个函数有两个参数，一个是 Lua 线程实例，另一个是自定义数据 ud。关于 f 函数和 ud 的定义如下所示。

```
struct CallS {  /* 供 f_call 函数使用的数据类型 */
        StkId func;
        int nresults;
};
static void f_call (lua_State * L, void * ud) {
        struct CallS *c = cast(struct CallS * , ud);
        luaD_callnoyield(L, c->func, c->nresults);
}
```

f 就是 f_call 函数，CallS 实例就是 ud。CallS 实例指明了，在 Lua 栈中要被调用的函数信息，用前文的例 2-1 来表示，调用流程如图 2-7 所示。在 f_call 函数中会调用 luaD_callnoyield 函数，它会执行

图 2-7所示的函数 add_op。例 2-1 所示的函数调用流程就是在 f_call 函数里执行的。

接下来要看的是出现异常的情况，下面将例 2-1 中的 add_op 函数做以下修改。

```
static int add_op(struct lua_State* L) {
        lua_pushstring(L, "error string");
        luaD_throw(L, LUA_ERRRUN);
        return 1;
}
```

继续图 2-7 的情景，执行 luaD_rawrunprotected 函数。根据 LUAI_TRY 宏所代表的逻辑，还是会先执行 f_call 函数，f_call 函数则会直接调用 add_op 函数。此时，add_op 函数会将 "error string" 字符串压入栈中（如图 2-8 所示），并且调用了 luaD_throw 函数。

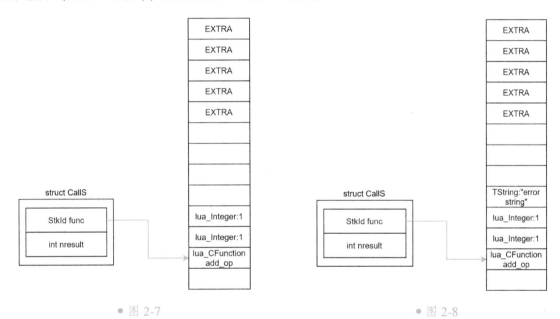

● 图 2-7   ● 图 2-8

luaD_throw 函数设置 L->errorjmp.status，也就是 luaD_rawrunprotected 里的 lj.status 状态，并且调用 LUAI_TRHOW 宏跳出 add_op 函数，跳转到 LUAI_TRY 宏的起始位置。最后 luaD_rawrunprotected 函数会返回 add_op 函数抛出的错误码。luaD_throw 函数代码如下。

```
l_noret luaD_throw (lua_State * L, int errcode) {
        //当前 Lua 虚拟机线程是以保护模式调用栈上函数的
          那么此时
        //终止函数执行流程,并将错误码返回给调用者
    if (L->errorJmp) {
            L->errorJmp->status = errcode;  /* 设置错误码 */
            LUAI_THROW(L, L->errorJmp);  /* 跳出栈上函数的执行流程 */
    }
        else {
            // 如果当前线程没有以保护模式运行栈上的函数
                那么将错误
    // 抛给 Lua 虚拟机主线程
```

. 31

```
global_State * g = G(L);
L->status = cast_byte(errcode);
if (g->mainthread->errorJmp) {
        setobjs2s(L, g->mainthread->top++, L->top - 1);   /* 赋值错误信息到栈顶 */
        luaD_throw(g->mainthread, errcode);
}
//如果 Lua 虚拟机主线程也没有以保护模式调用栈上的函数
//那么调用 g->panic 函数,并退出进程
else {
        if (g->panic) {
          seterrorobj(L, errcode, L->top);
          if (L->ci->top < L->top)
            L->ci->top = L->top;
          lua_unlock(L);
          g->panic(L);
        }
        abort();
   }
  }
}
```

在例 2-1 中，只会走第一个分支。add_op 函数调用完 luaD_throw 函数后，就跳出执行流程了。然后 luaD_rawrunprotected 函数会返回从 luaD_throw 传入的错误状态（它被设置给了 lj.status）。这个错误参数会被抛给谁呢？答案是 luaD_pcall 函数。它在内部调用了 luaD_rawrunprotected 函数，代码如下。

```
int luaD_pcall (lua_State * L, Pfunc func, void * u,
                        ptrdiff_t old_top, ptrdiff_t ef) {
        int status;
        CallInfo * old_ci = L->ci;
        lu_byte old_allowhooks = L->allowhook;
        unsigned short old_nny = L->nny;
        ptrdiff_t old_errfunc = L->errfunc;
        status =luaD_rawrunprotected(L, func, u);
        if (status != LUA_OK) {   /* 有错误发生 */
          StkId oldtop = restorestack(L, old_top);
          luaF_close(L, oldtop);
          seterrorobj(L, status, oldtop);
          L->ci = old_ci;
          L->allowhook = old_allowhooks;
          L->nny = old_nny;
          luaD_shrinkstack(L);
        }
        L->errfunc = old_errfunc;
        return status;
  }
```

在当前的例子中，luaD_rawrunprotected 函数返回的是 add_op 函数内通过 luaD_throw 函数抛出的错

误码，因此它会进行错误处理。错误处理也很简单，就是将前面压入栈的错误信息替换到 add_op 函数的位置上，最后恢复调用者的现场信息。此时，Lua 虚拟栈的状态如图 2-9 所示。

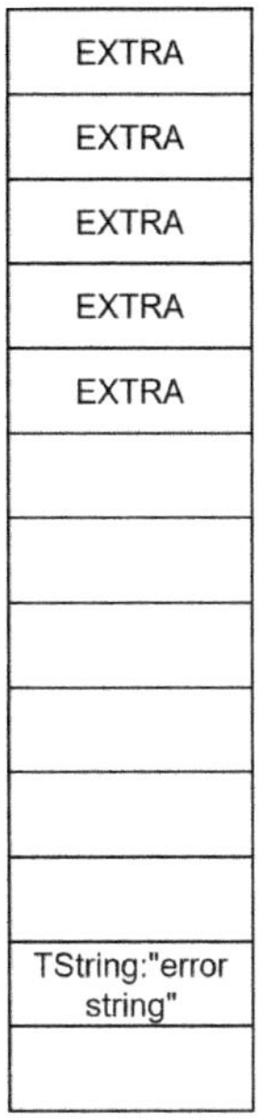

至此，Lua 虚拟机的异常处理流程就完成介绍了。实际上，lua_pcall 是会在内部调用 luaD_pcall 函数的，由于篇幅有限，这里就不一一展示了，许多细节还是需要读者自己去源码中找问题和原因。

这套异常处理机制是非常有效的。比如 f_call 函数如果调用的是一个 Lua 函数，而不是一个 C 函数，当 Lua 函数内部出现报错的时候，就会终止继续执行指令而抛出异常，并且清空被调用者的栈信息，将错误信息抛回给调用者。这种方式是实现 Lua 沙盒的基础。现在来看一个脚本的例子，假设有一个脚本如下所示。

```
print(t["key"])
```

它被编译完成以后，会得到一个 LClosure 实例。假设例 2-1 调用的不是 add_op 函数，而是 LClosure 实例。LClosure 实例被编译好以后的信息如下所示。

EXTRA
EXTRA
EXTRA
EXTRA
EXTRA
TString:"error string"

● 图 2-9

```
file_name= ../test.lua.out
+proto+upvalues+1+idx [0]
|     |          +instack [1]
|     |          +name [_ENV]
|     +source [@ ../test.lua]
|     +lastlinedefine [0]
|     +maxstacksize [2]
|     +localvars
|     +lineinfo +1 [1]
|     |          +2 [1]
|     |          +3 [1]
|     |          +4 [1]
|     |          +5 [1]
|     +type_name [Proto]
|     +is_vararg [1]
|     +linedefine [0]
|     +p
|     +numparams [0]
|     +code     +1 [iABC:OP_GETTABUP]
|     |          +2 [iABC:OP_GETTABUP]
|     |          +3 [iABC:OP_GETTABLE]
|     |          +4 [iABC:OP_CALL]
|     |          +5 [iABC:OP_RETURN]
|     +k+1 [print]
|        +2 [t]
|        +3 [key]
+type_name [LClosure]
+upvals+1+name [_ENV]
```

code 列表就是 f_call 函数内要被逐个执行的指令。当执行第 3 个指令 OP_GETTABLE 时，因为找不到全局表 t，而它又尝试访问一个不存在的表，因此该指令实现逻辑会直接抛出异常，进入前面所论述的异常处理流程。因为脚本一旦有一处抛出异常，则会中断后续的逻辑执行，并且清空当前的虚拟栈，将错误信息返回给调用者。

▶▶ 2.1.7　dummylua 项目的虚拟机基础实现

本节随书代码位于 github 仓库中，在 C02 目录下的 dummylua-2-1 工程。由于本节已经将 Lua 虚拟机最基础的数据结构和运作流程梳理了一遍，限于篇幅，代码就不过多在本书内展示了，读者可以下载对应代码自行阅读。

仓库地址是 https：//github.com/Manistein/let-us-build-a-lua-interpreter。

2.2　为虚拟机添加垃圾回收机制

2.1 节已经设计和实现了 Lua 解释器的基本数据结构，实现了 C 函数在栈中的调用流程，以及讲述了以保护模式调用函数等内容。本节要介绍的是 Lua 解释器垃圾回收（Garbage Collection，GC）机制的基础架构。GC 机制可能会让很多读者听了以后不寒而栗，都说 GC 很复杂，需要花费大量时间去消化和理解，那为什么要在本书的第 2 章就早早引入？这个决定并非是一时冲动之举，而是经过认真思考后而决定的。关于对 Lua 设计者 Roberto 的访谈记录中有这么几句话：

> Lua 从第一天开始就一直使用垃圾收集器。我想说，对于一种解释型语言来讲，垃圾收集器可以比引用计数更加紧凑和健壮，更不用说它没有把垃圾丢得到处都是。考虑到解释型语言通常已经有自描述数据（通过给值加上标签之类的东西），一个简单的标记清除（mark-and-sweep）收集器实现起来极其简单，而且几乎对解释器其余的部分不会产生什么影响。

从 Roberto 的话语中可知，GC 机制不是后来加进去的，而是在设计之初就通盘考虑进去的。而且标记清除算法并不是一个很难的算法，甚至可以说是比较简单的，它的难点在于和 Lua 其他部分的结合。事实上，GC 机制可以单独剥离，在不与 Lua 的复杂数据结构（如 TString 和 Table 等）结合的情况下，可以单独设计出来并且测试。一套基于增量式标记和清除算法的 GC 基础架构代码也只有短短300 多行，只包含基础功能和设计的 GC 机制，有利于本书的阐述解释和说明，因此在这个阶段引入 GC 机制是最合适的。后面在设计和实现其他功能模块的时候，会逐步在本节建立的 GC 框架下不断完善相关细节。

本节将从传统的简单标记和清除算法开始介绍，然后介绍其改进版增量式标记和清除算法，最后介绍 dummylua 项目的 GC 基础架构的代码实现和测试用例。

如果读者阅读本节难以理解，可以忽略这一节先阅读后续的章节内容，最后再返回来研究 GC 算法（忽略 GC 部分会影响 Lua 解释器的开发进程，但是不影响读者理解后续涉及的模块）。

▶▶ 2.2.1　标记清除算法

现在进入到标记清除算法最初原型的探索阶段。本小节的 GC 算法并非 Lua 实际运用，这里仅做示例之用。在开始阐述具体算法流程之前，首先梳理以下若干个要点。

1）所有创建的对象都要被放入一个单向链表中（它被称为 allgc 链表），新创建的对象实例，直接放置链表头部。

2）所有被创建的实例均分为可达和不可达状态。可达意味着它正在被使用或者有潜在被使用的可能，那么全局变量、在 Lua 虚拟栈（后文统称为栈）中的变量以及在 Lua 虚拟机寄存器（后文统称为寄存器）中的变量，还有被这些变量直接或间接引用的变量则被视为可达的。

3）GC 则是以全局变量、栈和寄存器作为起点开始标记的。

为了方便探索算法的本质，现在就以栈作为标记的起点来探索标记清除算法。

1）GC 开始前，新创建的对象均放置 allgc 链表中。

2）GC 开始，进入标记阶段，从起始点（如栈、全局变量和寄存器）开始，标记所有被关联到的对象。

3）标记结束后进入清除阶段，垃圾回收器会遍历 allgc 链表，所有未被标记的实例将从 allgc 链表中移除，并被释放。而被标记的对象则清除标记，本次 GC 结束。

流程很简单，不过需要注意的是：以上步骤只能一步到位地执行，如果步骤可拆分，那么在标记阶段结束之后，新创建的实例在本轮 GC 中将无法继续被标记；因此，在清除阶段，这些新创建而可能会被使用的对象将被清除，导致不可挽回的 bug（漏洞）。

虽然算法本身并不复杂，这里还是希望通过一个图文举例说明，以使表述更加直观，如图 2-10 所示。在 GC 开始之前，创建了 5 个对象（object），它们全部被放在 allgc 链表中。其中 object3 被 object1 引用，object4 被 global table 引用，object1、object2、object4 和 object5 均被入栈。

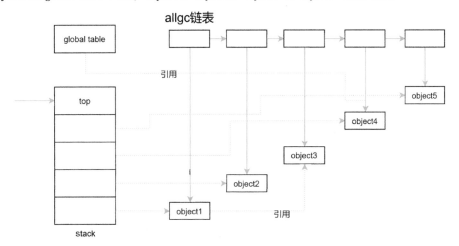

● 图 2-10

在 GC 开始之前，object5 和 object4 被移出栈，于是得到图 2-11 所示的结果。

GC 开始后，进入标记阶段。以 stack 和 global table 作为起始点，被标记的对象会被涂成灰色：其中 object1 和 object2 直接被引用，则它们需要被标记；object3 虽然既不在 stack 中，也不在 global table 中，但是它被 object1 引用，因此也会被标记；而 object4 因为被 global table 引用，所以也会被标记；

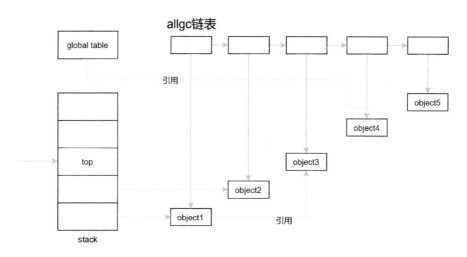

● 图 2-11

只有 object5 既不在 stack 中，也不在 global table 中，也没有被标记的 object 引用它，因此它不会被标记。这一切都展示在了图 2-12 中。

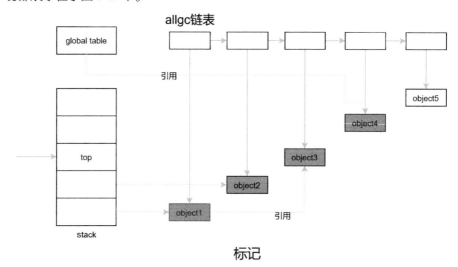

● 图 2-12

在标记阶段结束后，则进入清除阶段。标记清除算法会遍历 allgc 链表，如果链表中的 object 被标记则清除标记，否则释放它。在本例中，object5 被清除，最终得到图 2-13 所示的结果。

至此已经详细探讨了标记清除算法的基本原理，它的优点和缺点都很明显。优点是足够简单、易于理解；缺点则是它必须一步到位地执行，本质就是 stop the world 的 GC 机制，至于为什么需要 stop the world，前面也有提到过，这里不再赘述。总体来说，如果一门语言要作为独立的编程语言，这种算法显得过于简单。为了解决这个问题，一种改进版的标记清除算法应运而生，它就是增量式标记清除算法。

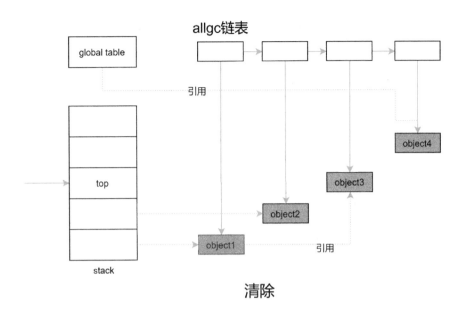

清除

● 图 2-13

▶▶ 2.2.2 增量式标记清除算法

标记清除算法的劣势在于，一步到位地执行会在瞬时极大影响程序运行的性能。为了解决这个问题，就必须允许 GC 能够分若干次执行，每次只执行其中的一小部分，将 GC 的性能开销均摊掉。基于这样的现实需求，传统的标记清除算法就显得不合时宜了。如果 GC 要分步骤执行，就需要一种方式去记录标记的进度，灵活处理不断变化的对象之间的引用关系。为此，增量式标记清除算法增加了几种颜色，以及一些新的链表来处理这样的情况。本节首先会介绍颜色的概念，然后通过伪代码展示 GC 处理的过程，最后再通过图文例子直观地展示这个流程是怎样运作的。

首先要介绍的是几种颜色。在增量式标记清除算法中，每一轮 GC 处理中一共有 3 种颜色参与，分别是白色、灰色和黑色。每个新创建的对象将被标记为白色，而几乎所有的对象，在 GC 的过程中大致都要经历被标记（mark）和传播（propagate）。标记会将对象从白色变为灰色，并放入一个专门放灰色对象的单向链表——gray 链表中，这相当于记录了当前 GC 传播的进度。然后就是 GC 对 gray 链表中的对象逐个进行遍历，传播的过程就是将原本标记为灰色的对象标记为黑色，然后遍历其所有引用的对象将它们标记为灰色，并放入 gray 链表中，以等待下一次传播操作。如此循环往复，当 gray 链表为空时，意味着本轮 GC 标记阶段结束。此时仍然为白色的实例意味着它已经不可达，需要被清理，而黑色的则意味对象可达，不能被清除。

这里需要注意的一点是，虽然多数对象被标记的时候，是从白色标记为灰色，但对于那种不可能引用其他对象的数据类型（如 Lua 的字符串类型）是会直接标记为黑色的。此外 Lua-5.3 中的 GC 有两种白色，一种是白色（white），还有一种是"另一种白（otherwhite）"。这两种白色在不同的 GC 轮回之间切换。比如，如果当前 GC 轮是 white0 作为白色标记，那么在传播阶段结束后，新创建的对象就会以 white1 标记。这样在清除阶段的时候，就只清除被标记为 white0 的白色对象，而下一轮 GC 则刚好反过来。

在介绍完 GC 的基本颜色以后，现在来看一下 GC 一共有几个阶段。GC 大致可以分为 pause、propagate、atomic 和 sweep 这几个阶段。在官方 Lua-5.3 中，实际的阶段不止这几个，但大体上可以这么区分。GC 阶段状态的切换，也是按这个顺序不断轮回进行的。

在完成 Lua 虚拟机实例的创建以后，GC 默认的阶段是 pause 阶段。pause 阶段的意思就是，在这个阶段中所有的 GC 操作是暂停的，只有新创建的对象内存积累到一定数量级的时候，才会触发新的一轮 GC。官方默认的数量级是，当虚拟机内存达到初始内存大小，或上一轮 GC 结束后，虚拟机内存达到实际内存大小的两倍时，才会触发新的一轮 GC。一次完整的 GC 轮回，称为 GC 周期（GC cycle）。

在新一轮 GC 开始之后，会间断地调用一个叫作 luaC_step 的函数，这个函数是实际推进 GC 操作和状态变更的函数，它的伪代码如下所示。

```
1 function luaC_step()
2    switch(gcstate) {
3       case pause: {
4          //GC 的 restart 操作
5          // mainthread 是 Lua 的"主线程"变量,它本质是一个 lua_State 类型的指针变量
6          // GC 的起始点 stack 也包含在这个结构里
7          white2gray(mainthread);
8          push mainthread to gray;
9          white2gray(global_table);
10         push global_table to gray;
11         gcstate = propagate;
12      } break;
13      case propagate: {
14         traverse_bytes = 0;
15         while (true) {
16            if (gray is empty) {
17               gcstate = atomic;
18               break;
19            }
20            object = pop from gray;
21            gray2black(object);
22
23            foreach (ref in object) {
24               white2gray(ref);
25               push ref to gray;
26            }
27            traverse_bytes += object sizes;
28            if (traverse_bytes >= per step max traverse bytes) {
29               break;
30            }
31         }
32      } break;
```

```
33        case atomic: {
34            foreach(object in grayagain) {
35                gray2black(object);
36                foreach(ref in object) {
37                    white2gray(ref);
38                    push ref to gray;
39                }
40            }
41            clear grayagain;
42            while (gray is not empty) {
43                object = pop from gray;
44                gray2black(object);
45
46                foreach(ref in object) {
47                    white2gray(ref);
48                    push ref to gray;
49                }
50            }
51            change white to otherwhite;          // 将白色切换为另一种白
52            sweepgco = head of allgc;
53            gcstate = sweep;
54        } break;
55        case sweep: {
56            count = 0;
57            while(sweepgco is exist) {
58                next_gc_object = sweepgco->next;
59                // 只有白色为本次 GC 标记的白色,才算是 dead,otherwhite
60                // 是下次 GC 用的白色
61                if (sweepgco is dead) {
62                    free sweepgco
63                }
64                else {
65                    set sweepgco to white;
66                }
67                sweepgco = next_gc_object;
68                count ++;
69                if (count >= per step foreach count) {
70                    break;
71                }
72            }
73            if (sweepgco is not exist) {
74                gcstate = pause;
75            }
76        } break;
77        default: break;
78    }
79 end
```

上面这段伪代码是每次执行 GC 步骤时，都会执行的主要流程。这里先展示伪代码的目的是为了让读者先建立直观的感觉，然后再辅以文字说明，能够达到更好的效果。这里需要注意的是，在 GC

的 propagate 阶段，在第 28~30 行伪代码，每次标记和传播的内存数量是有上限的，超过这个上限，luaC_step 操作就会被终止，避免一次标记和传播太多的对象，从而达到开销均摊的效果。同样地，在 sweep 阶段，每次清除对象的数量是有限制的。

一次 luaC_step 操作，可以称为一次 GC 步骤操作。从上述伪代码可以知道，整个 GC 执行的过程中，大致要经历几个阶段（实际编码时，状态并不止这些，但是为了厘清 GC 机制的主要流程，这些步骤基本是最核心的步骤了），它们分别是 pause 阶段、propagate 阶段、atomic 阶段和 sweep 阶段，下面分别对这些不同的阶段进行说明。

1）pause 阶段：在 Lua 中，包含 stack 变量的 mainthread 和 global table 都是要被 GC 关注的对象。前面已经讨论过，GC 的起始点是全局变量、栈和寄存器。寄存器是在 Lua 的栈中模拟的，并没有特别的意义，因为所有的操作都是在栈上进行的。因为 mainthread 和 global table 包含 GC 起始点，因此它们要先插入到 gray 链表中，并且标记它们为灰色。这些操作结束后，就进入到 propagate 阶段。

2）propagate 阶段：从伪代码可以看到，propagate 阶段所做的事情就是不断从 gray 链表中取出 object，然后把它从灰色变为黑色，再遍历它所有引用的对象，并将其插入到 gray 链表中。同时也要注意到，每次将一个从 gray 链表中取出来的 object 标记为黑色后，需要累积这个 object 的字节大小。当这一次 GC 步骤扫描的对象累积超过一定的字节数时，本轮 GC 步骤会被终止，等待下一次 GC 步骤开始后，继续扫描 gray 链表中的对象。到这里，读者应该可以初步感受到，什么是增量式地进行 GC 处理，其实就是每次处理一部分，将 GC 处理的瞬时开销均摊开来。当 gray 链表为空时，意味着所有的 gray 链表均已扫描完毕，然后进入 atomic 阶段。

3）atomic 阶段：该阶段和 propagate 阶段不同，atomic 阶段是需要原子执行的，也就是说进入到这个阶段就必须不中断地从头执行到阶段结束。之所以要这么做，具体原因如下。

① 首先，因为 GC 步骤在 propagate 阶段是可以被中断的。也就是说，在中断的过程中，可能会有新的对象被创建，并且被已经标记为黑色的对象引用。这种 GC 算法黑色对象是不能直接引用白色对象的，因为黑色对象已经标记和传播完毕，本轮 GC 周期内不会再对它进行遍历。这样被其引用的白色对象也不会被标记到。到了 sweep 阶段，因为新创建的对象未被标记和遍历，因此会被当作不可达的对象而清除掉，造成不可挽回的损失。

② 为此，需要在这种情况下为新创建的对象设置屏障（barrier）。屏障分两种，一种是向前设置屏障，也就是直接将新创建的对象设置为灰色，并放入 gray 链表；还有一种则是向后设置屏障，也就是将黑色对象设置为灰色，然后放入 grayagain 链表。向前设置屏障的情况适用于已被标记为黑色，且不会频繁改变引用关系的数据类型，如 Lua 的 proto 结构。而向后设置屏障的情况，适合于已被标记为黑色，且会出现频繁改变引用关系情况的数据类型，如 Lua 的表结构。也就是说，在两次调用 GC 步骤的过程中，表中的同一个 key 可能被赋值多次 value。如果把这些 value 对象均标记为灰色，并放入 gray 链表，那么就会造成许多无谓的标记和传播操作，因为这些 value 很可能不再被引用，需要被回收。因此，只要把已经标记为黑色的表重新设置为灰色，是避开这个性能问题的良好方式。

③ 而如果直接把由黑色重新标记为灰色的表对象放入 gray 链表的话，如上所述，表的 key 和 value 的引用关系会频繁变化。这个表很可能在黑色和灰色之间来回切换，进行很多重复的传播。为了提高效率，则将它放在 grayagain 链表中，在 atomic 阶段，一次性标记和传播完成。

④ 为什么要原子执行 atomic 阶段？如果 atomic 阶段不能原子执行，那么就和 propagate 阶段没有区别了。表从黑色标记为灰色，放入 grayagain 链表也失去了意义。因为如果不能原子执行，那么该表对象很可能刚在 grayagain 链表中取出来，由灰色变黑色，立即又有新的对象被它引用，又将它从黑色变为灰色。因此，避免不了一些表实例，在黑色和灰色之间来回切换，反复标记和扫描，浪费性能资源，很可能导致 GC 步骤在标记和传播时所处的时间过长，甚至无法进入 sweep 阶段。因此，干脆在 atomic 阶段设置为不可中断执行，一次性完成所有的标记和传播操作。这样，一个能够被频繁改变引用关系的表对象，在 progapate 阶段最多被标记和传播一次，在 atomic 阶段又被传播一次，一共两次。

4）sweep 阶段：sweep 阶段则很简单，每次执行这个流程，从 allgc 链表中取出若干个对象。如果它已经是本轮 GC 要被清除的白色，那么它会被清除；如果不是，则标记为另一种白，以供下一轮 GC 使用。当本轮 GC 涉及所有的对象清理和重置完毕后，进入下一轮 GC。

前面也提到过，luaC_step 是间断地进行的。每次 luaC_step 结束之后，GC 步骤会暂停一段时间，只有新创建的对象的内存总量累积到一定程度的时候，才会再次触发 luaC_step 调用。在官方 Lua-5.3 中，64bit 模式下这个阈值大约是 2.34kB。

下面通过一系列的图来展示一次 GC 周期的操作流程。这些操作均是 luaC_step 内的操作，图 2-14 所示为在 propagate 阶段，说明新创建的内存大小已经达到了触发新 GC 周期的条件。

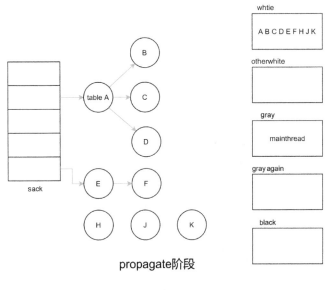

● 图 2-14

当新创建对象的内存达到触发 GC 步骤操作的条件时，luaC_step 函数才会被调用。假设新创建的 L 对象的内存量，刚好能触发新的 luaC_step 操作，于是得到图 2-15 所示的结果。

现在创建一个 M 对象，触发新的 luaC_step 操作，得到图 2-16 所示的结果。读者可以看到，A 和 E 被标记为黑色，B、C、D、F 则被标记为灰色，并被放入相应的列表中。

接下来，继续创建对象 N，触发新的 luaC_step 操作，得到图 2-17 所示的结果。此时对象 N 被设置到了 A 中，因此 A 要向后设置屏障，重新被设置为灰色，并被放入 grayagain 链表。

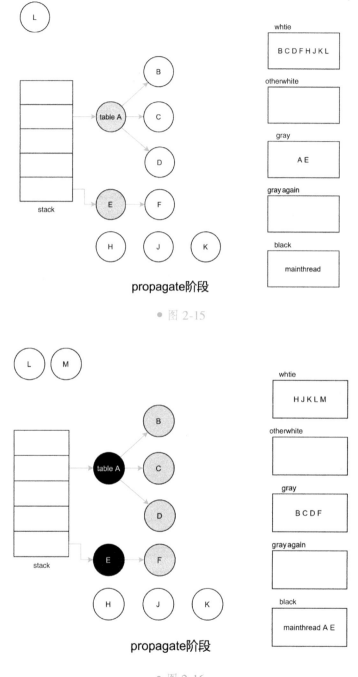

● 图 2-15

● 图 2-16

　　再创建一个对象 O 就进入 atomic 阶段了。此时会将 grayagain 链表再标记和传播一次，得到图 2-18 所示的结果。由于是在 atomic 阶段，GC 算法会对灰色对象 N 进行进一步操作，将其标记为黑色，于是 atomic 阶段就结束了。atomic 阶段之后就是 sweep 阶段，在 atomic 阶段后创建的对象均是另一种白，
不参与到本轮 GC 的清理之中。

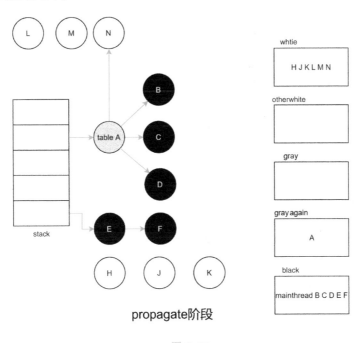

propagate阶段

● 图 2-17

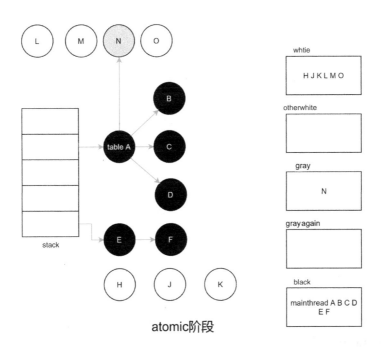

atomic阶段

● 图 2-18

从图 2-19 可以看到，在 atomic 阶段之后新创建的对象 P，并不在 white 中，而是在 otherwhite 列表中。在 sweep 阶段仍需要创建新的对象去触发 luaC_step 操作，在 white 中的对象则是要被清理的。开启新的 GC 周期的时候，otherwhite 中的对象就要被处理了。在一轮 GC 结束前，所有标记为黑色的对象都会重新被标记为白色，在本例中就是被标记为 otherwhite。

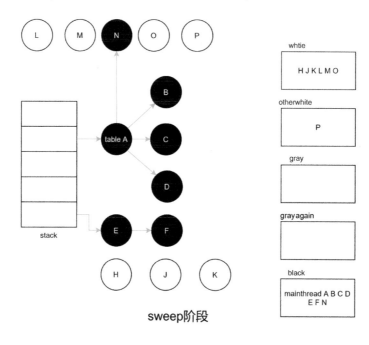

● 图 2-19

▶▶ 2.2.3　dummylua 项目的垃圾回收机制实现

本节的源码实现可在 C02/dummylua-2-2 目录里找到。这里需要注意的是，本节采用的是测试用例，代码如下所示。

```
int j = 0;
for (; j < 500000000; j ++) {
    TValue* o = luaL_index2addr(L, (j % ELEMENTNUM) + 1);
    struct GCObject* gco = luaC_newobj(L, LUA_TSTRING, sizeof(TString));
    o->value_.gc = gco;
    o->tt_ = LUA_TSTRING;
    luaC_checkgc(L);
}
```

这个例子是不断创建 GCObject 对象，然后放置到栈的第 1～5 个位置上。新创建的对象可以将之前创建的对象覆盖掉，由于这些对象不会在除了栈以外的地方被引用到，因此没有被栈引用到的 GCObject 会不断被 GC 释放掉。

在 vm 目录下，新增 luagc.h 和 luagc.c 两个文件，现在目录变成下面展示的那样。

```
+ bin/
+ clib/
+ common/
+ compiler/
~ vm/
    luado.h
    luado.c
    luagc.h
    luagc.c
main.c
```

接下来要展示的是 GCObject 的数据结构，该数据结构如下所示。

```
// GCObject
#define CommonHeader struct GCObject* next; lu_byte tt_; lu_byte marked

struct GCObject {
    CommonHeader;
};
```

该数据结构有 3 个变量，第一个是 next。已知所有新创建的 GCObject 都会被放入 allgc 链表中。allgc 实际就是由 GCObject 组成的链表，下一个元素则是通过 next 变量来指定。tt_变量则指明了 GCObject 的类型。它们创建出来的实例全部称为 GCObject，这些类型的实例又能够被转化成 GCObject 指针。因此需要有一个 tt_变量来表示它的类型。这些类型包括字符串、表、函数、线程、用户数据等。marked 变量则表示该 GCObject 的颜色。

接下来，要看的是 GCObject 结构和具体类型结构之间的关系。这些具体的类型结构，要将 CommonHeader 宏放在第一行。

```
typedef struct TString {
  CommonHeader;
  ......
}TString;

typedef struct Table {
  CommonHeader;
} Table;

typedef struct lua_State {
  CommonHeader;
  ......
}lua_State;
```

Lua 虚拟机"主线程"的栈本质是一个 TValue 的数组，先回顾一下 TValue 的数据结构，具体如下。

```
#define TValuefields  Value value_; int tt_
```

```
typedef struct lua_TValue {
  TValuefields;
}TValue;
```

回顾一下 2.1 节可以看到，在 Value 结构里 GCObject * 是其中的一种变量，也就是说 TValue 其实是可以代表 GCObject 对象的，不管它是字符串、表、函数、线程还是用户数据。那么当这些实例要被放置到栈中的时候怎么办呢？Lua 是通过 GCUnion 的数据结构对它们进行转换的。

```
union GCUnion {
  GCObject gc;  /* 公共头部 */
  struct TString ts;
  struct Udata u;
  union Closure cl;
  struct Table h;
  struct Proto p;
  struct lua_State th;  /* 线程类型变量 */
};
```

具体的对象类型会先被转换成 GCUnion 对象，然后再将它的 gc 变量赋值到 TValue 的 gc 变量上。它们使用统一的宏来处理，代码如下。

```
/* type casts (a macro highlights casts in the code) */
#define cast(t, exp)((t)(exp))

#define cast_u(o)cast(union GCUnion * , (o))

/* macro to convert a Lua object into a GCObject */
#define obj2gco(v) \
    check_exp(novariant((v)->tt) < LUA_TDEADKEY, (&(cast_u(v)->gc)))
```

最后，可以通过 setgco 函数将值设置到 TValue 上，代码如下。

```
void setgco(StkId target, struct GCObject* gco) {
    target->value_.gc =gco;
    target->tt_ =gco->tt_;
}
```

接下来，就要来看 TValue 上的值是怎么转换成具体类型的 GCObject 的。前文已经提到过，TValue 的值是包含 gc 变量的，因此要将 TValue.value_.gc 转成具体的 GC 类型。同样地，首先要将其转换为 GCUnion 指针，然后再转换成具体的类型，代码如下。

```
#define gco2ts(o)  \
    check_exp(novariant((o)->tt) == LUA_TSTRING, &((cast_u(o))->ts))
#define gco2u(o)  check_exp((o)->tt == LUA_TUSERDATA, &((cast_u(o))->u))
#define gco2lcl(o)  check_exp((o)->tt == LUA_TLCL, &((cast_u(o))->cl.l))
#define gco2ccl(o)  check_exp((o)->tt == LUA_TCCL, &((cast_u(o))->cl.c))
#define gco2cl(o)  \
    check_exp(novariant((o)->tt) == LUA_TFUNCTION, &((cast_u(o))->cl))
#define gco2t(o)  check_exp((o)->tt == LUA_TTABLE, &((cast_u(o))->h))
#define gco2p(o)  check_exp((o)->tt == LUA_TPROTO, &((cast_u(o))->p))
#define gco2th(o)  check_exp((o)->tt == LUA_TTHREAD, &((cast_u(o))->th))
```

在后续开发 Lua 解释器的过程中，需要频繁使用这种转换，因此在这里介绍这套规则是非常有必要的。

增添 GC 机制之后，global_State 结构也会相应地添加一些成员变量，代码如下。

```
typedef struct global_State {
    struct lua_State* mainthread;
    lua_Alloc frealloc;
    void* ud;
    lua_CFunction panic;

    struct stringtable strt;
    TString* strcache[STRCACHE_M][STRCACHE_N];
    unsigned int seed;
    TString* memerrmsg;
    TValue l_registry;

    //gc fields
    lu_byte gcstate;
    lu_byte gcrunning;
    lu_byte currentwhite;
    struct GCObject* allgc;
    struct GCObject* * sweepgc;
    struct GCObject* gray;
    struct GCObject* grayagain;
    struct GCObject* fixgc;
    struct GCObject* finobjs;
    struct GCObject* tobefnz;
    struct GCObject* ephemeron;
    struct GCObject* weak;
    struct GCObject* allweak;
    int gcfinnum;
    lu_mem totalbytes;
    l_mem GCdebt;
    lu_mem GCmemtrav;
    lu_mem GCestimate;
    lu_mem gcpause;
    int GCstepmul;
    struct Table* mt[LUA_NUMS];
    TString* tmnames[TM_TOTAL];
} global_State;
```

下面对与本章内容相关的 GC 对象进行说明。

1）gcstate：开始新一轮 GC 之后，当前 GC 所处的阶段（pause、propagate、atomic、sweep 等）。

2）gcrunning：表示 GC 是否在进行。0 为不允许，非 0 为允许。

3）currentwhite：当前新创建的 GCObject 的颜色。atomic 阶段之前是 white，atomic 阶段之后会被设置为 otherwhite。sweep 阶段只清理颜色为 white 的 GCObject。

4）allgc：所有新创建的 GCObject 都会被放入 allgc 链表中。在 sweep 阶段会遍历 allgc 链表，将标记为白色的 GCObject 释放掉，将标记为黑色的 GCObject 重新设置为下一轮 GC 要被清理的白色。

5）sweepgc：记录当前要被清理或重新标记的 GCObject。

6）gray：被标记为灰色的 GCObject 会被放入 gray 链表。

7）grayagain：被标记为黑色的 GCObject 重新被设置为灰色时，要放入 grayagain 链表中，Lua 表通常会有这种操作。

8）fixgc：Lua 关键字（如 if、else、do、end 等）是不能被 GC 回收的，因此要从 allgc 列表中移除，并移入 fixgc 链表，在虚拟机实例被销毁时，再进行释放操作。

9）finobjs：当 GCObject 设置了元表之后，并且元表的_gc 域有被使用时（通常是赋值一个函数给它），GCObject 将从 allgc 链表中移除，并放入 finobjs 表。

10）tobefnz：在 atomic 阶段，所有被标记为白色且在 finobjs 表中的 GCObject，会被放入 tobefnz 列表中。在 atomic 阶段之后的 GC 处理中，这个列表中的对象会被逐个执行_gc 函数，然后会重新插入 allgc 链表中，并在下一轮 GC 中被清除。

11）ephemeron、weak、allweak：这些是和弱表相关的对象，将在后续章节进行讲解，本章暂不论述。

12）totalbytes：虚拟机预设内存总大小。totalbytes 并不是虚拟机真实的内存大小，为了避免频繁执行 GC 步骤，Lua 虚拟机会预先"借贷"一部分内存，再将"借贷"值的绝对值加到 totalbytes 变量中，并且让 GCdebt 变量减去"借贷"值的绝对值。每当调用 luaC_newobj 函数、创建新的 GCObject 时，会将新开辟的内存大小加到 GCdebt 变量中。当 GCdebt 的值小于 0 时，不触发 GC 步骤操作；当 GCdebt 变量大于 0 时，触发执行 GC 步骤操作。

13）GCdebt：GC 的"借贷"值。Lua 虚拟机真实的内存大小是 totalbytes+GCdebt 的结果。

14）GCmemtrav：一次 GC 步骤操作可能会调用若干次 dummylua 项目中 GC 模块的 single_step 函数。每次执行 single_step 函数，处理的内存总量会被记录在 GCmemtrav 变量中。每当 single_step 函数执行完时，它会返回，然后被置 0。返回值会被累加到临时变量中，当临时变量达到一定值的时候，会退出 GC 步骤操作。

15）GCestimate：一轮 GC 结束之后，Lua 虚拟机的实际内存大小会被赋值到这个变量中。在 sweep 阶段结束后，totalbytes 会默认被设置成 GCestimate 的两倍，并且 GCdebt 的值为-GCestimate 的值，然后进入 pause 阶段。这里的操作会影响下一轮 GC 开始的时机。GCdebt 的值可以通过 GCpause 参数来调节。

16）GCpause：默认值是 200。值越大每一轮 GC 的间隔会越长；值越小每一轮 GC 的间隔会越小。200 的含义是指：一轮 GC 结束后，Lua 虚拟机的内存大小达到上一轮 GC 结束时刻 Lua 虚拟机实际内存的两倍时，才开始下一轮 GC。同样地，如果调整成 300 就是 3 倍，调整成 400 就是 4 倍。如果调整成 100，几乎是立即开始。

17）GCstepmul：新一轮 GC 开始之后，用于调节 GC 步骤触发间隔以及单次 GC 步骤处理 GCObject 的数量用的。值越大间隔越小，单次 GC 步骤处理的 GCObject 越多，GC 越积极。值越小间隔越大，单次 GC 步骤处理的 GCObject 的数量越少，GC 越消极。它的默认值是 200。

至此，对 dummylua 项目 GC 相关的数据结构的介绍就差不多了。读者还可以通过阅读本节的随书代码范例了解更多的其他内容。这里限于篇幅，就不再进行赘述。

2.3　Lua 虚拟机的字符串

2.2 节介绍了 dummylua 项目 GC 的设计原理和实现方式，该部分基本上是参照了官方 lua-5.3.4 的做法。本节将讲解 dummylua 项目 TString 的设计实现。

任何一门语言都要支持字符串，Lua 也一样。本节将从 Lua 字符串的数据结构开始，然后深入其他细节，并试图揭露这些设计的历史背景和原因。

▶▶ 2.3.1　Lua 字符串概述

在论述 Lua 字符串结构之前，首先要厘清 C 语言字符串和 Lua 字符串的关系。读者应该知道，Lua 代码是需要通过 C 语言来编译生成字节码的，最后交给由 C 语言编写的虚拟机负责执行这些指令。因此 Lua 脚本首先要经过 C 语言的解析，才能转换成 Lua 所能使用的内部结构。比如下面一段 Lua 代码。

```
local str = "hello world"
print(str)
```

str 是一个 Lua 字符串，当 Lua 解释器运行这个脚本时，需要创建一个 "hello world" 的字符串。然而实际上，这段脚本 Lua 解释器并非新建一个 C 语言的 char * 变量或者是 char 数组去存放并使用 "hello world" 字符串，而是需要创建 Lua 内部能够使用的字符串类型。其步骤是，"hello world" 首先只能被 C 语言读取，再存入 C 语言的 char * 或 char 数组对应的缓存中；然后以缓存为内容创建对应的 Lua 字符串，以便其（指的是包含 "hello world" 的 Lua 字符串）能够在虚拟机中被使用。对此，读者后续只需要关注 Lua 如何通过 char * 变量创建 Lua 字符串即可，后文中统一将 Lua 字符串称为 TString 类型的字符串。

▶▶ 2.3.2　Lua 字符串结构

从 lua-5.2.1 开始，字符串就分长字符串和短字符串了。其中短字符串会进行充分的哈希运算，并进行内部化处理，借以提高 Lua 虚拟机对字符串操作的效率和节约内存（尽可能少去开辟新内存）。而长字符串则不进行充分的哈希运算，且不进行内部化处理。关于为何要这样做，后续内容会详细进行讨论。dummylua 也是遵循这种区分长短字符串的方式进行设计和实现的。

在开始深入探讨其他部分之前，先介绍一下 dummylua 字符串的结构。这里并不想在一开始就贴上大段的代码，而只是展示一个概念图。因为大段的代码会过早暴露太多的设计细节，使得讨论的问题变得索然无味。下面先来看看图 2-20 所示的结构。

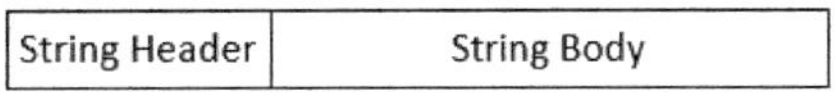

String Header	String Body

● 图 2-20

图 2-20 展示了一块连续的内存块，包含了字符串的 Header（头部）和 Body（本体）两部分。Header 包含了字符串实例的类型（如长字符串或短字符串）、哈希值、长度等信息。不同类型的字符串包含的头部字段也是不同的，虽然它们内部字段不同，但是 Header 的大小都是一致的。而字符串的 Body 部分，则是字符串内容的本体所在，真正放字符串内容的地方，相当于 char *。在 Lua 中，字符

串 Body 长度小于或等于 40B 的是短字符串，大于 40B 的是长字符串。[⊖]

Lua 在 C 语言层面，计算字符串的大小本质上是计算出字符串 Header 和 Body 的总大小（单位是 Byte）。

这一节对 dummylua 的 TString 类型在宏观上进行了介绍。读者暂时不用太过关注 Header 包含哪些部分，目前只需要关心 TString 包含 GC 的 CommonHeader 宏，其中有一个字段是表示类型的 tt_ 变量，如图 2-21 所示。后面将继续深入探索其他部分。

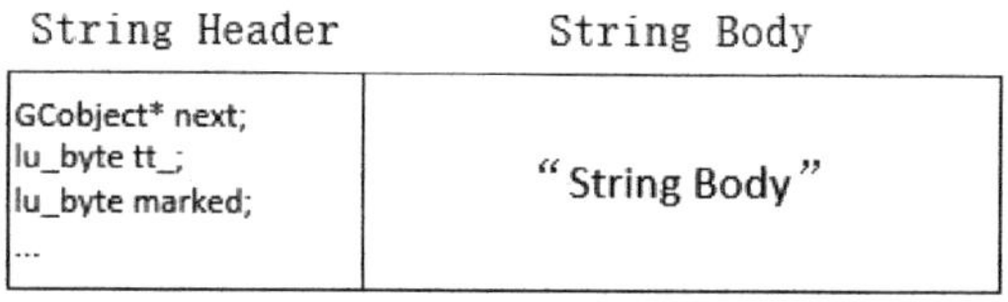

String Header	String Body
GCobject* next; lu_byte tt_; lu_byte marked; ...	"String Body"

● 图 2-21

▶▶ 2.3.3　字符串的哈希运算

本节要探讨的是 Lua 字符串的哈希（hash）运算。Lua 的哈希运算，主要针对 Body 部分，Header 并不参与哈希计算。计算出的哈希值将被记录在字符串 Header 内的哈希变量中，如图 2-22 所示。

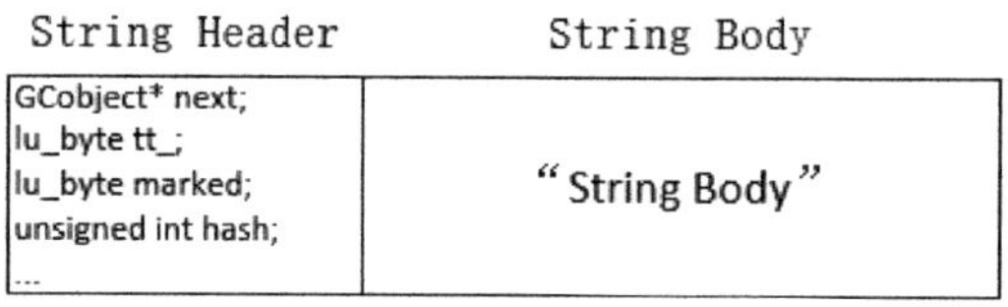

String Header	String Body
GCobject* next; lu_byte tt_; lu_byte marked; unsigned int hash; ...	"String Body"

● 图 2-22

哈希运算的目的是为每一个字符串生成相同长度、不同值的字符串或者是数值。输入的字符串只要有细微的差别都能做到哈希值的极大不同，哈希值通常是用来识别不同字符串的。Lua 字符串使用 luaS_hash 函数来进行哈希运算，代码如下。

```
1 unsigned int luaS_hash(struct lua_State* L, const char* str, unsigned int l, unsigned int h) {
2     h = h ^ l;
3     unsigned int step = (l >> 5) + 1;
4     for (int i = 0; i < l; i = i + step) {
5         h ^= (h << 5) + (h >> 2) + cast(lu_byte, str[i]);
6     }
7     return h;
8 }
```

上面的参数中，str 表示字符串的 Body 部分，l 表示它的长度，而 h 则是外部传入的一个参与哈希运算的种子。这个种子在 Lua 虚拟机创建时就确定了，创建的那一刻具有随机性，创建后不再改变，其代码如下。

```
1 static unsigned int makeseed(struct lua_State* L) {
2     char buff[4 * sizeof(size_t)];
3     unsigned int h = time(NULL);
4     int p = 0;

5     addbuff(buff, L, p);
6     addbuff(buff, &h, p);
7     addbuff(buff, luaO_nilobject, p);
8     addbuff(buff, &lua_newstate, p);
```

⊖　在 lua-5.3 中，短字符串的大小限制由 LUAI_MAXSHORTLEN 决定，这个宏在 llimits.h 中定义。

```
 9    return luaS_hash(L, buff, p, h);
10 }
```

可以看到，这个种子是由 lua_State 实例的地址、当前时间值、luaO_nilobject 变量的地址和 lua_ne-wstate 函数地址决定的，具有极强的随机性。现在返回 luaS_hash 函数来观察其哈希运算。首先该函数对传入的哈希种子，对字符串的长度进行了 xor（异或）运算。然后是小于 32B 的字符串都会参与哈希运算，大于等于 32B 的字符串则会通过至少相隔一个字符的方式进行哈希运算，其计算方式也很简单为 (l >> 5) + 1。

▶▶ 2.3.4　短字符串与内部化

本节一开始就在讨论字符串内部化了，到底什么是字符串内部化？它的作用是什么？如何使用它？下面将为这些问题做出解答。

字符串内部化的本质是将字符串缓存起来，所有拥有相同内容的字符串共享一个副本。其步骤是：计算字符串 Body 的哈希值后，放入一个哈希表中；以后当要用到相同的字符串时，则直接返回该字符串的指针，以做到字符串共享，提升 Lua 的运行效率。这种方式只适用于短字符串，也就是前面说的字符串 Body 小于 40B 的字符串。要理解字符串内部化，首先要熟悉字符串内部化实现的基础。Lua 虚拟机在创建以后，会生成一个大小是 2 的 n 次幂的数组。这个数组将作为短字符串的哈希表，它被称为 strt（意为 string table）。一个 Lua 虚拟机初始化好以后，这个哈希表的存在如图 2-23 所示。

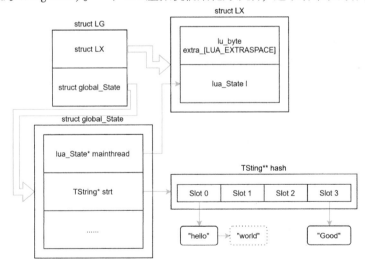

● 图 2-23

流程说明：

① 新建 Lua 字符串 "world"。

② 计算 "world" 的 hash 值。

$hash = 10110010000011100_2$

③ $slot\_idx = hash \& (slot\_size - 1) = 10110010000011100_2 \& 0011_2$。

④ $slot\_idx = 0$，并在该链表中查找值与新建字符串相等的 TString 实例。

⑤ 最终找到 "world" 实例，并返回。该 TString 实例会被复用。

下面来解释一下图 2-23 的含义。strt 是一个 TString * 类型的一维数组，它的长度是 2 的 n 次幂。每个哈希表的 slot 指向一个字符串单向链表（链表 next 指针是包含在字符串 Header 中的）。字符串内部化的本质就是为每个字符串创建唯一的实例。当要创建新的字符串时，首先在哈希表中找，找到对象时则返回该指针，找不到则新建并插入。

下面来看一下字符串的创建步骤。

1）已知 C 层字符串 char * str，要为 str 创建一个 Lua TString 对象，首先计算 str 的哈希值。

2）在完成哈希值计算以后，查找字符串 Body 和 str 相同的 TString 对象。可能在 strt 的 slot 中，方式是 slot_idx = hash & (strt->size − 1)。因为全局字符串表 strt 的大小是 2 的 n 次幂，所以 hash & strt->size − 1 必定是 0 ~ strt->size − 1 之间的值（如 4−1 = 3，二进制表示 011_2，任何正整数和它进行 & 运算区间都是在 0~3 之间，这也是为什么 strt 的大小必须是 2 的 n 次幂的原因），不会超出 strt 的有效范围。

3）找到对应的 slot 以后，取出对应 slot 引用的 TString 链表。遍历链表，如果找到字符串 Body 和 str 匹配的 Lua TString 对象，则返回其指针，否则直接创建新的 TString 实例，并插入该链表的首部。

图 2-23 展示的是，strt 内已有与新建字符串相等 TString 实例的情况。如果新建字符串，strt 内没有与之内容相等的 TString 实例，那么会执行查找流程。因为找不到，所以会插入到首部，如图 2-24 所示。

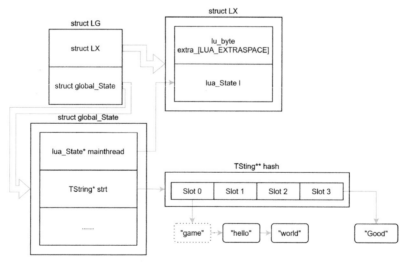

● 图 2-24

流程说明：
① 新建 Lua 字符串"game"。
② 计算"game"的 hash 值。
hash = 1011001010011100_2
③ slot_idx = hash&(slot_size−1) = 1011001010011100_2 & 0011_2。
④ slot_idx = 0，并在该链表中查找值与新建字符串相等的 TString 实例。
⑤ 因为找不到内容相等的字符串，因此新建 TString 实例，并插入首部。

前面展示了创建字符串的两个流程：查找和新建。而如果全局字符串表 strt 是固定的，那么
TString 链表将会很长，最终查找效率会退化成 O(n)，这显然不是乐意见到的。因此，当字符串到达
一定数量时，strt 就会拓展为原来的两倍，并且所有的字符串都会重新做 mod 操作（即 hash &（new_
size-1）），分配到新的 slot 中，组建新的 TString 链表。而在什么情况下会触发 resize 呢？一种情况是
已经存在的 Lua TString 数量大于等于 strt->size 的时候会触发，还有一种情况是 Lua TString 数量小于
等于 strt->size / 2 时，需要缩小为原来的一半。这里有一个特点，即 TString 的数量始终不能超过 strt
的大小（size）。这样做有个好处，就是每个 slot 尽可能只保存一个 Lua TString 实例，即便偶尔有哈希
碰撞，组成的 TString 链表也不会太长，使得查找效率尽量保持在 O(1)。

这里对删除字符串做一个简要说明。删除一个 Lua 短字符串，首先要对字符串的 Body 做哈希值运
算，并且通过 hash & strt->size 的运算定位其在哪个 slot 中；然后遍历 TString 链表找到指定的 TString
实例；最后将其移除。Lua 字符串的删除行为一般是由 GC 发起的。

▶▶ 2.3.5　长字符串与惰性哈希

和短字符串不同，Lua 的长字符串不会进行内部化，与全局字符串表没有任何关系。因此，对于
长字符串，Lua 虚拟机是直接创建它的。因为和 strt 没有关联，所以在创建阶段，它甚至不需要进行
哈希运算。这样做的结果就是，对于长字符串而言，哪怕字符串 Body 完全一致，Lua 虚拟机也会为其
创建独立的 TString 实例。长字符串的哈希运算并不是充分的哈希运算，并且只有在需要的时候才进
行，以提高 Lua 虚拟机的运行效率。

▶▶ 2.3.6　Lua-5.2 的 Hash DoS 攻击

Lua 为什么要将长字符串和短字符串区分开来，并且只对短字符串做内部化处理？其实在
Lua-5.2.0版本中，Lua 其实是不分长字符串和短字符串的，所有的字符串都会做内部化处理，并且留
下了一个非常致命的 Hash DoS 攻击漏洞，并在社区上被提出来了[⊖]。在深入探讨这个问题之前，不妨
查看一下 Lua-5.2.0 创建字符串的代码，具体如下。

```
1 // lua-5.2.0 lstring.c
2 TString *luaS_newlstr (lua_State *L, const char *str, size_t l) {
3   GCObject *o;
4   unsigned int h = cast(unsigned int, l); /* 获得种子 */
5   size_t step = (l>>5)+1; /* 如果字符串太长,则不对每个字符进行运算 */
6   size_t l1;
7   for (l1=l; l1>=step; l1-=step) /* 计算哈希值 */
8     h = h ^ ((h<<5)+(h>>2)+cast(unsigned char, str[l1-1]));
9   for (o = G(L)->strt.hash[lmod(h, G(L)->strt.size)];
10        o != NULL;
11        o = gch(o)->next) {
12     TString *ts = rawgco2ts(o);
13     if (h == ts->tsv.hash &&
14         ts->tsv.len == l &&
```

⊖　Real-World Impact of Hash DoS in Lua：http：//lua-users.org/lists/lua-l/2012-01/msg00497.html。

```
15           (memcmp(str, getstr(ts), l * sizeof(char)) == 0)) {
16       if (isdead(G(L), o)) /* 字符串需要被回收,但是还未被垃圾回收？*/
17         changewhite(o); /* 阻止它本次被回收 */
18       return ts;
19     }
20   }
21   return newlstr(L, str, l, h); /* 全局字符串表中没找到,创建新的字符串 */
22 }
```

上面这段代码读者可以了解到,在 Lua-5.2.0 的版本创建字符串有以下几个特点。

1）字符串不论长短,一律实行内部化。

2）小于 32B 的字符串将进行充分的哈希运算,大于等于 32B 的字符串则进行不充分的哈希运算。这是由于内部化的目的是为了让相同内容的字符串共享一个副本,尽可能减少开辟和释放内存的操作,既希望减少内存,又希望提升性能。但是长字符串的哈希运算将会造成性能上的问题,因此这里采取了长字符串不充分哈希运算的策略,字符串越长哈希运算越不充分。

3）哈希运算只依赖于算法,以及传入的 C 语言字符串的内容和长度。也就是说,客户端有办法知道构造什么样的字符串能够生成相同的哈希值。

4）内部化的结果就是需要频繁的查询。但是读者也看到了,经过哈希运算后,能定位到一个具有相同内容的 Lua 字符串,可能在 strt 表中的位置,然后将存在这个位置的 TString 链表取出,并遍历查找是否已经有内存实例存在。遍历查找的过程：先比对哈希值,再比对长度,如果都匹配上了,需要对字符串 Body 和要新创建的字符串进行字符串匹配（这个过程很耗时）。之所以要进行哈希值比较和长度比较,目的是尽可能避免直接进行字符串匹配,造成性能上的极大损耗。

上述几点是 Lua-5.2.0 关于 Lua 字符串创建的几个特点。目前光看这几点,难以让读者对 Hash DoS 攻击产生直观的感受。现在不妨先来研究一下,客户端如何构造相同哈希（hash）值的不同字符串,代码如下。

```
 1 #include <stdio.h>
 2 #include <string.h>

 3 unsigned int hash(int l, const char* str) {
 4     unsigned int h = (unsigned int)l;
 5     unsigned int step = (l>>5)+1;
 6     unsigned int l1;
 7     for (l1=l; l1>=step; l1-=step)
 8        h = h ^ ((h<<5)+(h>>2)+(unsigned char)str[l1-1]);
 9
10     return h;
11 }

12 int main(void) {
13     const char* str1 = "helloworld, hello world, hello world, hello world";
14     const char* str2 = "hxlLoMorld, hello world, hello world, hello world";
15     const char* str3 = "asdfasdfasdfasdfasdfasdfasdfasdfasdfasdfasdfa";
16     printf("str1 len = %ld, str2 len = %ld, str3 len = %ld\n", \
17         strlen(str1), strlen(str2), strlen(str3));
```

```
18    printf("str1 hash = %u, str2 hash = %u, str3 hash = %u", \
19        hash(strlen(str1), str1), hash(strlen(str2), str2), hash(strlen(str3), str3));
20    return 0;
21 }
```

上述代码截取了哈希计算的部分，str1、str2 和 str3 均是不同的字符串，而 str1 和 str2 则是高度相似，但是却不完全相同。通过提取出来的哈希算法，得到如下的结果。

```
str1 len = 49, str2 len = 49, str3 len = 49
str1 hash = 2931300550, str2 hash = 2931300550, str3 hash = 3850065186
```

读者可以发现，str1 和 str2 的哈希值相同、长度相同，但是内容不同。由于 Lua-5.2.0 的长字符串哈希运算并不充分，使得有机会构造哈希值相同、长度相同，但是值不同的字符串。如上所示的代码，由于字符串长 49B，偶数位字符并不参与哈希运算，因此可以修改这些字符为其他字符，使其在保持哈希值相同的情况下改变内容。换句话说，只要字符足够长，完全有可能构建成千上万个符合这种条件的不同字符串。

如果服务端框架使用 Lua 编写逻辑，那么客户端在发送协议给服务端的时候，只要按照前面说的方式构造成千上万个哈希值相同，但是值不同的字符串上传到服务端，那么就会触发 Hash Dos 攻击。

▶▶ 2.3.7　dummylua 的字符串实现

终于进入到程序实现的环节，读者可以在 C02/dummylua-2-3 目录里找到本节的源码示例。这里先介绍 Lua 字符串 TString 的数据结构，代码如下。

```
// luaobject.c
typedef struct TString {
    CommonHeader;
    unsigned int hash;              // 字符串哈希值
    unsigned short extra;
    unsigned short shrlen;
    union {
        struct TString* hnext;  // 只对短字符串有效,发生哈希冲突时,构建 TString 链表
        size_t lnglen;
    } u;
    char data[0];
} TString;
```

该数据结构展示了 TString 的全貌，下面对每一个成员作解读。

1）CommonHeader：这是所有 GC 对象的公共头部，包含指向下一个 GC 对象实例地址的 GCObject * next 指针，表示类型的变量 tt_，以及表示标记状态的变量 marked。

2）hash：字符串 Body 经过哈希计算后所得到的值将存放在这里。

3）extra：特殊的变量，不同的类型有不同的含义。

① TString 为长字符串时：当 extra = 0 时表示该字符串未进行哈希运算；当 extra = 1 时表示该字符串已经进行过哈希运算。

② TString 为短字符串时：当 extra = 0 时表示它是普通字符串；当 extra 不为 0 时，它一般是关

键字。

4）shrlen：仅对短字符串有效，表示短字符串的长度。

5）u：这是一个 union 结构。当 TString 为短字符串时，hnext 域有效。当全局字符串表有其他字符串哈希冲突时，会将这些冲突的 TString 实例链接成单向链表，hnext 的作用则是指向下一个对象在哪个位置。当 TString 为长字符串时，lnglen 域生效，并且表示长字符串的长度也就是字符串 Body 的长度。

6）data：这个是用来标记字符串 Body 起始位置的，配合 shrlen 或 lnglen 使用，能够找到字符串 Body 的结束位置在哪里。

在了解了 TString 的数据结构后，接下来介绍全局字符串表的数据结构和初始化流程。全局字符串表的数据结构如下所示。

```
//luastate.h
//短字符串全局表
struct stringtable {
    struct TString* * hash;
    unsigned int nuse;
    unsigned int size;
};
```

这实际上是一个 TString * 类型的一维数组，其中 nuse 表示当前有多少个经过内部化处理的短字符串，而 size 表示 stringtable 结构内部的 hash 数组的大小。上述内容非常容易理解，接下来看看这个全局字符串列表存在哪个位置，以及它的初始化流程是怎样的。事实上，global_State 包含了一个 stringtable 类型的变量，也叫作 strt 变量，代码如下。

```
//luastate.h
typedef struct global_State {
    struct lua_State* mainthread;
    lua_Alloc frealloc;
    void* ud;
    lua_CFunction panic;

    struct stringtable strt;
    TString* strcache[STRCACHE_M][STRCACHE_N];
    unsigned int seed;                  // 字符串哈希种子
    TString* memerrmsg;
    TValue l_registry;

    //GC fields
    ......
} global_State;
```

当 Lua 虚拟机被创建时，会对变量 strt 进行初始化操作，代码如下。

```
// luastring.c
void luaS_init(struct lua_State* L) {
    struct global_State* g = G(L);
    g->strt.nuse = 0;
    g->strt.size = 0;
```

```
g->strt.hash = NULL;
luaS_resize(L, MINSTRTABLESIZE);
g->memerrmsg = luaS_newlstr(L, MEMERRMSG, strlen(MEMERRMSG));
luaC_fix(L, obj2gco(g->memerrmsg));

// 字符串缓存,不能存放即将被清理的字符串对象
for (int i = 0; i < STRCACHE_M; i ++) {
    for (int j = 0; j < STRCACHE_N; j ++)
        g->strcache[i][j] = g->memerrmsg;
}
}
```

初始化流程主要做了这几件事情。首先是初始化 stringtable 类型变量 strt，并且通过 luaS_resize 函数为其分配最小内存（MINSTRINGTABLESIZE）。这个变量在 dummylua 中被设置为 128，也就是说 strt 的最小哈希表长度为 128。另外还创建了一个不可被 GC 回收的字符串 memerrmsg，最后初始化了一个长/短字符串都可以共用的字符串缓存 strcache（这个稍后讨论）。读者可以注意到，这里调整 strt 大小的函数是 luaS_resize，它的实现代码如下。

```
// luastring.c

// 注意:luaS_resize 函数是给全局字符串 strt 重新调整大小用的
// 这个全局字符串表只是给短字符串使用,并且第 2 个参数大小必须
// 是 2ⁿ
int luaS_resize(struct lua_State* L, unsigned int nsize) {
    struct global_State* g = G(L);
    unsigned int osize = g->strt.size;
    if (nsize > osize) {
        luaM_reallocvector(L, g->strt.hash, osize, nsize, TString* );
        for (int i = osize; i < nsize; i ++) {
            g->strt.hash[i] = NULL;
        }
    }

    // 所有数组中的 TString* 实例必须重新定位自己的位置
    for (int i = 0; i < g->strt.size; i ++) {
      struct TString* ts = g->strt.hash[i];
      g->strt.hash[i] = NULL;

      while(ts) {
          struct TString* old_next = ts->u.hnext;
          unsigned int hash = lmod(ts->hash, nsize);
          ts->u.hnext = g->strt.hash[hash];
          g->strt.hash[hash] = ts;
          ts = old_next;
      }
    }

    // shrink string hash table
    if (nsize < osize) {
```

```
            lua_assert(g->strt.hash[nsize] == NULL && g->strt.hash[osize - 1] == NULL);
            luaM_reallocvector(L, g->strt.hash, osize, nsize, TString*);
        }
        g->strt.size = nsize;

        return g->strt.size;
    }
```

从上述代码可以看到，要进行大小调整需要传入一个 nsize 参数，而 nsize 值必须是 2 的 n 次幂。它内部的处理也非常有意思，处理流程如下所示。

1）当新建尺寸 nsize 大于原来 strt hash 表的大小时，首先需要开辟一个 nsize 大小的 TString * 数组，原有的 TString 变量会重新定位到新 hash 表的 slot 中（slot_idx = luastring->hash & nsize − 1）。

2）当新建尺寸 nsize 小于原来 strt hash 表的大小时，首先 strt->hash 表内的所有 TString 实例会根据 nsize 重新排列，定位到合适的 slot 中（slot_idx = luastring->hash & nsize − 1），并且开辟一块 nszie 大小的 TString * 数组，再将 strt->hash 中的值复制到该数组中，最后 strt->hash 将引用这块内存，以达到缩小的目的。

在完成了全局字符串表创建和初始化流程以后，下面关注如何创建一个字符串实例。这个创建流程对长短字符串都适用。

```
// luastring.c
static struct TString* createstrobj(struct lua_State* L, const char* str, int tag, unsigned
int l, unsigned int hash) {
    size_t total_size = sizelstring(l);

    struct GCObject* o = luaC_newobj(L, tag, total_size);
    struct TString* ts = gco2ts(o);
    memcpy(getstr(ts), str, l * sizeof(char));
    getstr(ts)[l] = '\0';
    ts->extra = 0;

    if (tag == LUA_SHRSTR) {
        ts->shrlen = cast(lu_byte, l);
        ts->hash = hash;
        ts->u.hnext = NULL;
    }
    else if (tag == LUA_LNGSTR) {
        ts->hash = 0;
        ts->u.lnglen = l;
    }
    else {
        lua_assert(0);
    }

    return ts;
}
```

Lua 字符串实例是需要被 GC 托管的对象，因此它是一个 GCObject。要创建一个 GCObject，需要知道 TString 实例的具体大小。它的大小就是字符串 Header 加上 Body 的总大小，它由 sizelstring 函数来计算。字符串 Body 的结尾需要加上特殊字符 "\0"，这样做的目的是能够和 C 语言的字符串兼容，使之在 C 层操作更为方便。接下来则是针对不同的 TString 类型做不同的初始化操作。

Lua 字符串被创建前，还需要判断字符串是长字符串还是短字符串。不同类型的字符串会做不同的处理，比如短字符串会进行内部化操作，而长字符串则是直接创建 Lua 字符串实例。对于短字符串而言，在开始内部化处理之前，还需要进行哈希计算。由于前文已经介绍了，这里就不再赘述，先看常用的 Lua 字符串创建函数代码如下。

```c
// luastring.c
static struct TString* internalstr(struct lua_State* L, const char* str, unsigned int l) {
    struct global_State* g = G(L);
    struct stringtable* tb = &g->strt;
    unsigned int h = luaS_hash(L, str, l, g->seed);
    struct TString* * list = &tb->hash[lmod(h, tb->size)];

    for (struct TString* ts = * list; ts; ts = ts->u.hnext) {
        if (ts->shrlen == l && (memcmp(getstr(ts), str, l * sizeof(char)) == 0)) {
            if (isdead(g, ts)) {
                changewhite(ts);
            }
            return ts;
        }
    }

    if (tb->nuse >= tb->size && tb->size < INT_MAX / 2) {
        luaS_resize(L, tb->size * 2);
        list = &tb->hash[lmod(h, tb->size)];
    }

    struct TString* ts = createstrobj(L, str, LUA_SHRSTR, l, h);
    ts->u.hnext = * list;
    * list = ts;
    tb->nuse++;

    return ts;
}

struct TString* luaS_createlongstr(struct lua_State* L, const char* str, size_t l) {
    return createstrobj(L, str, LUA_LNGSTR, l, G(L)->seed);
}

struct TString* luaS_newlstr(struct lua_State* L, const char* str, unsigned int l) {
    if (l <= MAXSHORTSTR) {
        return internalstr(L, str, l);
    }
    else {
        return luaS_createlongstr(L, str, l);
    }
}
```

可以看到, luaS_newlstr 函数会先判断要创建是长字符串还是短字符串。如果是短字符串则进行内部化处理,如果是长字符串直接创建 TString 实例。字符串内部化的处理逻辑也很简单,如下所示。

1) 首先计算要创建的字符串的哈希值。

2) 根据哈希值计算该字符串应该放在全局字符串表的哈希表中的哪个位置 (slot_idx = hash & strt->size - 1)。

3) 取出该位置的 TString * 链表,逐个实例进行比较。如果找到同内容的 TString 实例,则不创建新的 TString 实例,将该指针返回;如果找不到,则创建新的 TString 实例,并插入链表头部。

接下来看看字符串比较的逻辑。

```c
// luastring.c
int luaS_eqshrstr(struct lua_State* L, struct TString* a, struct TString* b) {
    return (a == b) || (a->shrlen == b->shrlen && strcmp(getstr(a), getstr(b)) == 0);
}

int luaS_eqlngstr(struct lua_State* L, struct TString* a, struct TString* b) {
    return (a == b) || (a->u.lnglen == b->u.lnglen && strcmp(getstr(a), getstr(b)) == 0);
}
```

不论是长字符串还是短字符串,它们的比较方式都一致。首先比较字符串实例的地址,地址相同自然相等。长度不同自然不相等,当地址不同、长度不同时,才会触发字符串比较的逻辑。这里的 getstr 函数会将字符串 Body 的地址返回,方便使用 TString 对象的字符串值部分。

在 global_State 的结构中,还有一个 strcache 的二维数组,该数组将作为字符串缓存存在。创建 Lua 字符串还有另一个函数是 luaS_new 函数,它的定义如下。

```c
// luastring.c
struct TString* luaS_new(struct lua_State* L, const char* str, unsigned int l) {
    unsigned int hash = point2uint(str);
    int i = hash % STRCACHE_M;
    for (int j = 0; j < STRCACHE_N; j ++) {
        struct TString* ts = G(L)->strcache[i][j];
        if (strcmp(getstr(ts), str) == 0) {
            return ts;
        }
    }

    for (int j = STRCACHE_N - 1; j > 0; j--) {
        G(L)->strcache[i][j] = G(L)->strcache[i][j - 1];
    }

    G(L)->strcache[i][0] = luaS_newlstr(L, str, l);
    return G(L)->strcache[i][0];
}
```

这个函数首先会对 C 层字符串 str 的地址进行哈希运算,然后通过取模规则在 strcache 查找指定的 TString 实例。如果找到就返回,如果找不到则丢弃一个,且创建一个新的 TString 实例并写入 strcache 中。这种方式对已经保存在 C 层且需要频繁转换为 TString 的 C 层字符串来说有助于提升效率。

strcache 内的字符串缓存保存一个 GC 周期，GC 进入 sweep 阶段前清空。

到这里为止，就完成了 dummylua 字符串主要数据结构和逻辑流程的探讨了。读者可以通过阅读 C02/dummylua-2-3 目录下的完整代码，去理解整个流程。

2.4　Lua 虚拟机的表

本节将对 dummylua 中表（Table）的设计和实现进行介绍。本文的目的旨在梳理 dummylua 项目表的数据结构和运作流程。该部分内容深度参考了 Lua-5.3.4 的表的设计与实现。本节希望通过简洁的方式揭示 Lua 表的内部运行机制，因此不会在所有的细节上和官方保持一致，但是尽量遵循了官方的设计思路。

表是 Lua 语言中重要的组成部分，是实现 Lua 虚拟机的基础。本节首先介绍 dummylua 项目表的数据结构，然后介绍一些基本的操作流程，如创建、resize、查询、插入和迭代等操作。

2.4.1　Lua 表功能概述

Lua 表是 Lua 语言重要的数据结构。它实际上是一种辅助数组，不仅可以使用数值作为索引（也就是 key 值），也可以使用字符串或者是其他类型的值作为索引（nil 除外）。

通过 Lua 表可以表示很多种数据结构，包括数组、集合、记录、队列、字典等，它甚至可以表示包（package，以函数名为 key、函数对象为 value 的表）。

2.4.2　Lua 表的基本数据结构

下面介绍表的基本数据结构，代码如下。

```
1 // luaobject.h
2 typedef union lua_Value {
3     struct GCObject* gc;
4     void* p;
5     int b;
6     lua_Integer i;
7     lua_Number n;
8     lua_CFunction f;
9 } Value;

10 typedef struct lua_TValue {
11     Value value_;
12     int tt_;
13 } TValue;

14 // lua Table
15 typedef union TKey {
16     struct {
17         Value value_;
18         int tt_;
```

```
19        int next;
20    } nk;
21    TValue tvk;
22 } TKey;

23 typedef struct Node {
24    TKey key;
25    TValue value;
26 } Node;

27 struct Table {
28    CommonHeader;              // GC 部分
29    TValue* array;             // 数组部分
30    unsigned int arraysize;    // 数组大小
31    Node* node;                // hash 表部分
32    unsigned int lsizenode;    // hash 表大小,实际大小为 2^lsizenode
33    Node* lastfree;            // 空闲空间指针
34    struct GCObject* gclist;   // GC 部分
35 };
```

除了 GC 部分（CommonHeader 宏），可以看到表（table）结构是由数组和哈希表两部分组成。

上述代码中，array 表示 Lua 表的数组部分，而 node 表示 Lua 表的哈希表部分。

TValue 结构在 2.1 节提到过，它代表 Lua 虚拟机中任意类型的变量，这里不再赘述。

Node 结构则比较有意思，它分两个主要部分，一个是 key，另一个则是 value。key 属于 TKey 结构，value 属于 TValue 结构。TKey 结构和 TValue 结构大体相似，但是多包含了一个 next 变量，用来处理哈希冲突（后文会介绍）。图 2-25 展示了一个数组大小为 2，哈希表大小为 4 的 Lua 表。

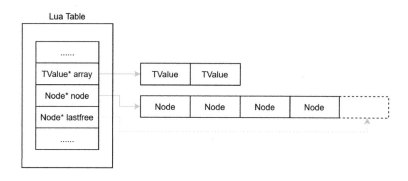

● 图 2-25

表数据结构里的成员在上述代码注释中已经做了简要说明。不过这里要对 lastfree 成员做一个特别说明。正如前文所述，lastfree 是用来处理哈希冲突的，那么其具体流程又是怎样的呢？

已知 Lua 表数组部分是通过整型数值来索引的。而 Node 数组中的每一个 Node 对象都代表一个 key-value 配对（TKey、TValue 表示 nil 值或 TKey 是 DEADKEY 时除外），这个配对要放到 Node 数组中的哪个位置是要将 key 值经过一系列处理，将其转化为 Node 数组的索引后，再将 key-value 配对分别赋值到 Node 数组索引位置上的 TKey 和 TValue 中（后文将详细说明）。

下面讲述 lastfree 是如何参与到哈希冲突处理的。如图 2-26 所示，在哈希表中已经有一个 key–value 配对，当一个新的 key-value 配对要插入到哈希表中，对其 key 值进行索引换算，发现其索引值和原来的 key-value 配对相同，此时哈希冲突就产生了。

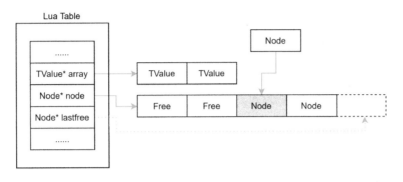

● 图 2-26

根据 Lua 表的哈希冲突处理规则（后续会介绍规则），此时需要将冲突中的一个 Node 放入空闲的节点中（图 2-26 中标记为 Free 的节点）。而处理的方法则是 lastfree 指针不断向左移动，查找空闲节点，如图 2-27 所示。

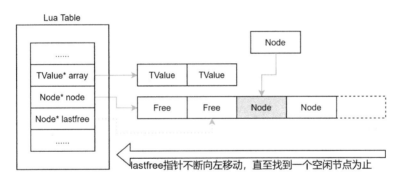

● 图 2-27

lastfree 指针找到空闲节点以后，将冲突的元素写入，如图 2-28 所示。此时可以发现，lastfree 所指

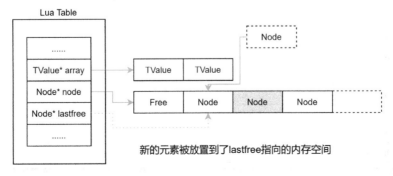

● 图 2-28

向的内存块以及 lastfree 指针右边的内存块均不是空闲区域，要查找空闲节点需要让 lastfree 指针不断向左移动来快速查找。这样做的好处是已经被使用的部分不会被遍历，当哈希表很大时，能够很大程度上提高效率。这里的例子只是为了展示 lastfree 成员的主要用途，并且本例也只是展示了哈希冲突其中的一种情况。

▶▶ 2.4.3 表的初始化

下面介绍表的创建和初始化流程，dummylua 项目完全参照了官方 Lua 的设计与实现方式。在创建一个表实例时，是通过一个叫作 luaH_new 的接口来进行的。在完成创建后，表实例的结构如图 2-29 所示。

CommonHeader 和 gclist 是 GC 相关的变量。表被创建时，每个变量都被赋予了初始值。表实例在刚被创建出来的时候，并没有给 array 数组和哈希表 node 开辟有效的内存空间。array 被赋值为 NULL，而 node 则被指向了一个被称为 dummynode_的全局常量。Lua 官方采取了这样的实现方式。

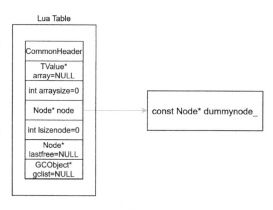

● 图 2-29

对于 node 数组而言，lsizenode 为 0 并不能表示 node 数组没有开辟内存空间，因为 node 数组的大小实际是 $2^{lsizenode}$。lsizenode 为 0 时，表示 node 数组的大小为 2^0，也就是 1。因此这里将 node 指向 dummynode_时，表示 node 数组还未被开辟内存空间。dummynode_是全局共享的，所有新创建的表实例的 node 指针都会指向它。

▶▶ 2.4.4 键值的哈希运算

读者已经了解到，哈希表其实是一个大小为 2^n 的一维数组，那 key 和数组索引又存在怎样的联系呢？

2.4.1 节已经阐述了哈希表中 Node 结构的数据结构，Node 结构的 key 可以是任意 Lua 类型。key 值是如何和哈希表的索引对应起来的？首先要做的就是对 key 进行哈希运算。和 Lua 官方一样，dummylua 提供了对各种类型进行哈希运算的接口，将 key 的值转换成一个 uint 类型变量，如表 2-1 所示。

表 2-1

类型	hash 函数	描述
LUA_TSTRING	luaS_hash	计算字符串的哈希值
LUA_TABLE	pointer2uint	将 Table 的 gc 指针传入，转换成 uint 类型变量
LUA_TNUMINT		直接使用
LUA_TNUMFLT	l_hashfloat	将 float 类型转换成 uint 类型
LUA_TLIGHTUSERDATA	pointer2uint	传入 light userdata 类型指针，转换成 uint 类型变量
LUA_TBOOLEAN		直接使用
LUA_TLCF	pointer2uint	传入 Light C Function 变量转换成 uint 类型变量

表 2-1 展示的类型列是 TKey 类型变量中类型标识 tt_ 的值，可以理解为 enum 变量（实际上是宏定义），用来标记 value_ 是什么类型的。表的第二列则展示了对应的哈希函数，它们的目标只有一个，将不同类型的变量转换成 uint 类型变量。于是可以把这些抽象成图 2-30 所示的关系。

● 图 2-30

在完成了对 key 的哈希运算以后，就需要根据得到的哈希值，将其换算成表结构 node 数组的索引值，计算的公式如下。

```
index = hash_value & (2^lsizenode - 1)
```

为什么要采取这样的方式？首先前面已经提到 Lua 表的哈希表大小必须是 2 的 n 次幂。这样设计的目的是，哈希表大小 -1 的值的低位全是 1。表 2-2 为 $2^{lsizenode} - 1$ 的二进制表示。

表 2-2

lsizenode 的值	$2^{lsizenode} - 1$ 的十进制表示	$2^{lsizenode} - 1$ 的二进制表示
0	0	0000 0000
1	1	0000 0001
2	3	0000 0011
3	7	0000 0111
4	15	0000 1111
5	31	0001 1111
…	…	…

二进制低位全部是 1，这样做的好处是，当哈希值超出哈希表大小边界的时候，会被自动回绕，而且效率非常高。下面来看一个例子，假设有一个字符串为"table"，现在要计算它在大小（sitze）为 8 的哈希表的索引，则有：

1）计算"table"字符串的哈希值，假设得到 $01101011\ 00100100\ 10001101\ 00101100_2$。

2）"table"的哈希表的 lsizenode 值为 3，也就是 size 为 8，于是有 $2^{lsizenode} - 1 = 7_{10} = 0111_2$。

3）计算"table"在哈希表中的索引，于是有 $01101011\ 00100100\ 10001101\ 00101100_2$ & 0111_2，由于右边的值高位全是 0，因此只需要截取"table"字符串 hash 值的低 4 位即可，于是有 index = 1100_2 & $0111_2 = 0100_2 = 4_{10}$。

4）key 为"table"的 node，其将会被定位到 hash[4] 的位置上。

经过这种操作，哈希运算得到的 uint 类型数值，最终都会被映射到哈希表尺寸范围内的索引中，不用担心超出边界的问题。哈希运算本身具备离散性，因此 key 值可以相对均匀地分布在哈希表中。

这种设计使得 Lua 表的插入和查找都可以保持很高的效率。

▶ 2.4.5 查找元素

在介绍完哈希表的索引和哈希表中 Node 的 key 值的关系后，下面开始讲述表元素的查找流程了。现在需要从被查找元素的 key 值是 int（也就是 LUA_TNUMINT 类型）和非 int 这两种情况来考察，当被查找的元素的 key 值是 int 类型时，其查找流程如下所示。

1）令被查找元素的 key 值为 k，表 array 数组的大小为 arraysize。

2）判断被查找元素的 key 值是否在数组范围内（即 k ⩽ arraysize 是否成立）。

3）若 key 值在表的数组范围内，则返回 array [k − 1]，流程终止。

```
if (k - 1 <arraysize && k > 0) {
    return array[k - 1];
}
```

//进入 hash 表查找流程

4）若 key 值不在表的数组范围内，计算 key 值在哈希表中的位置，计算方式为 index = k & $(2^{lsizenode}-1)$，然后以 hash[index] 节点为起点，查找 key 值与 k 相等的 node，其伪代码如下所示。

```
//进入 hash 表查找流程
// k 是被查询元素的 key 值
Node* node = &hash[index];
for (;;) {
    if (luaV_equalobject(node.key, k)) {
        return node.value ;
    }

    if (node.next == 0) {
        return luaO_nilobject;
    }
    node = node + node.next;
}
```

读者可以看到，如果在遍历哈希表的过程中，找不到 key 值与 k 相等的 node 时，会返回 luaO_nilobject，返回这个值意味着查询不到想要的值。以上是被查询元素的 key 值是 int 类型的情况，当被查询的 key 值不是 int 类型时，它将遵循如下流程。

1）计算被查询元素的 key 值（记为 k）的哈希值，记为 key_hash。

2）计算 key 值在哈希表中的位置，计算方式为 index = key_hash & $(2^{lsizenode}-1)$，然后以 hash[index] 节点为起点，查询 key 值与 k 相等的 node。

前面介绍了表查询的规则，其逻辑的本质就是试图寻找匹配的值，如果找不到就返回 luaO_nilobject 变量。

▶ 2.4.6 值的更新与插入

要更新表，首先会根据 2.4.5 节提到的方法查找指定的元素。当返回的元素不是 luaO_nilobject 对象时，说明查找成功。此时只需要将要更新的值设置到 TValue 变量上，这种情况被称为更新。

图 2-31 所示的例子展示了一个 key 值为 3、value 值为 "haha" 的元素，要写入表中（表的数组长度为 4，哈希表长度也为 4，且均是 nil 值）。由于 key 值 3 在数组的范围内，因此将直接返回数组中的第三个元素，并将值设置为 "haha"。

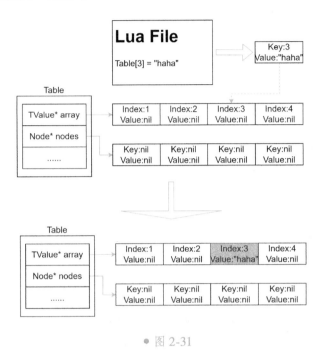

● 图 2-31

而图 2-32 所示的例子，则尝试更新 key 值为 5 的域。由于 5 超出了数组的范围，因此它会在哈希表

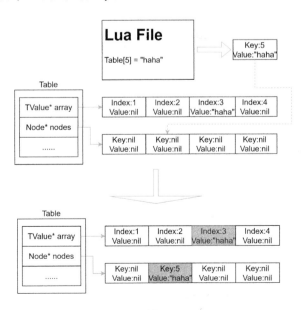

● 图 2-32

中查找位置，5 的二进制值为 0101_2，哈希表的大小为 4，其二进制值为 0100_2，则 index $=5\&(4-1)=0101_2$ & $0011_2=0001_2=1$。此时，直接更新 hash[1] 的 key 和 value 为指定的值。

当查找指定 key 值的变量时，如果能找到则返回 TValue 类型变量的指针，而如果找不到指定 key 值的变量时，则返回值为 luaO_nilobject。此时需要创建新的 key，并向 value_变量赋值，这种操作实际上是插入操作。创建 key 的流程如下所示。

1）假设要新建的 key 值为 k，计算 k 的哈希（hash）值，记为 k_hash。

2）计算 key 值在哈希表的索引，计算方式为 index = k_hash & ($2^{\text{lsizenode}}-1$)。

3）如果 hash[index] 的 value 值为 nil，将其的 key 值设置为 k 的值，并返回 value_对象指针，供调用者设置。

4）如果 hash[index] 的 value 值不为 nil，需要分以下两种情况处理。

a. 计算 node key 的 hash 值，重新计算它的索引值。如果计算出来的索引位置不是 hash[index]，那么 lastfree 不断左移，直至找到一个空闲的节点。将其移动到这里，修改链表关系，令其上一个与自己索引值相同节点的 next 值指向自己（如果存在的话）。新插入的 key 和 value 设置到 hash[index] 节点上。

b. 计算 node key 的 hash 值，重新计算它的索引值，如果计算出来的索引位置就是 hash[index]，那么 lastfree 不断左移，直至找到一个空闲的节点。将新插入的 key 和 value 值设置到这个节点上，并调整链表关系，将 hash[index] 的 key 值的 next 值指向新插入的节点。

通过前文读者大致知道了表插入操作的流程。下面通过一个例子加深理解。假设一个数组的大小为 4，哈希表的大小也为 4 的表，所有域的值都是 nil，如图 2-33 所示。现在要向表插入一个 key 值为 5、value 值为 "xixi" 的元素。由于 key 值 5 超出了数组的大小范围，那么程序首先会尝试去哈希表中查找，可以得到最终 index 的值为 1。hash[1] 的 key 值为 nil，与要更新元素的 key 值不相等，于是触发了插入操作。由于 hash[1] 的 key 和 value 值均是 nil，因此可以将该元素直接设置到这里。

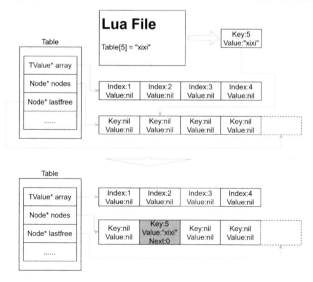

● 图 2-33

与此同时，一个 key 值为 13、value 值为 "manistein" 的元素也要对 table 进行赋值。经过之前阐述过的方式计算，得到 index 值为 1。这种情况会直接在哈希表中进行查找，因为 hash[1] 的 value 域的值为 "xixi"、key 值为 5，与 k 值 13 并不相等，于是便发生了哈希碰撞。key 值 5 经过转换运算得到的哈希表 index 的值为 1，此时它就在这个位置上，因此 key 值为 13 的新元素需要被移走。lastfree 指针向左移动，并且将 key 值为 13、value 值为 "manistein" 的元素赋值到 lastfree 指向的位置上（即 hash[3] 的位置上），并且将 hash[1] 的 key 的 next 指向 lastfree 指针所指的位置，如图 2-34 所示。

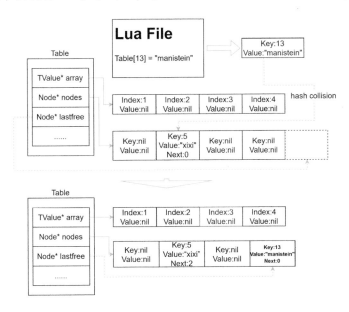

● 图 2-34

还有一个 key 值为 7、value 值为 "wu" 的元素要对表进行赋值。经过计算得到其对应的 hash 表 index 值为 3，此时 hash[3] 已经被占用。此时需要计算占据在这里的元素的 key 值，其真实对应的 hash 表 index 其实是 1，因为 hash[1] 被占用才被移动到这里。因为这个元素计算得到的 index 与当前位置并不匹配，因此 lastfree 指针需要继续向左移动，并将 key 值 13 的元素迁移到这里，并更新其前置节点的 next 域。最后将 key 值为 7 的元素，赋值到 hash[3] 的位置上，如图 2-35 所示。

本小节花费了较大的篇幅阐述了表的更新和插入操作，以及插入可能出现的各种情况。不过到目前为止，并未涉及任何调整大小操

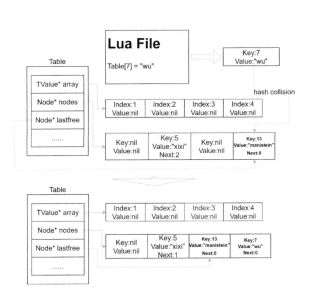

● 图 2-35

作，接下来将阐述调整大小操作的具体流程。

2.4.7　调整表的大小

2.4.7 节介绍了表的更新和插入的操作，不过均是在哈希表空间充足的情况下进行的。当哈希表已满，且又有新的元素要插入哈希表时，将触发表的 resize 操作。它的操作步骤如下所示。

1）统计要调整大小的 Lua 表、数组和哈希表中的有效元素（值类型不为 nil 的元素）的总数，用 total_element 来表示这个总数。由于新插入的元素也要计入这个总数，因此 total_element 要再加 1。

2）创建一个 int 类型的数组，它的大小为 32，将其命名为 nums。nums［i］表示的信息量比较大。首先 i 表示一个数值区间，这个区间是（2^{i-1},2^i），所有数组索引值，以及哈希表 key（类型为 int 型）的哈希值位于这个区间内的元素，它们的总数会被记录在 num［i］上。

3）统计数组在 nums［32］中不同区间的分布情况，其伪代码如下。

```
int i = 0;
int j = 1; // lua 数组索引从 1 开始
int twotoi = 1;
for (; i < 32; i ++, twotoi * = 2) {
    if (j > array_size) {
        break;
    }
    for (; j <= twotoi && j <= array_size; j ++) {
        if (!is_nil(array[j-1])) {
            nums[i] ++;
        }
    }
}
```

4）统计哈希表元素在 nums［32］中不同区间的分布情况，其伪代码如下。

```
// ceillog2 函数片段
int i = 0;
for (; i < 32; i ++) {
    if (pow(2, i) >= hash.key) {
        return i;
    }
}
return i;

// ----------------------------
// 计算 hash 表在 nums 中的分布函数片段
int i = 0;
for (; i < pow(2, lsizenode); i++) {
    if (is_int(hash[i].key) && hash[i].key > 0 && ! is_nil(hash[i].value_)) {
        int k = ceillog2(hash[i].key);
        nums[k] ++;
    }
}
```

5）判断新插入元素 new_element 的 key 值是否为整类型，如果是则令 nums［ceillog2（new_element.key）］++。

6）完成数组 nums 的统计之后，根据 nums 计算新的数组大小。在数组大小范围内，值不为 nil 的元素要超过数组大小的一半，其计算公式如下。

```
int i = 0;
int asize = 0;
for (; i < 32; i++) {
    asize += nums[i];
    if (asize > pow(2, i) / 2) {
        arraysize = pow(2, i);
    }
}
```

7）计算在数组大小范围内有效元素的个数，记为 array_used_num。

8）当数组大小比原来大时，扩展原来的数组到新的大小，并将哈希表中 key 值≤arraysize，且>0 的元素转移到数组中，并将哈希表大小调整为 ceillog2（total_element − array_used_num），同时对每个 node 进行重新定位位置。

9）当数组大小比原来小时，缩小原来的数组到新的大小，并将数组中 key 值超过数组大小的元素转移到哈希表中。此时哈希表大小调整为 ceillog2（total_element − array_used_num），同时对每个 node 进行重新定位位置。

下面看一个例子，如图 2-36 所示。表的数组和哈希表均已经占满，哈希表中有 3 个 key 值为整型

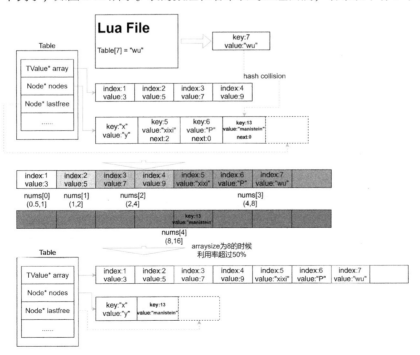

● 图 2-36

的 Node。此时要向表插入一个 key 值为 7、value 值为"wu"的元素。因为 7 超出了数组的大小，因此会尝试插入哈希表。由于哈希表中没找到与之相等 key 的节点，因此要执行插入操作，而此时哈希表已经满了，因此要进行调整大小操作。按照上面所说的流程，将数组和哈希表中所有 key 为整型的元素映射到一个一维数组中，并且用色块区分区间。

图 2-36 标记了数组索引区间和 nums 数组之间的关系。同一色块内的不为 nil 的元素就是 nums[i] 的值。通过图 2-36 能更清楚地理解 nums 数组，类型为整型的就是统计不同范围内的有效值。最后当数组大小为 8 的时候，数组的利用率超过了 50%，因此数组大小调整为 8，哈希表中类型为整型的 key 转移到了数组中。total_element 一共是 9 个，其中 7 个在数组中，因此哈希表只剩下 total_element − array_used_num = 9 − 7 = 2，哈希表的大小调整为 2。同时，Node 重新计算哈希值、重新分配了哈希位置，最后得到图 2-36 最下部所示的结果。

▶▶ 2.4.8　表遍历

下面来看一下表的迭代机制，Lua 提供了 luaH_next 函数来进行迭代操作，这个函数的声明如下所示。

```
int luaH_next(struct lua_State* L, struct Table* t, TValue* key);
```

第一个参数 L 表示正在使用的 Lua 虚拟机状态实例，第二个参数 t 表示要进行迭代的表，第三个参数表示传入的是一个 key 值。调用的结果是，将传入的 key 的下一个 key 和 value 压入栈中。当传入的 key 值是 nil 值时，将 1 和数组的第一个值入栈。图 2-37 所示是传入 key 值为 nil 的情况。

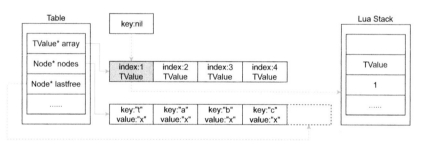

• 图 2-37

当传入一个值不为 nil、key 为整型、在数组大小范围内的，并且不是数组的最后一个元素的情况下，将会把当前数组元素的下一个 index 和 value 值入栈，如图 2-38 所示。

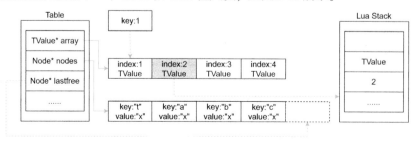

• 图 2-38

当传入的 key 值是数组的最后一个元素的 index 时，会将 node 列表的第一个 node 的 key 和 value 入栈，如图 2-39 所示。

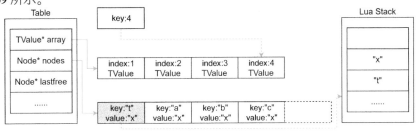

● 图 2-39

同样地，如果传入一个哈希表中的 key 值时，它会将紧挨着自己的下一个元素的 key 和 value 值入栈，如图 2-40 所示。

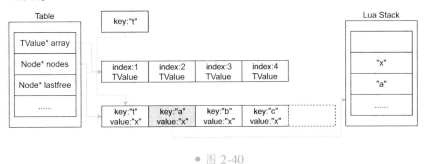

● 图 2-40

当能够查询到结果的时候，luaH_next 函数将返回 1；而当传入的 key 是当前哈希表的最后一个元素的 key 时，luaH_next 函数将返回 0。读者可以通过一个循环语句，调用 luaH_next 函数进行循环调用，最后实现对表的遍历。

▶▶ 2.4.9 dummylua 的表实现

本章用了大量的篇幅，通过图文的形式阐述了表的数据结构和基本运行流程。读者还可以到书配资源 C02/dummylua-2-4 目录下的 luatable.h 和 luatable.c 中查阅相关的代码，进行更为深入的理解。一种比较推荐的做法则是，从测试用例切入，然后深入各部分的实现细节，这样更容易厘清代码实现细节。

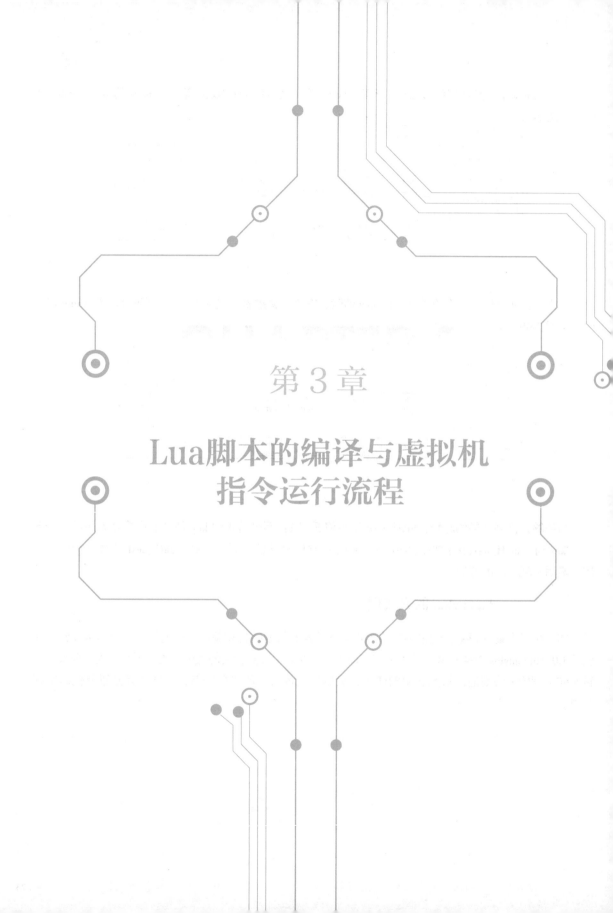

第 3 章

Lua脚本的编译与虚拟机 指令运行流程

本章将对 dummylua 项目中脚本运行基础架构的设计与实现进行介绍和解析，包括 Lua 编译器和虚拟机的基础架构。前面两章为本章的学习提供了坚实的理论基础，本章将为编译与运行 Lua 脚本搭建最基础的架构，后续章节将在此架构上继续填充与丰富相关内容。

3.1 第一个编译并运行脚本的例子：让 Lua 说 "hello world"

本章目标是编译并运行如下所示的一段脚本代码。

```
-- lua script
-- test file is in scripts/part05_test.lua
print("hello world")
```

尽管这是一段简单的脚本代码，但是要达到目标需要设计与实现虚拟机基础架构、编译器基础架构以及标准库加载机制等。所涉及的工作内容并不轻松，需要在原有 C 语言的工程里实现这些内容。最终测试用例的 C 语言代码如下所示。

```
1   // test case is in test/p5_test.c
2   #include "p5_test.h"
3   #include "../common/lua.h"
4   #include "../clib/luaaux.h"
5
6   void p5_test_main() {
7     struct lua_State* L = luaL_newstate();
8     luaL_openlibs(L);
9
10    int ok = luaL_loadfile(L, "../dummylua/scripts/part05_test.lua");
11    if (ok == LUA_OK) {
12      luaL_pcall(L, 0, 0);
13    }
14
15    luaL_close(L);
16  }
```

对上述两段代码的讨论将贯穿本章。因此，这里将这两段代码统一命名为"例 3-1"，后续引用时均用"例 3-1"表示。

上述第 7 行代码创建了一个 Lua 虚拟机实例，该实例保存了 Lua 虚拟机里所有要用到的变量。第 8 行代码为该 Lua 虚拟机加载了标准库。第 10 行代码是对 part05_test.lua 里的 Lua 代码进行编译，生成的虚拟机指令保存在 Lua 虚拟机实例中。第 12 行代码是运行已经编译好的虚拟机指令。第 15 行代码是释放 Lua 虚拟机实例。

事实上，为了编译与运行 Lua 脚本，编译器和虚拟机都是用 C 语言来实现的，目前主要的工作就是通过 C 语言来实现这些功能。从上面所示的一段 C 语言代码可以了解到，标准库加载逻辑是在 luaL_openlibs 函数中实现的，编译器逻辑是在 luaL_loadfile 函数里实现的，而虚拟机运作逻辑则是在 luaL_pcall 函数里实现的。本章将逐步丰富和拓展这几个函数。本章所有涉及的源码可以在随书源码的 C03/dummylua-3-1 目录下中找到。

luaL_newstate 函数在第 1 章已经介绍过，这里不再赘述。下面需要对 luaL_openlibs、luaL_loadfile 和 luaL_pcall 函数进行简要的说明。

首先来看一下 luaL_openlibs 函数在 dummylua 中的定义。

```
void luaL_openlibs(struct lua_State* L);
```

这个函数只需要将虚拟机实例指针传入即可。它的主要工作就是将基础函数注册到全局表_G 中，比如常用的 print 函数等。

接下来看一下 luaL_loadfile 函数的定义。

```
int luaL_loadfile(struct lua_State* L, const char* filename);
```

第一个参数是 lua_State 指针，第二个参数是要加载和编译的 Lua 脚本。如果调用成功，则返回 LUA_OK，否则返回对应的错误码。当 luaL_loadfile 函数调用成功时，会创建一个 Lua 函数实例，并压入栈顶。

luaL_pcall 函数主要是用来调用和执行完成编译，并被压入栈中的 Lua 函数。其函数定义如下所示。

```
int luaL_pcall(struct lua_State* L, int narg, int nresult);
```

第一个参数是 lua_State 指针，第二个参数则指明了想要调用的函数有几个参数。读者可以回顾一下第 1 章，一个函数在入栈之后，如果要传入参数则需要将它们压入栈中。luaL_pcall 函数则能够通过栈顶 top 指针减去参数个数，找到它要调用的函数地址。在本章的例子中，调用 luaL_loadfile 之后没有任何参数入栈，因此，narg 传入 0 就可以通过 luaL_pcall 函数找到调用 luaL_loadfile 之后压入栈中的、供 luaL_pcall 执行的 Lua 函数实例。最后一个参数 nresult 则表明了被调用的函数有几个返回值。

3.2 Lua 的整体编译和运行流程

在开始深入探讨设计与实现之前，先来回顾一下 Lua 解释器是怎么运行的。图 3-1 所示的是 Lua 解释器的运行示意图。图 3-2 所示的是例 3-1 中 C 代码第 10 行执行编译逻辑之前的状态。图 3-3 所示的是完成标准库加载之后，print 函数会作为全局函数存放在全局表中。

在完成标准库注册以后，则进入到图 3-1 中的第 3 步进行编译流程。现在需要加载 Lua 脚本，并且编译它生成虚拟机指令，图 3-1 中调用 luaL_loadfile 函数则做了这件事情。luaL_loadfile 函数会在内部调用 luaY_parser 函数，会对 luaL_loadfile 函数要加载编译的脚本进行编译，并生成 Lua 虚拟机指令。编译好的结果会保存在 Lua 虚拟机"主线程"的栈中。图 3-4 中 Lua 虚拟机"主线程"的栈上多了一个 LClosure 函数实例，它就是 luaL_loadfile 函数对脚本进行编译的结果。编译的虚拟机指令也是存放在这个 LClosure 函数实例中的。

完成编译以后，就要执行图 3-1 中的第 4 步：执行刚刚编译好的虚拟机指令。这个操作由 luaL_pcall 函数来完成。该函数内部会调用获取并执行 Lua 虚拟机指令的 luaV_execute 函数。在本章的例子中，

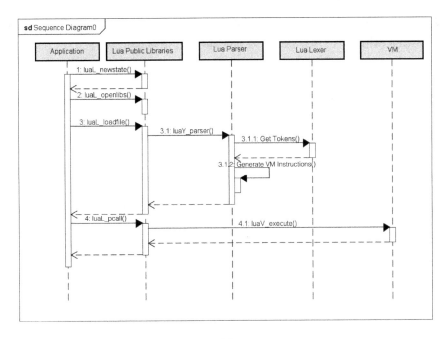

● 图 3-1

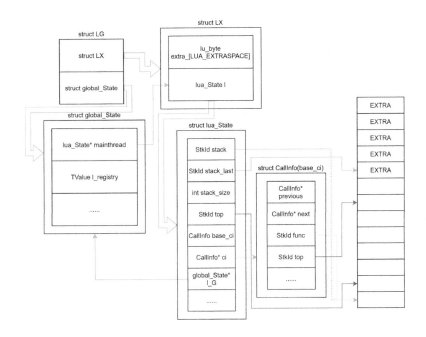

● 图 3-2

luaV_execute 函数就是遍历 LClosure 函数实例的指令，并逐个执行它。在执行 LClosure 函数实例的指令期间，其内存形态如图 3-5 所示。这里要注意的是，此时新创建了一个 CallInfo 实例，用于表示 LClosure 函数实例在被调用期间的信息状态，其 previous 指针指向 base_ci。

TValue l_registry (本质是一个Table)

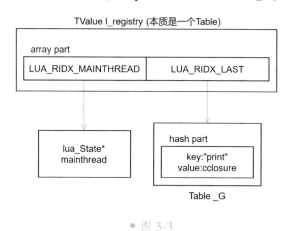

● 图 3-3

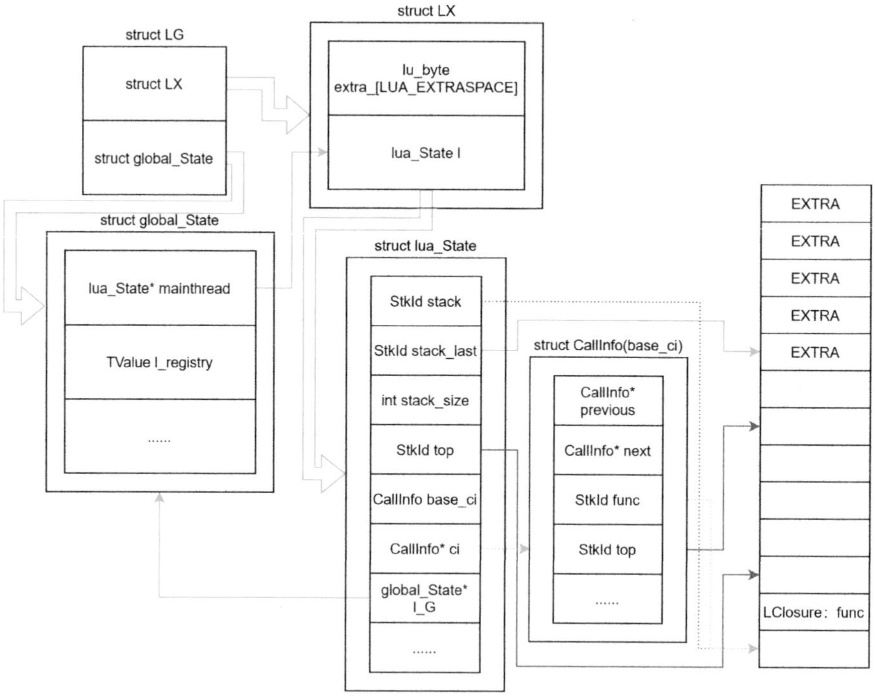

● 图 3-4

在完成 LClosure 函数的调用以后，由于本例的脚本用例没有返回值，因此虚拟机的状态又会回到图 3-2 所示的状态中。

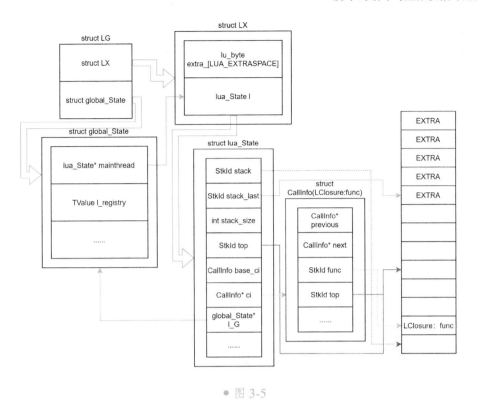

● 图 3-5

3.3 虚拟机如何运行编译后的指令

在开始讨论虚拟机如何运行编译后的指令之前，首先回顾一下 Lua 的几种函数类别。Lua 一共有 3 种函数类别，分别是 Light C Function、C 闭包和 Lua 闭包。

在第 1 章已经详细介绍过 Light C Function 这种类别，以及其在 Lua 虚拟机中的调用流程，这里不再赘述。

接下来要看的函数类型是闭包类型。Lua 有两种闭包，一种是 C 闭包，还有一种是 Lua 闭包。首先来看一下 C 闭包的数据结构，代码如下。

```
#define ClosureHeader \
  CommonHeader; lu_byte nupvalues; GCObject *gclist

typedef struct CClosure {
  ClosureHeader;
  lua_CFunction f;
  TValue upvalue[1];  // upvalue 列表
} CClosure;
```

可以看到，在 ClosureHeader 宏中，CommonHeader 和 gclist 指针均与 GC 相关，也就是说一个 C 闭包是受 GC 托管的。在 ClosureHeader 宏中，还有一个变量 upvalues 则是指明 CClosure 结构的上值列表

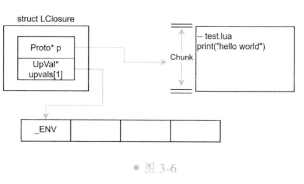

的大小。这里要注意的是，在 CClosure 结构中，其函数本体是和 Light C Function 函数一样的函数指针。也就是说，一个 C 闭包和 Light C Function 函数相比，除了受 GC 托管并且拥有上值列表外，其他功能和 Light C Function 函数差不多。

本节要讨论的最后一种 Lua 函数类型是 Lua 闭包，它的数据结构表示为 LClosure 类型。Lua 闭包是受 Lua 虚拟机的 GC 托管的。Lua 脚本代码经过编译所生成的虚拟机指令，以及其他一些编译相关的信息会存放在 LClosure 结构的 Proto 类型变量中，代码如下。

```
typedef struct LClosure {
  ClosureHeader;
  struct Proto *p;
  UpVal * upvals[1];
} LClosure;
```

要彻底理解 Lua 闭包就必须理解另一个概念：Lua 的 Chunk。什么是 Chunk⊖呢？它其实就是一个脚本文件包含的内容或者是一个包含 Lua 代码的字符串，在交互模式中输入的每一行代码都可以被视作是一个 Chunk。Chunk 本质就是一系列的代码语句。

读者可以使用 loadfile 或者 require 函数去加载和编译一个 Lua 脚本文件。这两个函数，首先会创建一个 LClosure 实例，并且将其压入虚拟机栈中（如图 3-4 所示），然后会对 Chunk 的内容进行编译，并且将编译的结果存入 LClosure 结构的 Proto 成员结构中。

其实 Chunk 本质上就是一个 Lua 函数，只是它没有使用 function 关键字和函数名来修饰，这种函数被称为顶级函数（top level function）。LClosure 实例和 Chunk 的关系如图 3-6 所示。

图 3-6 中，右边的方框是 test.lua 脚本，脚本里面的代码就是一个 Chunk。Chunk 编译出来的信息会存放到 LClosure 结构的 Proto 类型变量 p 中。此外，每个被创建出来的 Lua

• 图 3-6

函数（Lua 闭包）都会有一个上值列表，其默认的第 0 个上值（在图 3-6 中就是 LClosure 结构的 upvals 变量。注：图中使用的是源码中的命名方式，这里是为了和源码对应起来，后文类似）均是名为 _ENV 的变量，这个变量默认是全局表 _G。在 _ENV 中查找本质就是在 _G 中查找。更多为上值相关的内容将在第 5 章进行详细介绍，这里只是引入本章需要的部分。

前面也提到过，当调用类似 loadfile 或者 require 这样的函数并对 Chunk 进行编译时，会创建一个 Lua 闭包实例。Lua 闭包结构中的 Proto 结构成员包含了 Chunk 的全部编译信息，此时，脚本中编译好的逻辑还不能被执行，只有当调用 luaL_pcall 函数时，Proto 中的逻辑才会被执行。相应地，一个 Proto 中的逻辑要被执行，首先要有一个 Lua 闭包实例与之直接关联，如图 3-6 所示。test.lua 脚本内的 Chunk，所对应的 Proto 实例是直接被 Lua 闭包引用的，因此可以通过调用 luaL_pcall 函数去执行 Proto

---

⊖ Chunk 的概念 https：//www.lua.org/pil/1.1.html

内部的指令。

前文也已经提到过，每一个 Proto 都有一个 Lua 函数与之对应。最外层的函数就是 Chunk，它是一个没经过 function 关键字和函数名修饰的顶级函数。那么，如果一个 Lua 函数内部又定义了新的函数，那么这种情况该怎么理解呢？可以来看一下图 3-7，图中展示的是当调用 loadfile 或者 require 函数完成 Chunk 的加载和编译以后，可以得到该结果。图 3-7 将 Proto 结构简化了，这里只展示的其内嵌定义的函数相关的内容，其他部分先用"……"来表示省略。

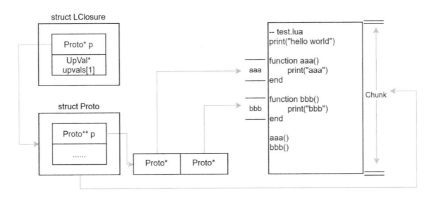

● 图 3-7

图 3-7 是 Chunk 完成编译时的状态，此时并没有执行 Chunk 中的代码。Proto 结构内部还有一个 Proto* 列表，Chunk 内部定义的函数经过编译后，会将编译的结果放入这个列表对应的 Proto 结构中。

Chunk 内定义的函数只有 Chunk 被执行的时候，才会创建 Lua 闭包。在图 3-8 中，在 test.lua 脚本里，aaa 函数被调用之前，Lua 闭包（aaa 函数实例和 bbb 函数实例）就已经被创建了。并且关联了对应的 Proto* 实例每当 Lua 闭包创建出来时，意味着它可以被虚拟机调用并执行。

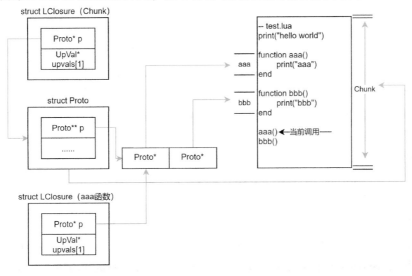

● 图 3-8

在完成 Lua 闭包结构的讨论之后，下一步研究 Proto 结构。下面来看 Proto 的数据结构定义，代码如下。

```
// common/luaobject.h
typedef struct Proto {
    CommonHeader;
    int is_vararg;              // 标记 Lua 函数参数列表是否为可变参,0 表示否,1 表示是
    int nparam;                 // 当 is_vararg 为 0 时生效,它表示该函数参数的数量
    Instruction* code;          // Lua 函数经过编译后,生成的虚拟机指令列表
    int sizecode;               // 指明 code 列表的大小
    TValue* k;                  // 常量列表,如数值、字符串等
    int sizek;                  // 常量列表的大小
    LocVar* localvars;          // local 变量列表
    int sizelocvar;             // local 变量列表的大小
    Upvaldesc* upvalues;        /* upvalue 信息列表,主要记录 upvalue 的名称,以及其所在的位置,并不
是 upvalue 实际值的列表*/
    int sizeupvalues;           // upvalue 列表大小
    struct Proto** p;           // 内嵌定义的函数列表
    int sizep;                  // proto 列表的长度
    TString* source;            // 脚本的路径
    struct GCObject* gclist;
    int maxstacksize;           // Proto 所对应的 Lua 函数被调用时,函数栈的最大尺寸
} Proto;
```

上述代码的注释简要介绍了 Proto 结构各成员的基本含义。在众多成员中，和本章关联最大的则是 code 成员，其他的内容后续章节会逐步深入地进行阐述。

读者已经知道了，在创建 Lua 虚拟机并通过 luaL_loafile 函数加载和编译一个脚本之后，会创建一个 Lua 闭包实例放入栈顶，然后就可以调用 luaL_pcall 函数去执行编译好的结果了。下面将正式进入阐述 Lua 虚拟机运转机制的阶段。首先，得展示一下，一个刚创建的 Lua 虚拟机，在执行完 luaL_loadfile 函数以后，虚拟机中的内存布局是怎样的。

通过图 3-9 可以看到，脚本已经被编译好并存入 LClosure 实例的 Proto 结构里了。当继续调用 luaL_pcall 的时候，会创建一个新的 CallInfo 实例。这个实例会为调用栈顶的 LClosure 实例设定好栈的范围，并指定其调用者是谁等信息。在调用 luaL_pcall 函数以后，就得到了图 3-10 所示的结果。

对于图 3-10 展示出来的信息，有一点需要注意，就是 CallInfo 结构新增了一个结构体 l。这个结构体专门用于处理 Lua 函数调用的情况。目前在 dummylua 项目中，一共有两个变量。一个是 base 指针，其指向了 Lua 闭包实例的下一个栈位置。它的作用是用于指定被调用函数的栈底在哪里。base 和 top 之间的空间就是被调用 Lua 函数的虚拟栈空间。另外一个是 savedpc 指针，其指向了 Proto 结构的 code 列表中的第一个指令。savedpc 指针本质和 CPU 的 PC 寄存器一样，它指向的是下一个要被执行的指令。

以上是调用 LClosure 实例，也是执行 Lua 函数前的准备工作。那么在开始执行这个函数时，Lua 虚拟机会从最新的 CallInfo 实例中（被调用 Lua 函数所对应的 CallInfo 实例）的 l.savedpc 中取出最新要执行的指令，然后 l.savedpc 指针会自增。接下来就执行这个指令，其伪代码如下所示。

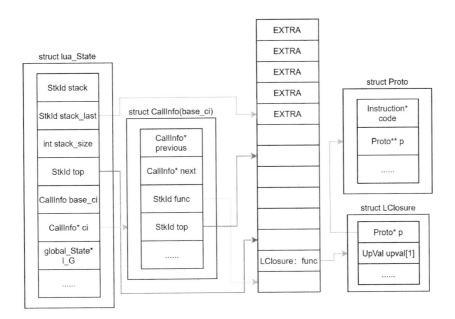

● 图 3-9

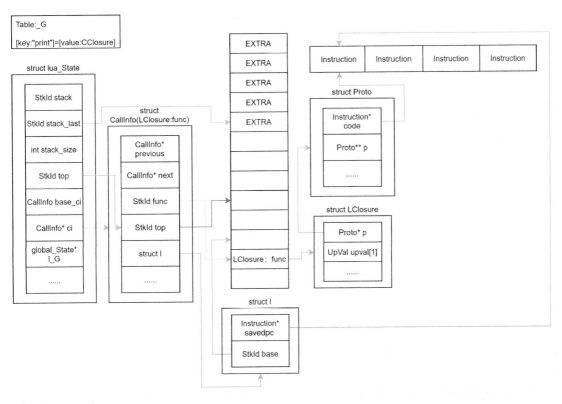

● 图 3-10

```
...
Instruction i = * (L->ci->l.savedpc);
L->ci->l.savedpc++;

switch(GET_OPCODE(i)) {
  case OP_LOADK: {
    .....
  }break;
  case OP_CALL: {
    .....
  }break;
  ....
}
```

可以看到，虚拟机运行指令的机制其实非常简单，就是一个 switch 语句，根据具体的指令执行具体的逻辑。当然这里省去了一些前置操作，实际上，将 Proto 的 code 列表里的指令，从头到尾执行一次的过程被称作是一帧（frame）。每次调用一个新的 Lua 函数就是进入到一个新的帧，通过 luaL_pcall 函数去调用一个 Lua 函数就是完整地执行一帧。

3.4 虚拟机输出"hello world"的例子

在阅读后文的内容之前，建议读者阅读附录 A 中以下几个指令的详细说明，本章不再赘述。

建议查阅附录 A 的指令如下。

1）OP_GETTABUP。

2）OP_LOADK。

3）OP_CALL。

4）OP_RETURN。

图 3-11 展示了在调用 luaL_loadfile 函数以后的内存布局。图中将使用到的结构均以图的形式展现出来了。关于编译的流程会在后面的章节讲述，不过下面主要来探讨 Lua 虚拟机的运行流程。在完成 loadfile 的操作以后，接下来就要进行函数调用了，也就是执行 luaL_pcall 函数。当被调用的函数是一个 Lua 闭包时，luaL_pcall 会执行两个步骤。第一个步骤是创建一个 CallInfo 实例，并且做好运行虚拟指令的准备工作。这时并没有立刻执行指令，如图 3-12 所示。第二个步骤则是运行这个 Lua 闭包内的指令。

由图可以看出，准备工作主要做了以下几件事情。

首先是将 lua_State 中指向当前 CallInfo 的指针 ci 改为指向了新创建的 CallInfo 实例。这个指针指向谁就代表当前调用执行的是哪个函数。然后是设置了 ci->l.base 的位置，这个位置代表当前被调用函数的栈底。接着设置 ci->l.savedpc 指针到 Proto 内部的指令列表首部，同时还设置了 ci->top 指针和 L->top 指针，它们被设置到相同的位置上。

同时也可以观察到，例 3-1 的脚本代码中，"print"和"hello world"都被当作是常量存储到了常量表 k 中，这些常量将会在后续执行过程中被用到。

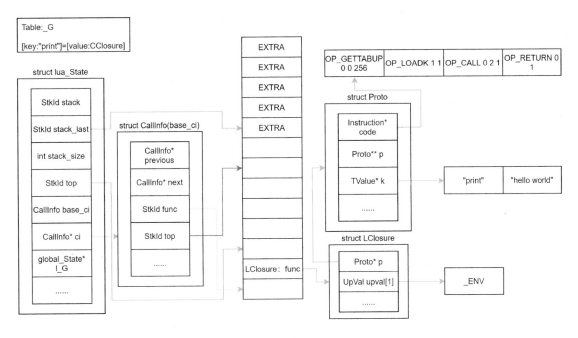

● 图 3-11

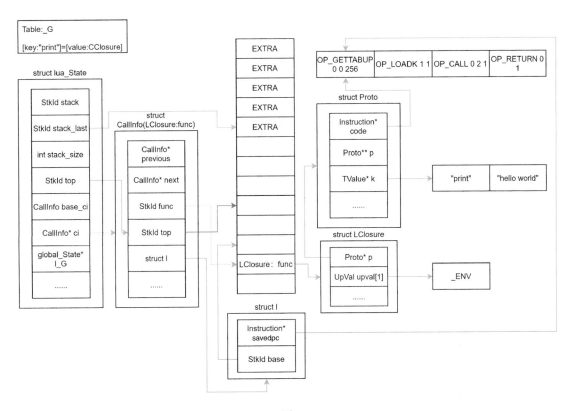

● 图 3-12

完成了准备工作以后，就进入到了执行虚拟机指令的运行阶段了。Proto 结构的 code 列表中，已经列好了要被执行的指令以及它们附带的参数，指令是以 OP_ 作为前缀，后面的数字代表参数。

第一个参数表示的是 R(A) 寄存器，也就是操作目标。进入到运行流程以后，将从第一个指令开始执行。第一个指令是 OP_GETTAPUP，它是 iABC 模式，而它的参数是 0、0 和 256，也就是说 R(A) 的位置在 ci->l.base + 0 的位置上，后面的两个值分别是 B 值和 C 值。OP_GETTABUP 的操作是从 Lua 闭包的 upval 列表中取出 upval[B] 的值，然后以 RK(C) 的值作为 key，从 upval[B] 中取出 value 放到 R(A) 中。

在这个脚本里，Lua 闭包实例的 upval 列表只有一个值——_ENV，而 _ENV 则指向了全局表_G，也就是说 upval[B] 指向了全局表_G。因为 C 的值≥256，因此 RK(C) 将会去 Proto 的常量表中找对应的 key，也就是说 R(A):=upval[B][RK(C)]，实际上是 R(A):=upval[B][Kst(C-256)]，最后推导得到：

```
R(A):=UpVal[0][Kst(0)]
<===>
R(A):=_G["print"]
```

"print" 字符串位于 Proto 常量表 k 中的第 0 个位置，因此 Kst(0) 就是指向 "print" 字符串的，也就是说最终从全局表中取出的 key 为 "print" 的 value，也就是将一个 C 闭包（CClosure 函数对象）设置到 R(A) 上，这个 R(A) 的位置是 ci->l.base 指向的位置，于是得到图 3-13 所示的结果。

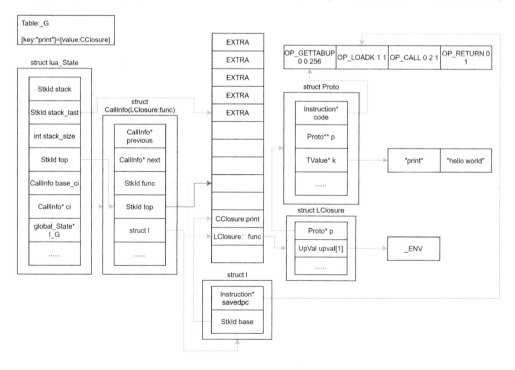

● 图 3-13

实际上，第一件事情就是将全局表中的 print 函数放到寄存器 R（A） 上，以供后续调用。这里要注意到 ci->l.savedpc 指向的位置向后偏移了一个位置，它指向的是下一个要被执行的命令。

接下来，虚拟机就会执行第二个指令：OP_LOADK。它是 iABx 模式，因此它只有两个参数，第一个参数是 A 值，第二个参数是 Bx，也就是说 A = 1 且 Bx = 1。OP_LOADK 的作用就是从常量表中取出 Kst（Bx） 的值赋值到 R（A） 上，即 R（A）: = Kst（Bx）。编译器已经选好了 R（A） 的位置了，因此这里只需要执行即可。

因为 A 的值是 1，因此 R（A） 的位置是在 ci->l.base + 1 的位置之上，也就是 print 函数的上面位置。又因为 Bx 的值是 1，因此 Kst（Bx） 就是 Kst（1），它对应常量表中的 "hello world" 字符串，于是得到下面的等式。

```
R(A):=Kst(Bx)
<===>
R(A):=Kst(1)
```

由此可得图 3-14 所示的结果。

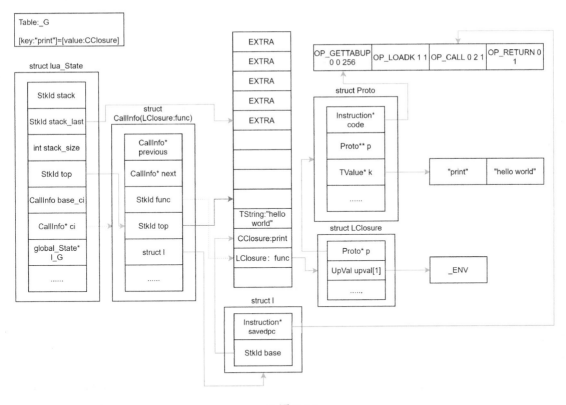

● 图 3-14

执行完第二个指令，ci->l.savedpc 的指针又向右移动了一位，接下来则开始执行第三个指令 OP_CALL。OP_CALL 指令是 iABC 模式，因此 A、B 和 C 的值分别是 0、2 和 1。OP_CALL 指令的运行流程是，调用 R（A） 的函数，并且当 B≥1 时，将其上的 B-1 个栈变量作为参数传入，且传参顺序是由下往上；当 B=0 时，那么从 R(A+1) 到栈顶（L->top − 1）的变量都是其参数。

同样，当 C≥1 时，则被调用函数（callee）返回 C−1 个返回值；当 C=0 时，意味着从 R(A) 到栈顶（L->top − 1）都是被调用函数的返回值。此时 A=0，因此 OP_CALL 调用的是 ci->l.base 所指的函数，也就是 print 函数。而 B 的值为 2 表示其只有一个参数，就是 print 函数上方的"hello world"字符串。C 的值为 1 表示这个函数没有返回值。

下面开始调用新的函数。同样地，此时会创建一个新的 CallInfo 实例，L->ci 会指向这个新 CallInfo 实例以表示它为当前调用的函数，于是得到图 3-15 所示的结果。

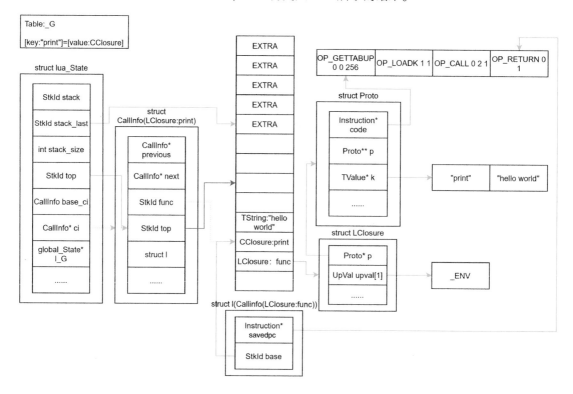

● 图 3-15

前面介绍过 C 闭包（CClosure 结构）的参数，调用它实际上是调用它自身存放的函数指针。而这个函数指针指向的是一个 C 函数，这里就不深入探讨该 C 函数的实现细节了，读者可以在 common/lu-abase.c 目录里找到它的实现逻辑。

总而言之，它的作用就是在控制台打印一行"hello world"，然后完成 print 函数调用。在完成函数调用后，因为该函数没有返回值，因此 print 函数和"hello world"都会出栈，于是得到图 3-16 所示的结果。

图 3-16 似乎和图 3-12 没有多大的差别，但是细心的读者可能发现 ci->l.savedpc 指针已经指向了最后一个指令了。

现在已经到了执行最后一个指令了，那便是 OP_RETURN 指令。这个指令几乎是所有 Lua 函数的

88.

最后一个指令，每个 Lua 函数在执行了这个指令之后就需要对返回值进行处理，然后清除自己的栈，并且将控制权返回给调用者。

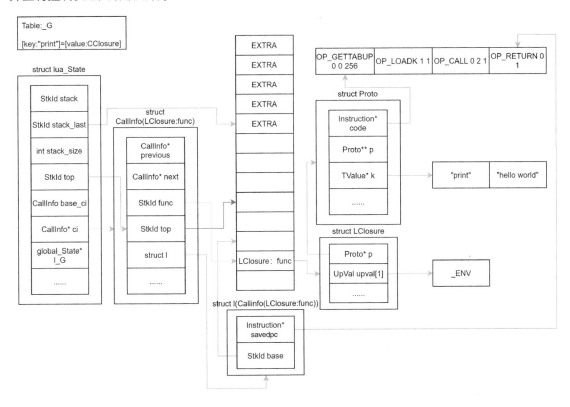

● 图 3-16

OP_RETURN 函数是 iABC 模式，虽然用了这个模式，实际上 C 没有被用到。B 表示它有几个返回值，当 B ≥ 1 时，那么该函数有 B−1 个返回值；当 B = 0 时，从函数所在的位置（ci->l->base − 1）开始到栈顶都是返回值。实际上 Lua 函数的返回值处理和 Light C Function 函数基本上是差不多的。R（A）表示其第一个返回值所在的位置，由于 B 为 1，因此它没有返回值，最终会把栈清空，将控制权返回给调用者，于是得到图 3-17 所示的结果。

到了这里，实际上控制权已经返回给了例 3-1 中 C 代码中的 main 函数了，最后得到如下所示的输出。

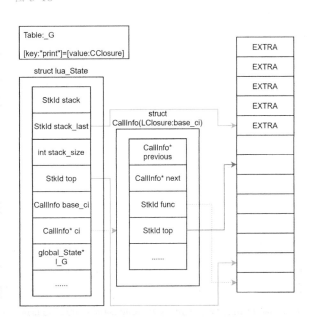

● 图 3-17

```
hello world
请按任意键继续......
```

3.5 反编译工具——protodump

分析和研究 Lua 解释器一种比较有效的方式是从虚拟机的运行方式开始研究，然后再深入编译器部分。实际上网络上很多资料都是从研究 Lua 虚拟机开始的，而要很好地研究 Lua 虚拟机的运行方式，首先要知道 Lua 源码经过编译后，它将以什么样的方式呈现。

▶ 3.5.1 protodump 工具简介

Lua 源码在经过 Lua 编译器编译以后会生成字节码，而这些字节码会在 Lua 虚拟机里运行。把它们的组织方式展现出来并加以研究，能够极大地促进读者对虚拟机的理解。

事实上，官方有提供一个独立的 Lua 编译器——luac，这个编译器将将 Lua 脚本源码编译后，会将字节码保存为一个二进制文件。这个文件可以在需要的时候直接提供给解释器加载运行。这种方式能够节约编译的时间，但是不能够提升运行时的效率。因为 Lua 在直接加载脚本并运行的模式中，也是先将 Lua 脚本编译成字节码，再交给虚拟机去运行的。

luac 也提供了对二进制文件反编译的功能，它能够还原 Lua 脚本在内存中的结构。例如有一个 test 脚本位于 luac 的上级目录，要对它进行编译，然后再反编译的指令如下。

```
./luac -l -l -v ../test.lua
```

test.lua 的代码如下。

```
print("hello world")
```

那么最终输出的结果如下。

```
Lua 5.3.4  Copyright (C) 1994-2017 Lua.org, PUC-Rio
main <../test.lua:0,0> (4 instructions at 0xe35e30)
0+ params, 2 slots, 1 upvalue, 0 locals, 2 constants, 0 functions
        1       [1]     GETTABUP        0 0 -1     ; _ENV "print"
        2       [1]     LOADK           1 -2       ; "hello world"
        3       [1]     CALL            0 2 1
        4       [1]     RETURN          0 1
constants (2) for 0xe35e30:
        1       "print"
        2       "hello world"
locals (0) for 0xe35e30:
upvalues (1) for 0xe35e30:
        0       _ENV    1       0
```

虽然官方已经提供了反编译的工具，但是排版可以更整洁一些，同时也希望能够让输出的指令自动加上注释，方便读者阅读和分析，尤其是应对比较复杂的脚本的情况下。为此，本书专门提供一个工具，这个工具能够将官方 Lua 的代码直接转换成易于查看的方式，展示对应 Lua 脚本代码经过编译以后的虚拟机指令，也就是对 luac 编译好的二进制数据进行反编译。

该工具为 protodump[⊖]，是模仿 ChunkSpy[⊖]的反编译工具。不过与 ChunkSpy 不同的是，它支持的版本是 lua5.1，而 protodump 支持的版本是 lua5.3。目前只有能在 Linux 平台上运行的版本。

protodump 工具并不能将编译好的字节码反编译成 Lua 源（脚本）代码，但是可以将其还原成虚拟机指令。通过这些虚拟机指令，已经足够去研究 Lua 的编译器流程了。

▶▶ 3.5.2 使用 protodump 反编译 Lua 的字节码

使用 protodump 的方式非常简单，在下载工具以后，进入工具的目录。可以先输入如下命令，先去编译 Lua 源码，然后再去生成反编译的结果：

```
-- 如果是首次使用这个工具,那么需要先编译 Lua 源码,生成 lua 和 luac 这两个可执行文件
-- 如果在 protodump 目录下已经有这两个文件,那么不需要每次使用都重新编译
./build.sh

-- 将 Lua 源码转化为易于分析的信息
./dump.sh path_to_script
```

其中 path_to_script 则是读者要进行分析的脚本路径。现在假设有一个 test.lua 脚本在 protodump 工具的上层目录，其代码如下。

```
-- test.lua
print("hello world")
```

输入 ./dump.sh ../test.lua 命令会在 protodump 目录里生成一个 lua.dump 文件，打开它可以看到脚本对应的虚拟指令信息，如图 3-18 所示。

```
1 lua.dump
file_name = ../test.lua.out
+proto+maxstacksize [2]
|     +k+1 [print]
|     | +2 [hello world]
|     +locvars
|     +lineinfo+1 [1]
|     |         +2 [1]
|     |         +3 [1]
|     |         +4 [1]
|     +p
|     +numparams [0]
|     +upvalues+1+idx [0]
|     |         +instack [1]
|     |         +name [_ENV]
|     +source [@../test.lua]
|     +is_vararg [1]
|     +linedefine [0]
|     +code+1 [iABC:OP_GETTABUP  A:0  B:0  C:256 ; R(A) := upvalue[B][RK(C)]]
|     |     +2 [iABx:OP_LOADK    A:1  Bx:1       ; R(A) := Kst(Bx)]
|     |     +3 [iABC:OP_CALL     A:0  B:2  C:1   ; R(A), ... ,R(A+C-2) := R(A)(R(A+1), ... ,R(A+B-1))]
|     |     +4 [iABC:OP_RETURN   A:0  B:1        ; return R(A), ... ,R(A+B-2)  (see note)]
|     +type_name [Proto]
|     +lastlinedefine [0]
+upvals+1+name [_ENV]
+type_name [LClosure]
```

● 图 3-18

⊖ Protodump 工具下载地址（https://github.com/Manistein/dummylua-tutorial/tree/master/tools/protodump）。

⊖ ChunkSpy 工具官网（http://underpop.online.fr/l/lua/chunkspy/）。

▶▶ 3.5.3 反编译结果分析

图 3-18 展示了该脚本编译以后的信息，code 列表展示的是它将在虚拟机里运行的指令，";"后是自动生成与指令相关的注释，这也算是对 ChunkSpy 的一种改进。接下来，将对上面的结构做简要的说明，以方便读者更好地使用这个工具。

图 3-18 展示的是 LClosure 的结构，它实际上是一个函数类型，是 Lua 脚本在编译时，解释器为其创建的用于容纳编译结果的数据结构，它包含一个 Proto 类型的实例和一个上值列表，下面对其内容进行解释和说明。

1）proto：Proto 结构对应的是一个 Lua 函数，每个 Lua 函数都包含一个 Proto 结构的实例。Proto 结构包含了函数要用到的常量表、local 变量表、指令信息和调试信息等。对于一个 Lua 脚本而言，脚本本身就是一个匿名的 Lua 函数（top level function），因此一个脚本被编译以后，也会有一个对应的 Proto 结构实例。

① maxstacksize：Proto 实例所对应函数栈空间的大小。

② k：存放脚本里的常量，所有的常量都会被放入这个脚本，它虽然是一个列表，却更是一个常量集合，多个值相同的常量只会在列表里出现一次。

③ localvars：函数的 local 变量表，包括 local 变量的名称和位置。

④ lineinfo：列表下标表示的是 code 列表里对应的指令，中括号里的数字表示该指令所对应的源码的行号。

⑤ p：在函数内部定义的函数结构列表，其本质就是一个 Proto 结构列表。

⑥ numparams：函数参数的个数。

⑦ upvalues：这个列表里存放的不是上值实例，而是记录上值的信息，便于调试时使用。instack 为 1 时，表示上值在 Lua 栈上；instack 为 0 时，表示上值在 Lua 函数的上值实例列表里。

⑧ source：只有顶级函数里的 source 才有具体的值，也就是 Lua 脚本的路径和名称。

⑨ is_vararg：表示是否为可变参函数，1 表示是，0 表示否。

⑩ code：字节码列表，包含虚拟机可以运行的指令列表。

⑪ type_name：类型名称。

⑫ lastlinedefined：调试信息。

2）upvals：包含的是真实的 upval 实例的列表。

3）type_name：表示该结构是一个 LClosure 类型的实例。

上面对 protodump 工具生成的结果进行了解释和说明，它有助于分析官方 Lua 源码的编译结果，对于研究 Lua 的编译器部分有极大的帮助。

3.6 标准库加载流程

在 3.4 节中讲解了 Lua 虚拟机的运行流程。它展示了从全局表中调出 print 函数的流程，之前的部分默认这些全局的标准库函数已经注册好了，并且之前的示意图也略有简化。实际上，在开始加载和运行脚本之前，需要先注册标准库，这个标准库注册流程就是下面需要讨论的内容。回顾一下例 3-1 的 C 语言代码，可以知道，标准库的注册逻辑就是在 luaL_openlibs 函数内实现的。下面来看这个函数的基本流程。

```
1   // luainit.c
2   #include "../clib/luaaux.h"
3   #include "luabase.h"

4   const lua_Reg reg[] = {
5     { "_G", luaB_openbase },
6     { NULL, NULL },
7   };

8   void luaL_openlibs(struct lua_State* L) {
9     for (int i = 0; i < sizeof(reg) / sizeof(reg[0]); i++) {
10        lua_Reg r = reg[i];
11        if (r.name != NULL && r.func != NULL) {
12            luaL_requiref(L, r.name, r.func, 1);
13        }
14    }
15  }
```

上述的代码中，reg 列表中罗列的项就是要注册的模块。以第一项为例（上述代码第 5 行），_G 就是模块的键，而 luaB_openbase 就是模块初始化的函数。一般模块的初始化函数最终会创建好一个 Lua 表，并压入栈中，最后注册到被称为 _LOADED 的表中。每个模块会初始化好自己的 Lua 表，一般而言初始化就是注册一些函数和变量，一个模块对应一张表。

以 luaB_openbase 为例，这个函数将会在 luaL_requiref 内部表中调用。在完成调用以后，它会从全局注册表（l_registry）中获取_G 表，并且在里面注册一些 CClosure 函数实例，代码如下。

```
_G["print"] = cclosure // cclosure->func = lprint
_G["tostring"] = cclosure // cclosure->func = ltostring
```

从代码可以看出_G 注册了两个 cclosure 实例。

luaL_requiref 函数会将初始化好的模块（也就是 Lua 表实例），注册到_LOADED 表中。以上面的例子作为演示，luaB_openbase 在完成初始化以后，luaL_requiref 函数会将其注册到_LOADED 表中，其结果如下。

```
_LOADED["_G"] = _G
```

实际上，luaL_requiref 函数的第四个参数会指定被传入的模块是否需要被加载到_G 中，1 表示需要，0 表示不需要。这里传入了 1，也就是说所有通过 luaL_openlibs 注册的模块，全部会被加载到_G 中，也就是说_G 也会被注册到_G 里，于是有：

```
_G["_G"] = _G
_LOADED["_G"] = _G
```

上述结果说明_G. _G 的访问是合法的。在执行完上述函数的基本流程以后，可以得到图 3-19 所示的结果。

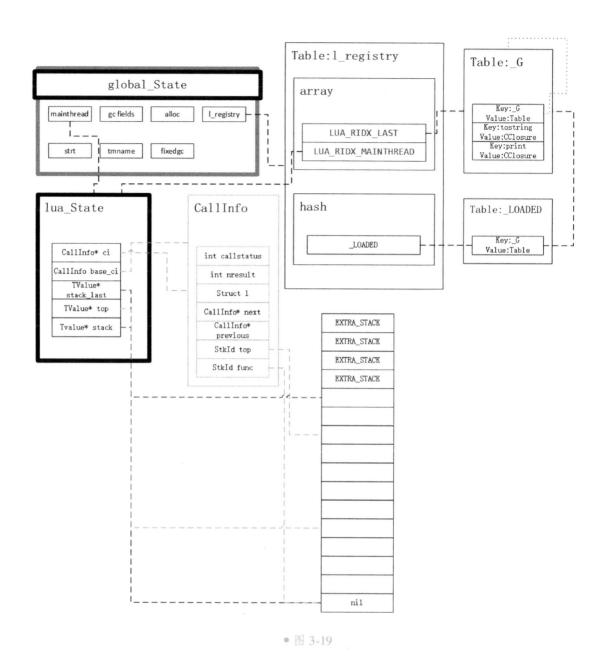

• 图 3-19

从图中可以看到_LOADED 表也是在 l_registry 表中的，也就是全局注册表中。

以后注册新的模块到标准库时，需要定义一个初始化函数。这个初始化函数需要创建或获取一个 Lua 表，并且往该表里注册 CClosure 函数或者变量，然后为该模块附上一个名称，这个表最终需要压到栈顶，以便 luaL_requiref 函数能将这个位于栈顶的表注册到_LOADED 和_G 中。本小节讨论的 luaL_openlibs 函数在随书源码的 C03/dummylua-3 的 common/luaaux.c 目录中，读者可以下载并阅读它的完整源码，了解更多的实现细节。

3.7 Lua 内置编译器补充说明

▶▶ 3.7.1 EBNF 简介

任何一种编程语言都需要通过一组规则作为有限集合，组成它的语法（grammar），而这需要通过某种方式来组成这种语法，EBNF（Extended Backus-Naur Form）就是其中一种。EBNF 是通过数学的方式来描述编程语言语法的，但它的描述范围不局限于编程领域，同时它也是上下文无关的文法。一般来说，EBNF 由以下 3 部分组成。

1）终结符（terminal）的集合。

2）非终结符（nonterminal）的集合。

3）产生式（production）的集合。

接下来将对以上 3 组概念进行解释和说明。终结符是指语句中不能被继续拆解的基本单位。一般来说，终结符就是指词法分析器返回的结果 token。非终结符是由一组终结符按一定规则组合而成的。而产生式又是由一组非终结符和（或）或终结符按照一定的规则组合而成的。接下来，通过一个示例来感受一下 EBNF 的规则。

现在假设要设计一种语言，这种语言需要将数值（整数和小数）通过 EBNF 表达出来，也就是说通过 EBNF 来描述数值的语法，于是得到以下的内容。

```
S ::= '-' FN | FN
FN ::= DL | DL '.' DL
DL ::= {D}
D ::= '0' | '1' | '2' | '3' | '4' | '5' | '6' | '7' | '8' | '9'
```

上面所示的代码中，"::="表示定义，左边的符号可以被右边的符号替换。"|"符号表示或的意思，也就是说"::="左边的符号可以通过"|"符号左边或者右边的符号来代替。被"''"包起来的字符就是实际会显示的字符。被" {} "包起来的表示它可以重复 0 次或者多次。

上面的代码，'0'~'9'已经是最基本的单位了，它不能够被进一步分解，所以它们是终结符。而"::="左边的符号均是非终结符，每一行定义就是产生式。通过上述的方式，可以用其表示任意的负数、0 和正数。现在将 3.14 代入这个范式，则有：

```
S ::= FN            // 没有"-",因此选择 FN 分支
S ::= DL . DL       // 因为带有".",所以选择 DL.DL 分支
S ::= D . DL        // 因为整数位只有一个字符,因此选择 D 分支
S ::= 3.DL          // 替换整数位的值
S ::= 3.D D         // 因为小数位是两个字符,因此小数位转换为 D D
S ::= 3.1 D         // 替换小数位十分位
S ::= 3.14          // 替换小数位百分位。全部替换完毕,且每个被分解的最小单位都合法,因此解析成功
```

如果一个语句能够通过 EBNF 完整替换解析的话，那么这个语句是合法的。在上面的例子中，能够被完整解析的语句就是一个货真价实的数值，否则就会抛出编译错误。比如 U.14，因为整数位不是

终结符中的任何一个，因此会抛出 syntax error 的错误。

```
S ::= FN          // 没有"-"，因此选择 FN 分支
S ::= DL . DL     // 因为带有"."，所以选择 DL.DL 分支
S ::= D . DL      // 因为整数位只有一个字符，因此选择 D 分支
S ::= U.DL        // 替换整数位的值
S ::= U.D D       // 因为小数位是两个字符，因此小数位转换为 D D
S ::= U.1 D       // 替换小数位十分位
S ::= U.14        // 替换小数位百分位。全部替换完毕，因为整数位不是合法的终结符，因此解析失败，语句不
                  //    合法
```

因为无法通过解析，因此 U.14 不属于本节定义的数值语言。

现在读者应该对 EBNF 有了个大致的了解了，Lua 语法也可以通过 EBNF 来描述，完整的描述可以到附录 B 中查阅。

▶▶ 3.7.2 本章定义的 EBNF

虽然附录 B 中有 Lua 完整的语法，但是本章节要设计与实现的也只是调用 Lua 函数部分，并没有定义赋值语句的语法。本章定义的语法，只需要能解析出类似 print（"hello world"）这种形式的语句即可，于是 EBNF 可以如下所示。

```
chunk        ::= { stat }
stat         ::= functioncall
functioncall ::= prefixexp args

prefixexp    ::= var
var          ::= Name
args         ::= '(' [explist] ')'
explist      ::= {exp ','} exp
exp          ::= nil | false | true | Number | String
```

上述产生式集合表达了这次要支持的句式和语法。这里需要提醒的是，"{}"里的 stat 是可以没有或者有多个的。而"::="符号右边的 nil、false、true 则是终结符 Name、Number 和 String 虽然可以继续分解，但限于篇幅，不对它们继续拆解。下面将例 3-1 脚本代码中的 print（"hello world"）代入该文法，看看它是怎么运行的。

```
chunk::=stat                        /* 由于 chunk 中只有一个 stat，所以右边替换为 stat*/
chunk::=functioncall                /* 由于 stat 只有一个非终结符可以替换，因此将其替换为 functioncall*/
chunk::=prefixexp args              /* 由于当前的 functioncall 中只有一个选项，且输入语句符合这个选项，因此
                                        选择了 prefixexp args 来替换*/
chunk::=var args                    /* 将 prefixexp 替换为 var*/
chunk::=Name args
chunk::=print args                  /*print 属于 Name 类别，将 print 替换 Name*/
chunk::=print '(' [explist] ')'
chunk::=print '(' explist ')'       /* 因为参数表有参数，因此选择 explist*/
chunk::=print '(' exp ')'
chunk::=print '(' String ')'        /* 所有项均替换为终结符，并且均符合定义，所以解析通过 */
chunk::=print '(' "hello world" ')' /* 将 hello world 字符串替换 String*/
```

上述推导展示了例 3-1 脚本完整的语法解析流程，因为脚本里的代码能够通过当前 EBNF 的解析，因此它是合法的。如果一个语句通过了语法解析，但是被调用的函数并不存在，那么在 Lua 中，它只能在运行时抛出错误。但如果一个语句不符合文法的规范，那么就会抛出编译时错误，提醒脚本编写者。

上述展示的流程和文法就是本章最终会实现的部分。在后续的章节中，会以此为蓝本逐步丰富该文法。

▶▶ 3.7.3　词法分析器设计与实现

通过上面的 EBNF 的解析流程可以知道，要使用语法分析器对源码里的语句进行语法解析，就必须要先识别源码中的表达式，一部分表达式可以用 token 来表示。

下面将研究的重点转向 token。前面也提到过，token 的本质就是一门语言中最基本的单位，它可以是一组有意义的字符串或标点符号。不同的语言对 token 的定义也略有不同，但是却有相通的属性。下面通过一张表来列举 Lua 最基本的元素，也就是 token 集合，如表 3-1 所示。

表 3-1

token id	token 名称	token 值	说　　明
-1	EOS	-	源代码文件的结束标志，代表应该停止继续解析该脚本
40	(	-	一般作为函数参数表的左限定符
41	)	-	一般作为函数参数表的右限定符
42	*	-	表示算数运算符×，id 为其 ASCII 码
43	+	-	表示算数运算符+，id 为其 ASCII 码
45	-	-	表示算数运算符-，也表示负号，id 为其 ASCII 码
60	<	-	表示小于
61	=	-	表示赋值运算
62	>	-	表示大于
91	[	-	一般用于表示访问 table（表）时，key 的左限定符
92	]	-	一般用于表示访问 table 时，key 的右限定符
123	{	-	作为 Lua 表内容定义的开始标志
124	}	-	作为 Lua 表内容定义的结束标志
126	~	-	按位取反操作，id 为其 ASCII 码
257	TK_LOCAL	"local"	表示系统保留字 "local"
258	TK_NIL	"nil"	表示系统保留字 "nil"
259	TK_TRUE	"true"	表示系统保留字 "true"
260	TK_FALSE	"false"	表示系统保留字 "false"
261	TK_END	"end"	表示系统保留字 "end"
262	TK_THEN	"then"	表示系统保留字 "then"
263	TK_IF	"if"	表示系统保留字 "if"

（续）

token id	token 名称	token 值	说　　明
264	TK_ELSEIF	"elseif"	表示系统保留字 "elseif"
265	TK_FUNCTION	"function"	表示系统保留字 "function"
266	TK_STRING	字符串的值， 比如 "xxxx"	包含在单引号或双引号内的字符序列是字符串
267	TK_NAME	表示变量名的字符串	表示变量名
268	TK_FLOAT	浮点数值	表示浮点数
269	TK_INT	整数值	表示整数值
270	TK_NOTEQUAL	–	表示 ~= 比较运算，id 为其枚举值
271	TK_EQUAL	–	表示 == 运算
272	TK_GREATEREQUAL	–	表示 >= 运算
273	TK_LESSEQUAL	–	表示 <= 运算
274	TK_SHL	–	表示 << 运算，这是左移运算
275	TK_SHR	–	表示 >> 运算，这是右移运算
276	TK_MOD	–	表示 "%" 运算，即取模运算
277	TK_DOT	–	表示 "." 运算符，id 为其枚举值
278	TK_VARARG	–	表示 "…" 运算符，该运算符一般用在参数列表中，表示参数可以是任意个
279	TK_CONCAT	–	表示 ".." 连接运算符，一般是用于连接两个字符串的

表 3-1 所示的 token 集合是 dummylua 目前已经定义好的，并非官方 Lua 的 token 集合。上述的 token 集合中，有些有值、有些没有值。这是由于有些 token 表达的内容比较单一，比如它就是一个操作符，因此不需要填内容；而有些 token 表达的内容比较丰富，比如 TK_STRING，既需要知道它是一个字符串，也需要知道它的内容，因此需要一个变量来存放 token 的值。

下面是 token 的数据结构。

```
// lualexer.h
typedef union Seminfo {
    lua_Number r;
    lua_Integer i;
    TString* s;
} Seminfo;

typedef struct Token {
    int token;              // token 枚举值，即表 3-1 里的 token id
    Seminfo seminfo;        // token 的值，即表 3-1 里的 token 值
} Token;
```

token 的结构其实很简单，首先它有一个标记其 id 的 token 变量，后面的 Seminfo 结构则是存储含有值的 token 的值。Seminfo 结构是一个 union 结构，也就是说 token 的值是整数、浮点数或者字符串中

的一种。从前面列举的表格也可以看出，token 值的类型，也大致是这三个类型。

接下来的问题则是，如何在源码里识别并获取 token？对于这个问题，dummylua 中获取 token 的函数如下所示。

```
// lualexer.h
int luaX_next(struct lua_State* L, LexState* ls);
```

该函数能够将 Lua 脚本中的下一个 token 识别出来，并且将其存放在 LexState 类型的结构中。Lex-State 的数据结构定义如下。

```
// lualexer.h
typedef struct LexState {
  // zio 实例会从 Lua 脚本文件中读取一定数量的字符,以供词法分析器使用
  Zio* zio;

  int current;                    // 当前读出来的是字符的 ASCII 码

  /* 当前的 token 被识别为 TK_FLOAT、TK_INT、TK_NAME 或者 TK_STRING 类型时,
     buff 会临时存放被读出来的字符,待 token 识别完毕后,再赋值到 Token
     结构的 seminfo 变量中*/
  struct MBuffer* buff;

  Token t;                        // 通过 luaX_next 读出来的 token
  int linenumber;                 // 当前处理到哪一行
  struct Dyndata* dyd;            // 语法分析器里要用到的结构
  struct FuncState* fs;           // 语法分析器使用的重要数据结构
  lua_State* L;
  TString* source;                // 被解析的源文件的名称和路径
  TString* env;                   // 就是_ENV 的 TSting 表示

  // 在编译源文件时,常量会临时存放在这里以便提升检索效率,这样也就提升了编译效率
  struct Table* h;
} LexState;
```

通过 luaX_next 接口读出来的 token 会被存放在 LexState 结构的 t 变量里，以供语法分析器晚些时候使用。词法分析器在进行解析时，一次只会读取一个字符，然后再进行处理。而字符需要从文件里读取，这部分操作是通过 Zio 模块来执行的，Zio 的数据结构如下所示。

```
// luazio.h
typedef char* (* lua_Reader)(struct lua_State* L, void* data, size_t* size);

typedef struct LoadF {
    FILE* f;               //被打开的源码文件指针
    char buff[BUFSIZE];    //Zio 每次会从文件中读取 BUFSIZE 个字符,并存在 buff 数组中
    int n;                 //n 表示被读入 buff 数组中的字符有多少个
} LoadF;

typedef struct Zio {
                          // 执行从文件中读取字符,并存入 LoadF 的 buff 中的函数,由外部指定
  lua_Reader reader;
```

```
int n;                  // 还有多少个未被处理的字符,初始值是 LoadF 的 n 值
char* p;                // 指向 LoadF 结构的 buff 数组的指针,每处理一个字符,它会自增
void* data;             // LoadF 结构实例的指针
struct lua_State* L;
} Zio;
```

下面来看首次调用 luaX_next 的执行流程。

1) Zio 模块通过外部指定的 read 函数，从 Lua 脚本文件中读取 BUFSIZE 个字符，并存入 LoadF 结构的 buff 中，它的 n 值记录了读取了多少个字符。

2) Zio 的 p 指针指向 LoadF 的 buff 数组，并且将 LoadF 中的 n 赋值给 zio->n。

3) 将 *p 赋值给 lexstate->current，接着 zio->p++，然后 zio->n--。当 zio->n 小于等于 0 时，在下一次调用 luaX_next 函数时，Zio 模块会重新从文件中读取新的 BUFSIZE 个字符，重置 LoadF 结构的 buff 数组、n、zio->p 和 zio->n。

4) 接下来 luaX_next 会判断 lexstate->current 的值与表 3-1 中的哪个 token 匹配，如果是没有 token 值的 token，那么直接将 lexstate->current 的值赋值给 lexstate->t.token，或者从 token 的枚举值中，找到一个与之匹配的 token id 赋值给 lexstate->t.token；如果被匹配到的 token 是有 token 值的 token，那么需要判断它的类型是 TK_FLOAT、TK_INT、TK_NAME 还是 TK_STRING，除了要给 lexstate->t.token 赋值正确的 token id 外，还需要将对应的值读取，然后赋值到 lexstate->t.seminfo 中。

当词法分析器读取一个字符后，判定其类型是 TK_FLOAT、TK_INT、TK_NAME 或 TK_STRING 的一种时，会从 Zio 模块中连续读取字符，并暂存在 LexState 结构的 Buffer 数组中。直到下一个字符与其类型规则不符为止，于是就可以将暂存的字符数据转换成对应类型的变量。不同的类型也会有不同的匹配方式，通过表 3-2 来看它们的匹配规则，是使用正则表达式来表达的。

在详解表 3-2 之前，先来看看正则表达式的定义。首先要看的是表示任意数字的方式。dight 表示的是 0~9 范围内的任意一个数值。

```
digit=[0-9]
等价于
dight=0 |1 |2 |3 |4 |5 |6 |7 |8 |9
```

然后来看表示任何小写大写字母的 letter。它表示从 a~z、A~Z 之间的任意字母。

```
letter=[a-zA-Z]
等价于
letter=[a-z] |[A-Z]
```

接下来看任意字符的表示方式。\s 表示空格，\S 表示非空格的任意字符，两个组合起来几乎可以表示任意的 ASCII 字符。

```
any_char=[ \s \S]
```

正则表达式中有一些特殊符号：

1) +：表示+前面的内容可以出现 1 次或者多次。

2) *：表示 * 前面的内容可以出现 0 次或者多次。

3）?：表示? 前面的内容可以出现 0 次或者 1 次。

表 3-2 如下所示。

表 3-2

token 类型	正则表达式	示　例
TK_FLOAT	digit * .dight+	0.123、.66、66.88 等
TK_INT	dight+	0、123、666、888 等
TK_NAME	_ * letter+ （_ | letter | digit） *	_abc_def_1_ 等
TK_STRING	" any_char * "	" "、"123abc $ %^_" 等

符合上面规则的连续字符会被合并在一起，成为该 token 的值，它开始于第一个匹配的字符，结束于第一个不匹配的字符。

接下来，以例 3-1 中的脚本代码为例子，来说明 luaX_next 的运行流程。这里将其简化为下面所示的伪代码。

```
//第一次调用 luaX_next,第一个字符匹配到,它是一个 TK_NAME 类型的 token
//并且连续从 Zio 模块读取字符,直至第一个字符" ("不能匹配 TK_NAME 的规则
//此时将已经暂存的 print 生成字符串,赋值给 ls->t.seminfo.s
<TK_NAME, "print"> =luaX_next()

//第二次调用 luaX_next
<'(', None> =luaX_next()

//第三次调用 luaX_next,因为 ls->current 是双引号字符,因此判定该 token 是 TK_STRING
//将"后的字符全部读出,并暂存在 ls->buffer 中,当 ls->current 匹配到另一个"时
//表示字符串已经完整读完,因此,此时可以为其创建一个新的 token,并将值赋给 ls->t.seminfo.s
<TK_STRING, "hello world"> =luaX_next()

//第四次调用 luax_next
<')', None> =luaX_next()

//第五次调用 luaX_next
<TK_EOS, None> =luaX_next()
//调用结束
```

读者可以参阅 C03/dummylua-3 工程中的 common/lualexer.h 和 common/lualexer.c 文件来了解 luaX_next 函数的实现逻辑，这里不再贴出代码。

下面将对 Zio 模块进行特别说明，前面已经说过 LexState 结构实例 ls 里，ls->current 的值是从 Zio 模块中获取的，而 Zio 模块又是将源码中的字符读取 BUFSIZE 个到它的 buff 数组中。然后逐个赋值给 ls->current，直到赋值完，再从文件中重新加载。之所以这样做的原因是：如果源文件很大，那么加载的过程将会很长，而程序员常常又不可能一次性就将代码写对，总会遇到一些词法上甚至是语法上的错误；因此如果每次加载编译就直接读取完整的源文件，那么将会极大地降低调试效率；而每次直接从文件里读取一个字符的速度又太慢，因此多加一个 Zio 缓冲模块，能够极大缓解这个问题。

▶▶ 3.7.4 语句和表达式

在一门语言中什么是表达式？表达式最终能够演变成一个值，并且这个值可以被赋值到一个变量中。符合这个条件的就是表达式，否则就是语句。语句则是一系列操作的集合，它包含一系列的表达式或者其他语句。语句是一门语言中单独的一个单元，一门语言中有不同的语句类别，并且这些有限类别的语句组成的序列构成一门语言的逻辑代码。

现在来看一个例子，如下所示。

```
a = 1
b = 1+2*(3-4)
c = true
d = nil
```

左边的 a、b、c、d 是变量，右边的 1、1+2*(3-4)、true 和 nil 最终能够演变成一个值，并且可以赋值给左边的变量，因此它们是表达式。而每一行的赋值语句，则是单独的语句。

此外，还有以下几种语句，并且这些语句都不能演变成一个值，并赋值到一个变量中。

```
// do end 语句
do block end

// while 语句
while exp do block end

// repeat 语句
repeat block until exp

// if 语句
if exp then block {elseif exp then block} [else block] end

// for 语句
for Name '=' exp ',' exp [',' exp] do block end
for namelist in explist1 do block end

// 函数语句
function funcname funcbody

// local 语句
local function Name funcbody
local namelist ['=' explist1]

// expr 语句
varlist1 '=' explist1
functioncall
```

这里需要注意的是，在 Lua 中，function（函数）是个单独的类型，因此函数语句是可以直接被赋值到某个变量的。从某种意义上来说，它也是表达式，但是传统定义上，比如 C 语言，这些都是作为语句存在的。

▶▶ 3.7.5　语法分析器的基础设计与实现

在完成了词法分析器的论述以后，下面开始讲解语法分析器的基础设计和实现。本章涉及的语法分析器并不包含完整的功能，只是对前面语法所定义的内容进行技术层面的实现。

当然，本节的意义也非常重大，工作量并不意味着比后续的内容小，因为这是要搭建语法分析器最基础的框架，因此在构思上花费的时间甚至可能会更多。本节首先会从 EBNF 文法出发，讨论 dummylua 语法分析器的整体逻辑架构，然后再逐步深入各个细节。最终的目的也很清晰，就是能够编译并运行例 3-1 所示的脚本代码 print（"hello world"）。

回顾一下例 3-1 中的 C 代码，脚本加载和编译的流程都是在 luaL_loadfile 函数里进行的，因此语法分析器的运行流程也是在这里面执行的。实际上，编译流程的入口函数是一个叫作 luaY_parser 的函数，其函数定义如下所示。

```
// luaparser.h
LClosure* luaY_parser(struct lua_State* L, Zio* zio, MBuffer* buffer, Dyndata* dyd, const char* name)
```

暂不深入讲解里面的代码实现细节，先弄明白编译在代码层面是从什么地方开始的。前面也提到过，在调用 luaL_loadfile 函数的时候，首先会创建一个 LClosure 结构的函数实例，并压入栈中，然后加载脚本并编译，最后将编译的结果放入 LClosure 结构的 Proto 结构里。本节的目标就是探讨这个编译流程。

要被编译加载的脚本可以被视作是一个 chunk，因此它将被作为研究起点，官方 Lua 的 EBNF 对 chunk 的有关定义如下。

```
chunk ::= {stat [';']} [laststat[';']]
```

上面的产生式中，chunk 由右边的非终结符来定义。{} 内的内容表示会出现 0 次或者多次，而 [] 内的内容表示会出现 0 次或者 1 次。也就是说 chunk 是由 0 个、1 个或者多个 stat 语句组成的，可以有 laststat 和 "；"，也可以没有。laststat 的定义如下所示。

```
laststat ::= return [explist1] | break
```

前面已经定义过本章要实现的 EBNF 规则，laststat 并没有被纳入，因此，本章不会讨论 laststat 相关的内容，为了简化问题，将 "；" 忽略，也就是说现在要关注的起点是：

```
chunk ::= {stat}
```

运行脚本是由 stat 组合而成，stat 是 statement（即语句）的简写，它是构建命令最基本的单位，官方 Lua 对 stat 的定义如下所示。

```
stat ::= varlist1 '=' explist1  |
         functioncall  |
         do block end  |
         while exp do block end  |
         repeat block until exp  |
```

```
if exp then block {elseif exp then block} [else block] end  |
for Name '=' exp ',' exp [',' exp] do block end  |
for namelist in explist1 do block end  |
function funcname funcbody  |
local function Name funcbody  |
local namelist ['=' explist1]
```

内容比较丰富，本章并不会对上面所有的分支进行论述。这里只是为了给读者提供一个最基本的概念。官方 Lua 的语句分支实际上全在 lparser.c 的 statement 函数里，代码如下。

```
1  // lua-5.3.5 lparser.c
2  static void statement (LexState * ls) {
3    int line = ls->linenumber;     /* 生成错误消息时要使用 */
4    enterlevel(ls);
5    switch (ls->t.token) {
6      case ';': {    /* 空语句 */
7          luaX_next(ls);    /* 跳过 ';' */
8          break;
9        }
10     case TK_IF: {    /* 条件语句 */
11         ifstat(ls, line);
12         break;
13       }
14     case TK_WHILE: {    /* while 循环语句 */
15         whilestat(ls, line);
16         break;
17       }
18     case TK_DO: {    /* do end 语句 */
19         luaX_next(ls);    /* 跳过 DO */
20         block(ls);
21         check_match(ls, TK_END, TK_DO, line);
22         break;
23       }
24     case TK_FOR: {    /* for 循环语句 */
25         forstat(ls, line);
26         break;
27       }
28     case TK_REPEAT: {    /* repeat 循环语句 */
29         repeatstat(ls, line);
30         break;
31       }
32     case TK_FUNCTION: {    /* 函数定义语句 */
33         funcstat(ls, line);
34         break;
35       }
36     case TK_LOCAL: {    /* local 语句 */
37         luaX_next(ls);    /* 跳过 local */
38         if (testnext(ls, TK_FUNCTION))    /* local 函数? */
39             localfunc(ls);
40         else
```

```
41              localstat(ls);
42          break;
43      }
44      case TK_DBCOLON: {
45          luaX_next(ls);
46          labelstat(ls, str_checkname(ls), line);
47          break;
48      }
49      case TK_RETURN: {      /* return 语句 */
50          luaX_next(ls);      /* 跳过 return */
51          retstat(ls);
52          break;
53      }
54      case TK_BREAK:      /* break 语句 */
55      case TK_GOTO: {      /* goto 语句 */
56          gotostat(ls, luaK_jump(ls->fs));
57          break;
58      }
59      default: {      /* 函数调用或赋值语句 */
60          exprstat(ls);
61          break;
62      }
63  }
64  lua_assert(ls->fs->f->maxstacksize >= ls->fs->freereg &&
65                      ls->fs->freereg >= ls->fs->nactvar);
66  ls->fs->freereg = ls->fs->nactvar;      /* 释放寄存器 */
67  leavelevel(ls);
68  }
```

读者需要关注的是它的 switch 语句，里面的分支基本上每个都对应了一个独立的 stat 函数。这些 stat 函数分别实现了不同的 stat 分支，如图 3-20 所示。

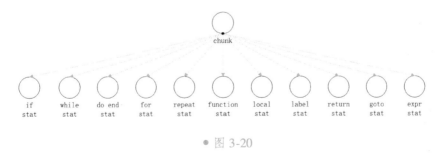

● 图 3-20

回顾一下前面 EBNF 有关 stat 的定义，如果要将语法定义和图 3-20 的 stat 做对应关系的话，那么将如表 3-3 所示。

表 3-3

stat 名称	语法定义
expr stat	varlist1 '=' explist1 functioncall

（续）

stat 名称	语 法 定 义
do end stat	do block end
while stat	while exp do block end
repeat stat	repeat block until exp
if stat	if exp then block {elseif exp then block} [else block] end
for stat	for Name =' exp, ' exp [', ' exp] do block end for namelist in explist1 do block end
function stat	function funcname funcbody
local stat	local function Name funcbody local namelist ['=' explist1]

由于本章是为了实现对例 3-1 脚本代码的编译和执行，因此要实现 functioncall 的范式描述。functioncall 的定义如下所示：

```
functioncall   ::= prefixexp args

prefixexp      ::= var
var            ::= Name
args           ::='(' [explist] ')'
explist        ::= {exp ','} exp
exp            ::= nil |false |true |Number |String
```

结合表 3-3，只需要聚焦 exprstat 这个分支就可以了。与此同时，本节也忽略了赋值语句部分。

在进一步深入探讨 functioncall 的编译流程实现之前，首先要向读者介绍一下语法分析器的几个重要的数据结构。这些数据结构是语法分析器能够运行的重要基础。

下面是 FuncState 的数据结构。

```
// luaparser.h
typedef struct FuncState {
    int firstlocal;
    struct FuncState* prev;
    struct LexState* ls;
    Proto* p;
    int pc;                 // proto 结构 code 数组中,下一个可被写入的位置的索引
    int nk;                 // proto 结构常量数组 k 中,下一个可被写入的位置的索引
    int nups;               // proto 结构上值数组中,下一个可被写入的位置的索引
    int nlocalvars;         // 标识已经有多少个 local 变量
    int nactvars;           // 活跃变量的数量,一般指 local 变量
    int np;                 // proto 结构实例中,proto 列表 p 中 proto 实例的个数
    int freereg;            // 能够被使用的寄存器位置
} FuncState;
```

FuncState 数据结构为什么重要？因为它记录了新的常量存储在 Proto 结构中的具体位置，下一个可被使用的寄存器位置、新生成的指令要存放在哪里等信息。用于记录这些信息的变量会随着编译流

程的持续执行而动态变化。

下面来看另外一个重要的数据结构，其定义如下面代码所示。这个数据结构主要是用来临时存放当前已经编译的表达式信息的。语法分析器在遇到下一个表达式的时候，会将存放在这个结构里的上一个表达式的信息转换成虚拟机指令。

```c
// luaparser.h
// 表达式(exp)的类型
typedef enum expkind {
    VVOID,          // 表达式是空的,也就是 void
    VNIL,           // 表达式是 nil 型
    VFLT,           // 表达式是浮点型
    VINT,           // 表达式是整型
    VTRUE,          // 表达式是 TRUE
    VFALSE,         // 表达式是 FALSE
    VINDEXED,       // 表示索引类型,当 exp 是该类型时,expdesc 的 ind 域被使用
    VCALL,          // 表达式是函数调用,expdesc 中的 info 变量,表示的是指令的位置,
                    // 也就是它指向 proto code 列表的指令
    VLOCAL,         // 表达式是 local 变量,expdesc 的 info 变量,表示该 local 变量在栈中的位置
    VUPVAL,         // 表达式是上值,expdesc 的 info 变量,表示上值数组的索引
    VK,             // 表达式是常量类型,expdesc 的 info 变量,表示该常量在常量表 k 中的索引
    VRELOCATE,      // 表达式可以把结果放到任意的寄存器上,expdesc 的 info 变量,表示的是 instruction pc
    VNONRELOC,      // 表达式已经在某个寄存器上了,expdesc 的 info 变量,表示该寄存器的位置
} expkind;

// exp 临时存储结构
typedef struct expdesc {
    expkind k;              // expkind
    union {
        int info;
        lua_Integer i;      // for VINT
        lua_Number r;       // for VFLT

        struct {
            int t;          // 表示 Lua 表或者是上值的索引
            int vt;         // 标识上一个变量 t 是 upvalue(VUPVAL) 还是 Lua 表(VLOCAL)
            int idx;        // 常量表变量或者是寄存器的位置索引,这个索引指向的值一般作为 t 的键
        } ind;
    } u;
} expdesc;
```

现在不能理解这个结构也不要紧，后续阐述编译流程的时候，读者会自然而然地明白它的作用。

下面假设对 dummylua 的测试脚本 part05_test.lua 的逻辑做出如下修改，并且用例 3-1 所示的 C 语言代码对其进行编译和执行，则有：

```lua
-- part05_test.lua
print("Good bye ", 2019, "Hello ", 2020)
```

当开始调用 luaL_loadfile 函数时，这个函数首先会创建一个 LClosure 结构的实例，并压入栈中，

然后打开 part05_test.lua 文件，此时内存布局如图 3-21 所示。

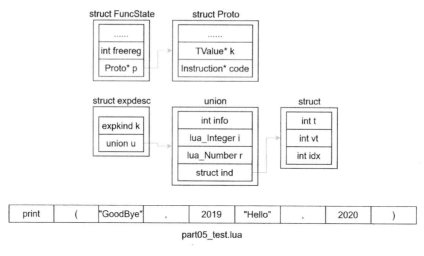

● 图 3-21

图 3-21 展示了 part05_test.lua 的代码，并且将每一个 token 放置在独立的矩形方框内。在 Lua 中，类似 part05_test.lua 脚本内的代码被称为后缀表达式（suffix expression），Lua 的后缀表达式有以下几种。

```
--suffixexp--
primaryexp '(' explist ')'
primaryexp '.' var
primaryexp '[' exp ']'
primaryexp ':' var '(' explist ')'
```

结合附录 B 可以很容易理解 explist、var 的含义。这里需要说明的是上面的 primaryexp 本质也是一个 var。用 "'" 包起来的符号表示它仅仅只是字符，而不具备任何功能。结合 part05_test.lua 脚本的情况，可以将其分解成如下的形式。

```
<-------------------suffixexp------------------->
|print        ("Good bye ", 2019, "Hello ", 2020)|
<primaryexp>
```

在完成准备工作之后，就可以执行 luaY_parser 的函数逻辑了。词法分析器（lexer）首先会从 part05_test.lua 中获取第一个 token，这个 token 是值为 "print"，类型为 TK_NAME。现在通过<TokenType, TokenValue>的方式来表示，则获取的第一个 token 为<TK_NAME，"print" >。

当获取语句第一个 token 的时候，就可以根据 token 的类别决定进入哪个编译分支。

结合前面展示的 statement 函数，由于获取的第一个 token 的类别是 TK_NAME，因此进入到 exprstat 的编译分支之中（statement 函数代码片段第 60 行）。

在获取下一个 token 并对其进行处理之前，当前的 token 信息会被存储在 expdesc 结构之中，得到图 3-22 所示的结果。

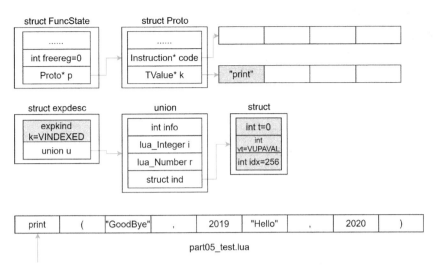

● 图 3-22

　　底色更换的部分就是这次更新的部分，可以看到 "print" 被注册到了 Proto 的常量表 k 中了，所有的常量（包括 TK_NAME、TK_STRING、TK_FLOAT、TK_INT 等类型的 token）都会被注册到常量表中。然后可以看到，expdesc 的 kind 被设置为 VINDEXED 类型。这种类型表示要从 Lua 表里进行查找。

　　ind.vt 被设置为 VUPVAL，表示要查找的表，是作为当前被调用函数的上值存在的。在本例中，ind.t 的值就是要查找的 Lua 表，是在上值列表中的索引值。由于 ind.t 的值是 0，因此它指向了_ENV（Lua 每个函数的第 0 个上值）。然后_ENV 默认指向_G，因此这两个组合实质就是表示值要从_G 里取得。

　　最后观察到 ind.idx 的值是 256。附录 A 里提到过，ind.idx 指向一个寄存器（栈上的位置）或者常量表的某个位置。当 ind.idx< 256 时，它就是 R(ind.idx)；当 ind.idx ≥ 256 时，它就是 Kst(ind.idx − 256)。在这里它的值是 256，因此它就是指 Kst(0)，也就是 "print"。综合来看，expdesc 表达的含义如下所示。

```
UpVal[expdesc.u.ind.t][Kst(expdesc.u.ind.idx - 256)]
==>
UpVal[0][Kst(0)]
==>
_G[Kst(0)]
==>
_G["print"]
```

　　expdesc 是非常重要的数据结构，用来临时存储表达式的重要变量。而在编译的过程中，往往又需要复用这个结构，以节约内存和提升效率。

　　在完成第一个步骤得到图 3-22 所示的结果后，进入到第二个步骤。此时读取下一个 token < ' ('，None >。在 Lua 中，一个变量紧跟着大括号意味着这必定是一个函数调用语句，因此 "（" 之后，一般要跟一个 explist。它们同样会将自己的信息写入 expdesc 结构中，而 expdesc 结构又是共享的，并且它内部又包含上一个表达式的值，因此需要将它消费掉。此时需要将 expdesc 转换成虚拟机指令，得到图 3-23 所示的结果。

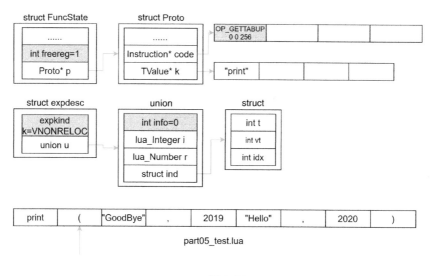

● 图 3-23

图 3-23 中 Proto 的 code 列表多了一个指令，就是本次发生变更的部分。读者已经知道 expdesc 存放的实质上是一个_G［"print"］的表达式，它表达的是把 key 为 "print" 的 value 取出来。那么它将存放到哪里去呢？在 FuncState 结构的 freereg 变量更新之前，它是 0。这个变量表示的是当前能够被写入的寄存器，也就是说如果有一个表达式要对栈进行写入，那么 freereg 就指明它可以写入的位置。

由于当前 expdesc 所表达的含义已经非常清晰了，因此将其转换成虚拟机指令，最匹配的则是 OP_GETTABUP 指令。它表示从上值列表中取出一个值为 Lua 表的变量，再从中取出一个 key 为 R（C）的值，于是生成了< OP_GETTABUP 0 0 256 >指令（真实的指令是一个经过组合的整数值，这里只是逻辑表示）。其中 A 值由 FuncState 的 freereg 来指定，B 值由 expdesc 结构里的 ind.t 来指定，OPCODE 由 ind.vt（VUPVAL）来决定，C 值由 ind.idx 来决定。此时可以清晰地看到，expdesc、FuncState 与生成指令有部分关联了。在完成指令生成以后，FuncState 的 freereg 的值自增 1。

指令被消费后，expdesc 的类型会被改为 VNONRELOC。它表示 expdesc 结构实例里的信息已经转化为指令了，同时 u.info 的值变成生成指令目标寄存器的位置。

完成第二步的逻辑以后，将对 explist 进行解析。所谓 explist，就是 "（" 和 "）" 包起来的通过 "，" 隔开的表达式 exp 的集合。附录 B 已经描述得非常清楚了，只要 explist 里的表达式符合以下非终结符集合中的一个，那么这个表达式可以认为是合法的。

```
exp ::= nil | false | true | Number | String
```

接下来，继续通过词法分析器的 luaX_next 函数来获取下一个 token：< TK_STRING，"Good Bye">。现在要将信息赋值到 expdesc 中，此时需要 expdesc 去描述这个表达式。因为它的值是 "Good Bye" 字符串，因此它需要被注册到常量表 k 中，同时需要指明它在 k 中的具体位置。因此 expkind 为 VK，而

expdesc 的 info 则为 1，于是得到图 3-24 所示的结果。

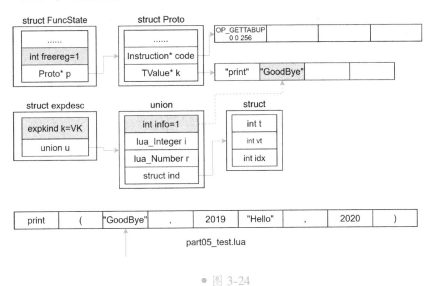

● 图 3-24

图 3-24 中，expdesc 和常量表被标记有底色的地方是更新的信息。此时 expdesc 的类型是 VK，这表明 expdesc 所代表的的值是常量，并且这个常量存在常量表中。具体值是常量表 k 中的哪个由 expdesc.u.info 来指定。

随着语法分析器继续运行，获得下一个 token：< ',', None >。在 explist 中，遇到该 token 意味着前一个被缓存在 expdesc 中的表达式应当立即被转换为虚拟机指令，与 expdesc 的 VK 类型对应的是 OP_LOADK 指令。前面已经提到过，OP_LOADK 的作用是将常量表中的某个值读取到目标寄存器上。这里生成了< OP_LOADK 1 1 >，意思是将常量表中 k[1] 的值放入寄存器中，也就是：

```
R(A) =Kst(n)
==>
R(1) =Kst(1)
==>
R(1) = "Good Bye "
```

在虚拟机指令< OP_LOADK 1 1 >中，它的 A 值是由 FuncState 的 freereg 变量指定，B 值是由 expdesc 中的 info 变量指定。在虚拟机指令生成以后，FuncState 的 freereg 就自增 1 变成 2 了（表示前面两个位置已经被占用）。前面也提到过，真实的虚拟机指令其实是一个 int 型变量，前面的标记只是为了方便理解而写的。这也是为什么虚拟机指令只记录 OPCODE 以及一些索引参数的原因了。在完成虚拟机指令生成以后，就变成了图 3-25 所示的样子。

图 3-25 中 code 列表，背景底色被标记的部分就是更新的部分。同理，接下来的 exp 操作与上面的流程类似，这里直接输出图 3-26，也就是执行过后的结果。

至此，explist 的编译过程就全部完成了。

继续通过词法分析器的 luaX_next 函数获取最后一个 token：< ')', None >。遇到该 token 意味着 explist 已经结束，存储在 expdesc 里的表示获取 2020 这个值的描述结构，也需要将其转换成虚拟机指

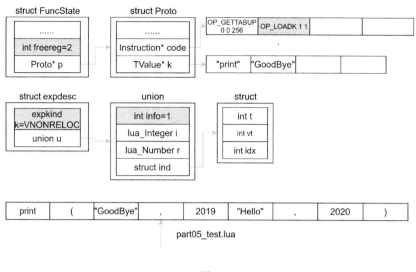

● 图 3-25

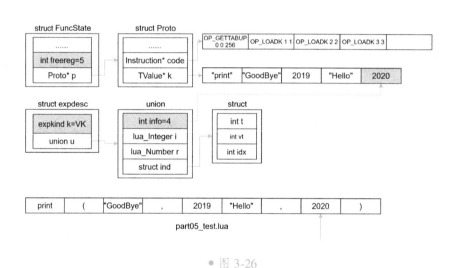

● 图 3-26

令< OP_LOADK 4 4 >。

最后 functioncall 要表达的是调用一个函数。现在函数和参数入栈的指令也已经生成，因此需要生成调用函数的指令 OP_CALL。这个指令需要指定，它要调用的函数位于栈的具体位置、有多少个参数、多少个返回值。

OP_CALL 是 iABC 模式，其中 A 是要被调用的函数在栈中的位置，B 是参数的个数+1，C 是返回值个数+1。可以回顾一下已经生成的指令里：print 函数是被读取到 R(0) 的位置，也就是栈底的位置，因此 A 的值就是 0；因为有 4 个参数，所以 B 的值是 5；而 print 函数没有返回值，所以 C 是 1，于是得到指令< OP_CALL 0 5 1 >，最终得到图 3-27 所示的结果。

到目前为止，本章涉及编译器相关的内容就全部介绍完了。在了解编译流程之后，还是希望读者

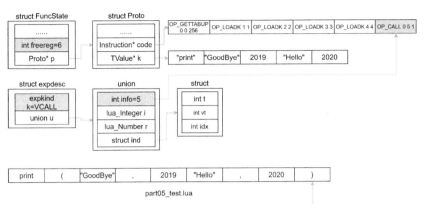

● 图 3-27

能够仔细阅读随书源码 C03/dummylua-3 部分，以了解更多的实现细节。本章只是阐述了它的基本数据结构和主要流程，更多的细节无法在有限的篇幅内一一展现，因此只有读者深入阅读源码，才能够做到彻底的理解和掌握。

3.8 让 dummylua 能够编译并运行 "hello world" 脚本

本章的源码在随书源码的 C03/dummylua-3 目录里，读者可以下载自行阅读，结合本章的主体思路，读懂随书源码不是难事。构建命令可以参阅随书源码 GitHub 仓库的 readme，获取源码的方式已经在前言中已给出。

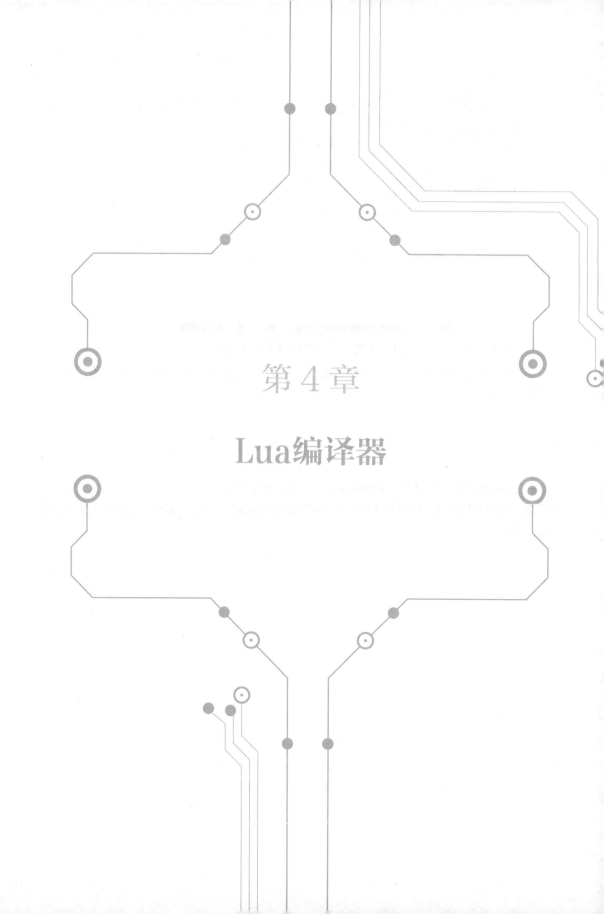

第 4 章

Lua编译器

本章将对 Lua 内置编译器的设计与实现进行详细的介绍。Lua 的内置编译器包括词法分析器和语法分析器。词法分析器的主要作用就是获取脚本源码中的 token，然后交给语法分析器进行语法分析。

Lua 的语法分析器是单趟语法分析器（One-Pass Parser），即将 Lua 脚本源码直接编译成 Lua 虚拟机指令，而不生成抽象语法树。这样做的目的是为了尽最大努力提升 Lua 内置编译器的编译效率。

本章将用一节的篇幅介绍词法分析器的设计与实现。语法分析器因为内容多、篇幅长，因此分为两节来介绍。

4.1 Lua 词法分析器

第 3 章对 Lua 解释器进行了整体介绍，并且以一个"hello world"程序为例子，给读者一个初步的概念。通过第 3 章，读者知道了编译器至少要包括词法分析其和语法分析器。而本节将讲解 Lua 词法分析器的设计与实现，实际上是对第 3 章词法分析器部分的一个补充。

▶▶ 4.1.1 词法分析器简介

尽管第 1 章和第 3 章已经对词法分析器进行了一定程度的介绍，本节还是简要回顾一下。词法分析本质就是将一串字符转化为一串 token，而词法分析器就是执行这一过程的逻辑模块。

在编译器中什么是 token？token 是一门语言中能够被识别的最小单元。下面来看一个例子，假设有一个文件，其内部的内容如下所示。

```
name  "hello"  2020.
```

下面要对这个文本进行词法分析。首先要做的是将文本字符加载到词法分析器的缓存中。在完成文本加载以后，需要从中逐个地获取有效 token，而获取 token 的操作是通过词法分析器里的一个函数来实现的，可以假设它叫 next 函数。通过调用若干次 next 函数，得到以下结果。

1）第一次调用 next 函数，词法分析器返回第一个有效识别的 token。这个 token 就是 name，它是一个标识符，能够表示变量。

2）第二次调用 next 函数时，能够获取第二个 token。这个 token 是一个字符串"hello"。

3）第三次调用 next 函数时，则获取了第三个 token。这个 token 是个数值。

4）第四次调用 next 函数时，获取一个 ASCII 符号"."。

5）第五次调用 next 函数时，获取文本结束标志 EOF。

从上面的例子可以看到一些有效的信息。首先是词法分析需要和文本或者字符串打交道。如果代码是存放在文本中的，那么词法分析器先要将文本中的代码加载到内存中，被加载到内存的文本内容实际上就是一个字符序列。词法分析器需要对这个字符序列进行进一步的提取工作。一次只能获取一个有效的 token，获取 token 的函数由词法分析器提供，比如例子里的 next 函数。其次是 token，其能够表示的内容非常丰富。它可以表示标识符、字符串、ASCII 字符和文本结束的 EOF 标识。正因为 token 能够表示的内容相当丰富，因此需要对 token 进行分类。实际上，一个 token 既要表明它是什么类型的，还要表明自己包含的内容是什么。它的结构在逻辑上如下所示。

```
Token
+--------+--------+
|Type |Data |
+--------+--------+
```

有些 token 只是说明类型是不够的，它还需要存储 token 的内容，比如标识符，需要将组成标识符内容的字符串存入 token 的 Data 域中。接下来，通过< Type, Data >的方式来表示一个 token。那么持续调用 next 函数，并将其输出打印，则获得如下内容（Type 使用 Lua 中的定义）。

```
<TK_NAME, "name">      // TK_NAME 表示它是标识符类型
<TK_STRING, "hello">
<TK_INT, 2020>
<., null>
<TK_EOS, null>
```

从上面的例子中，可以感知 token 能够表示的内容丰富，有些 token 通过 Type 就能表示，有些还需要存储其内容在 Data 域，以供语法分析器使用。

本节对词法分析器的简介就到此结束，后面将展开 Lua 词法分析器的设计与实现的论述。

▶▶ 4.1.2　词法分析器基本数据结构

dummylua 的词法分析器基本参照了 lua-5.3.5 的设计与实现。

Lua 的 token 类型，一部分是直接使用 ASCII 码，另一部分定义在一个枚举类型中。token 一共有哪些类型，下面来看一下分类。

1）EOF：文件结束符，表示文件结束，意为 End Of File，使用单独的枚举值 TK_EOS。

2）算数：+、-、*、/、%、^、~、&、|、<<、>>。由于<<和>>无法使用单独的字符来表示 token 的类型，因此它们使用单独的枚举值：TK_SHL 和 TK_SHR。其他算术符的 ASCII 值就是 token 的类型值。

3）括号：(、)、[、]、{、}。

4）赋值：=。

5）比较：>、<、>=、<=、~=、==。由于>=、<=、~=、==无法单独使用，因此它们要使用单独的枚举值：TK_GREATEQ、TK_LESSEQ、TK_NOTEQUAL、TK_EQUAL。

6）分隔：,和;。

7）字符串：'string'和"string"，字符串类型使用 TK_STRING。

8）连接符：..，因为单个字符无法表示，因此它也是使用单独的枚举值 TK_CONCAT。

9）数字：数值分为浮点数和整数，浮点数使用 TK_FLOAT，而整数使用 TK_INT。

10）标识符：通常用来表示变量，这种类型在 Lua 中统称为 TK_NAME。

11）保留字：local、nil、true、false、end、then、if、elseif、not、and、or、function 等，每个保留字都是一个 token 类型，比如 local 是 TK_LOCAL 类型，而 NIL 则是 TK_NIL，依次类推（参照表 3-1）。

此外，词法分析器遇到空格、换行符（\r\n、\n\r）、制表符（\t、\v）等时是直接跳过，直至获取下一个不需要跳过的字符为止。在 dummylua 中，对 token 的类型定义也是主要分两个部分，一部分

是直接通过 ASCII 码来表示，比如>、<、. 和，等；还有一部分通过枚举值来定义，下面来看枚举值
的定义有哪些。

```
// lualexer.h
// 1~256 不能作为枚举值,避免和 ASCII 值冲突
enum RESERVED {
    /* terminal token donated by reserved word */
    TK_LOCAL = FIRST_REVERSED,
    TK_NIL,
    TK_TRUE,
    TK_FALSE,
    TK_END,
    TK_THEN,
    TK_IF,
    TK_ELSEIF,
    TK_NOT,
    TK_AND,
    TK_OR,
    TK_FUNCTION,

    /* other token */
    TK_STRING,
    TK_NAME,
    TK_FLOAT,
    TK_INT,
    TK_NOTEQUAL,
    TK_EQUAL,
    TK_GREATEREQUAL,
    TK_LESSEQUAL,
    TK_SHL,
    TK_SHR,
    TK_MOD,
    TK_DOT,
    TK_VARARG,
    TK_CONCAT,
    TK_EOS,
};
```

FIRST_REVERSED 的值是 257，为什么取 257 开始？由于有很多 token 类型（主要是单个字符就能表示的 token）是直接通过 ASCII 码来表示的，为了避免和 ASCII 码冲突，因此这里直接从 257 开始。在众多的类型中，只有几种需要保存值到 token 实例中，它们分别是 TK_NAME、TK_FLOAT、TK_INT 和 TK_STRING，于是 Seminfo 结构就派上用场了。Seminfo 结构是一个 union 类型，它包含三个域：一个是 lua_Number 类型，用于存放浮点型数据；一个是 lua_Integer 类型，用于存放整型数据；一个是 TString 类型，用于存放标识符和字符串的值。

现在读者对 token 的结构已经有了一个初步的认识。接下来回顾一下词法分析器里要用到的最重要的数据结构之一，它就是 LexState 结构，其定义如下所示。

```
typedef struct LexState {
    Zio* zio;                         // 负责从文件中读取、缓存字符，并提供字符的模块
    int current;                      // 从 Zio 实例中获取当前需要使用的字符

    /* 保留字本身以及 TK_STRING、TK_NAME、TK_FLOAT 和 TK_INT 的值，由于不止由一个字符组成，因此 token 在被
    完全识别之前，读取出来的字符应当存在 buff 结构中，当词法分析器攒够一个完整的 token 时，则将其复制到 Sem-
    info.s(TK_NAME、TK_STRING 类型和保留字)、Seminfo.r(TK_FLOAT 类型，string 转换成浮点型数值)或 Sem-
    info.i(TK_INT 类型，string 转换成整型数值)中*/
    struct MBuffer* buff;
    Token t;                          // 当前获取的 token

    /* 提前获取的 token，如果它存在(不为 TK_EOS)，那么词法分析器调用 next 函数时，它的值直接被获取。*/
    Token lookahead;
    int linenumber;                   // 代码的行号
    struct Dyndata* dyd;              // 语法分析过程中，存放 local 变量信息的结构
    struct FuncState* fs;             // 语法分析器数据实例
    lua_State* L;                     // Lua VM 实例
    TString* source;                  // 正在进行编译的源码文件名称
    TString* env;                     // 一般是 _ENV
    struct Table* h;                  // 常量缓存表。用于缓存 lua 代码中的常量，以加快编译时的常量查找
} LexState;
```

当编译模块要对一个文本里的代码进行编译时，首先会创建一个 LexState 的数据实例。词法分析器要做的第一个工作是将代码文件加载到内存中，加载到内存中的代码是一个字符串。词法分析器要做的第二个工作就是将加载到内存中的字符串的字符逐个获取出来，并组成合适的 token。如果不能组成，则抛出异常。

dummylua 的词法分析器和官方 Lua 一样，采用一个叫作 Zio 的结构负责存放从磁盘中加载出来的代码，读者可回顾一下 3.7.3 节有关 LoadF 和 Zio 结构的定义，这里不再赘述。

与官方 Lua 一样，dummylua 的 Zio 结构并没有限制使用者用哪种方式加载代码到内存中。而具体操作的函数则是函数指针 reader 指向的函数，只要自定义的函数符合这个签名，就能够被词法分析器调用。另外 Zio 的 data 指针是作为 reader 函数的重要参数存在的，它同样可以由用户自定义。不过 Lua 提供了一个默认的 LoadF 结构以及一个 getF 函数，用于将文件里的代码加载到内存中，将在接下来的内容中进行详细讨论。

暂时抛开具体的代码实现，通过一个实例将整个流程串联起来，如图 4-1 所示。现在要将一个文件里的字节流读出，并识别里面的 token。

识别 token 的流程也是需要将源码文件里的字符逐个获取出来。第一个被获取的字符将决定它进入哪个 token 类型的处理分支。事实上 Lua 是通过 zget 的宏获取字符的，这个宏如下所示。

```
// luazio.h
#define zget(z) (((z)->n--) > 0 ? (* (z)->p++) : luaZ_fill(z))
```

传入这个宏的是一个 Zio 结构的数据实例。事实上，识别 token 的逻辑是在 llex 的函数内进行的。这个函数会不断读取新的字符，并且判断应该生成哪个 token，下面的代码展示了这一点。

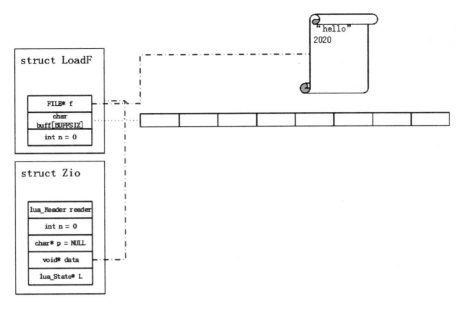

● 图 4-1

```
// lualexer.c
static int llex(LexState* ls, Seminfo* s) {
    ...
    ls->current = zget(ls->z);
    switch(ls->current) {
    ...
    case '\'': case '"': {
        return readstring(ls, s);
    } break;
    case '0': case '1': case '2': case '3': case '4':
    case '5': case '6': case '7': case '8': case '9': {
        return readnumber(ls, s);
    } break;
    ...
    }
}
```

从上述代码片段可以看到，词法分析器识别一个 token 需要不断从源码文件中逐个读取字符，然后判断它可能是哪种类型的 token，最后作相应的处理。比如 readstring 和 readnumber 操作，就是把有效字符串和数值识别出来，最后存储在 LexState 结构的 token 类型变量 t 中。readstring 函数和 readnumber 函数内部也会多次调用 zget 函数，不断获取新的字符，最后生成 token。

回到图 4-1 的例子，在 LexState 类型实例完成初始化的开始，刚完成初始化的 Zio 结构实例会关联一个已经打开的文件。这个文件由 LoadF 结构中的 FILE * 指针 f 指定，LoadF 类型变量的 n 值为 0，这表示 buff 中预先读取了多少个字符，为 0 则是没有预读字符。而 buff 此时也未存储任何一个文件源码中的字符。接着看 Zio 数据实例本身，其 void * 指针 data 指向了刚刚讨论过的 LoadF 类型实例；Zio 的变量 n 表示 LoadF 结构的 buff 中还剩下多少个未读取的字符；char * 指针 p 应当指向 LoadF 结构中 buff 的某个位置，但是现在还是初始化状态，因此它是 NULL；至于 Zio 中的 reader 函数，主要用于处理从文件中读取字符到 LoadF 结构的 buff 中的情况。

当第一次调用 zget 宏的时候，它会首先调用一个叫作 luaZ_fill 的函数来处理。下面通过一个情景的展示来观察它的逻辑流程。这段逻辑的本质是：因为没有未被读取的字符，因此需要重新到文件里加载。以图 4-1 为例，假设 BUFFSIZ 的值为 8，下面来看看它的执行步骤。

1）从文件中读取 8 个字符到 LoadF 结构实例中的 buff 中，此时 LoadF 中的 n 值仍然是 0。

2）Zio 结构中的 n 值被赋值为 8，指针 p 被赋值为 buff 的地址，结果如图 4-2 所示。

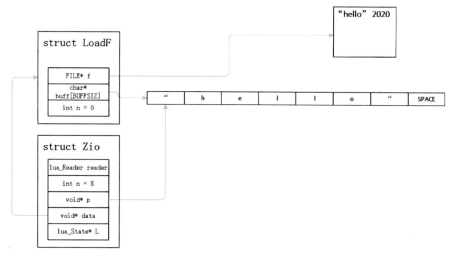

• 图 4-2

3）返回指针 p 所指向的字符。

4）指针 p 自增 1，移动到下一个地址，结果如图 4-3 所示。

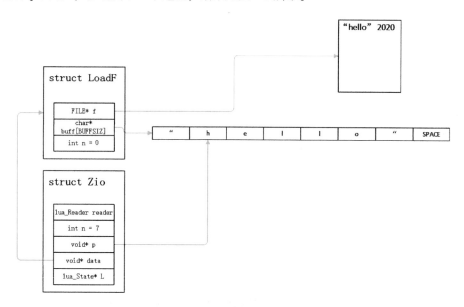

• 图 4-3

在这个阶段之后，每次调用 **zget** 宏就会返回 Zio 变量指针 p 所指向的字符，并且自增。同时 Zio 的变量 n 自减 1。当 Zio 的变量 n 为 0 时，此时如果再调用 **zget** 宏，那么说明 LoadF 中的 buff 的字符已经被读取完了，因此需要重新从磁盘获取 **BUFFSIZ** 个字符，得到图 4-4 所示的结果。

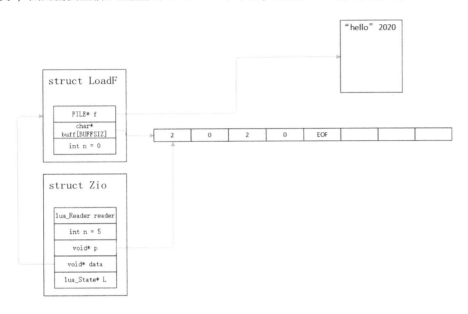

● 图 4-4

然后返回指针 p 所指向的字符，并且指针 p 自增、Zio 的 n 值减 1。

下面来看 luaZ_fill 函数的实现。

```
// luazio.c
int luaZ_fill(Zio* z) {
    int c = 0;

    size_t read_size = 0;
    z->p = (void* )z->reader(z->L, z->data, &read_size);

    if (read_size > 0) {
        z->n = (int)read_size;
        c = (int)(* z->p);

        z->p++;
        z->n--;
    }
    else {
        c = EOF;
    }

    return c;
}
```

而这里的 reader 函数，在 luaaux.c 文件里叫作 getF 函数，定义如下。

```
// luaaux.c
static char* getF(struct lua_State* L, void* data, size_t* sz) {
    LoadF* lf = (LoadF*)data;
    if (lf->n > 0) {
        * sz = lf->n;
        lf->n = 0;
    }
    else {
        * sz = fread(lf->buff, sizeof(char), BUFSIZE, lf->f);
        lf->n = 0;
    }

    return lf->buff;
}
```

这里的逻辑非常清晰，每当 Zio 结构里的字符被取完时，就需要调用 **luaZ_fill** 函数。该函数会通过 **reader** 函数获取新的字符缓存以及缓存的字符数量，然后返回指针 **p** 所指向的字符，最后指针 **p** 向前移动一位，**n** 变量减 1。这里的 **reader** 函数实际上就是 **getF** 函数。结合上面描述的流程，要读懂这两段代码并不难。

之所以要用到 **Zio**，主要的原因是词法分析器需要从源码文件中逐个获取字符。如果每次都要走 IO，那么处理效率将会非常低。但是如果每次都将所有的代码加载进来并且缓存，一旦某个代码语句有词法错误，整个词法分析的流程就会中断。如果文本较大且位于开头的 token 识别起来就有问题，那么花费时间在 IO 处理上就是极大的浪费。因此这里采用的策略就是，分批地加载到代码缓存中进行处理。

到目前为止，Lua 词法分析器的基本数据结构就已经讲解完了，接下来将会对 Lua 词法分析器的常用接口、初始化流程和 token 识别流程进行说明。

▶▶ 4.1.3　词法分析器的接口设计

在了解词法分析器的数据结构以后，下面来看词法分析器一共有哪些主要的接口。现在将接口展示如下。

```
// 模块初始化
void luaX_init(struct lua_State* L);
// 词法分析器实例初始化
void luaX_setinput(struct lua_State* L, LexState* ls, Zio* z, struct MBuffer* buffer,
    struct Dyndata* dyd, TString* source, TString* env);
// 提前获取下一个 token 的信息,并暂存
int luaX_lookahead(struct lua_State* L, LexState* ls);
// 获取下一个 token,如果有 lookahead 暂存的 token 就直接获取,否则通过 llex 函数获取下一个 token
int luaX_next(struct lua_State* L, LexState* ls);
// 抛出词法分析错误
void luaX_syntaxerror(struct lua_State* L, LexState* ls, const char* error_text);
```

接口非常简洁，无非就是初始化和获取下一个 token 的接口。

▶▶ 4.1.4　词法分析器的初始化流程

下面来看词法分析器的初始化操作。词法分析器首先要做的初始化工作是对保留字进行内部化处理。由于保留字全部是短字符串，因此 TString 实例的 extra 变量不为 0，并且值为对应 token 类型的枚举值。这样做的目的是，由于经过内部化的短字符串会被缓存起来，因此当识别到保留字的 token 时，会从缓存中直接获取字符串 TString 实例。通过 TString 实例的 extra 变量，可以直接获得其 token 类别的枚举值，方便在语法分析时进行处理。

下面来看 Lua 词法分析器的初始化逻辑。

```
// lualexer.c
// 定义的顺序要和 enum RESERVED 保持一致
const char* luaX_tokens[] = {
    "local", "nil", "true", "false", "end", "then", "if", "elseif", "not", "and", "or", "
function"
};

void luaX_init(struct lua_State* L) {
    TString* env = luaS_newliteral(L, LUA_ENV);
    luaC_fix(L, obj2gco(env));

    for (int i = 0; i < NUM_RESERVED; i++) {
        TString* reserved = luaS_newliteral(L, luaX_tokens[i]);
        luaC_fix(L, obj2gco(reserved));
        reserved->extra = i + FIRST_REVERSED;
    }
}
```

从上述代码可以看到，初始化阶段会创建保留字的字符串。由于保留字的字符数均少于 40 字节，因此它们属于短字符串，并且能够内部化。LuaX_init 函数对这些字符串进行了脱离 GC 管理的操作，其本质就是从 allgc 链表移到 fixgc 链表，避免这些保留字字符串被 GC 回收。前文说过，当 TString 为短字符串时，extra 变量不为 0 则表示不能被 GC，并且这个值现在被赋值为保留字类型的枚举值。词法分析器初始化操作主要是在创建 lua_State 实例的函数 lua_newstate 里调用的。

在加载一段 Lua 代码开始编译的时候，需要创建一个 LexState 的结构并且初始化它。初始化它的操作在 luaY_parser 函数中，该函数主要用来编译 Lua 脚本代码，代码如下。

```
// luaparser.c
LClosure* luaY_parser(struct lua_State* L, Zio* zio, MBuffer* buffer, Dyndata* dyd,
const char* name) {
    FuncState fs;
    LexState ls;
    luaX_setinput(L, &ls, zio, buffer, dyd, luaS_newliteral(L, name), luaS_newliteral(L, LUA
_ENV));
    ls.current = zget(ls.zio);

    LClosure* closure = luaF_newLclosure(L, 1);
```

```
closure->p = fs.p = luaF_newproto(L);

setlclvalue(L->top, closure);
increase_top(L);
ptrdiff_t save_top = savestack(L, L->top);

ls.h = luaH_new(L);
setgco(L->top, obj2gco(ls.h));
increase_top(L);

mainfunc(L, &ls, &fs);
L->top = restorestack(L, save_top);

return closure;
}
```

下面调用 **luaX_setinput** 函数则是对词法分析器实例进行初始化操作。

```
// lualexer.c
void luaX_setinput(struct lua_State* L,
    LexState* ls, Zio* z, struct MBuffer* buffer, struct Dyndata* dyd,
TString* source, TString* env) {

    ls->L = L;
    ls->source = source;
    ls->env = env;
    ls->current = 0;
    ls->buff = buffer;
    ls->dyd = dyd;
    ls->env = env;
    ls->fs = NULL;
    ls->linenumber = 1;
    ls->t.token = 0;
    ls->t.seminfo.i = 0;
    ls->zio = z;
}
```

这里的初始化操作很简单，主要是做一些赋值操作。前面介绍数据结构的时候对 **LexState** 结构进行了说明，这里不再赘述。

▶▶ 4.1.5　token 识别流程

词法分析器将在语法分析器内使用。语法分析器要调用一个新的 token 需要调用 **luaX_next** 来实现。下面是 **luaX_next** 函数的定义。

```
// lualexer.c
int luaX_next(struct lua_State* L, LexState* ls) {
    if (ls->lookahead.token != TK_EOS) {
        ls->t.token = ls->lookahead.token;
        ls->lookahead.token = TK_EOS;
```

```
          return ls->t.token;
      }

      ls->t.token = llex(ls, &ls->t.seminfo);
      return ls->t.token;
  }
```

如果 lookhead 里存在 token 的信息，那么就直接返回它的 token 类型值，否则直接调用 llex 函数来识别新的 token。llex 函数的实现在 C04/dummylua-4-1/compiler/lualexer.c 文件内，读者可以到对应位置进行查阅，因为篇幅过大，这里不再贴出。

对于使用单个 ASCII 字符就能表示的 token，llex 函数基本上是直接返回的；对于那些由多个字符组成的 token，llex 函数则是返回在枚举类型里定义的枚举值，比如 TK＿LESSEQUAL、TK＿GREATEREQ 等。前面都比较简单，需要进行特殊处理的类型则是 TK_INT、TK_FLOAT、TK_STRING 和 TK_NAME。

如果 token 首字符是 0～9，那么会判定进入识别数值的分支。紧接着判断第二个字符是否是 x 或者 X，如果是，那么判定它是十六进制的数值。该过程通过 str2hex 函数来进行处理，代码如下。

```
// lualexer.c
1  #define save_and_next(L, ls, c) save(L, ls, c); ls->current = next(ls)
2  #define currIsNewLine(ls) (ls->current == '\n' || ls->current == '\r')

3  static int str2hex(LexState* ls) {
4    int num_part_count = 0;
5    while (is_hex_digit(ls->current)) {
6        save_and_next(ls->L, ls, ls->current);
7        num_part_count++;
8    }
9    save(ls->L, ls, '\0');
10
11  if (num_part_count <= 0) {
12      LUA_ERROR(ls->L, "malformed number near '0x'");
13      luaD_throw(ls->L, LUA_ERRLEXER);
14  }
15
16  ls->t.seminfo.i = strtoll(ls->buff->buffer, NULL, 0);
17  return TK_INT;
18 }
```

上述代码的 save 操作是将 ls->current 所存储的字符，存入 LexState 结构 MBuffer 类型的变量 buff 缓存中。词法分析器会不断调 next（内部调用了 zget 宏）函数，并判断它是不是 16 进制的字符。如果是则存储到 buff 缓存中，直到第一个不是 16 进制字符出现为止。此时需将 buff 缓存里存储的字符，通过 strtoll 函数转化为一个整型变量，并存储在 ls->t 表示当前 token 的变量中，同时它的类型被设置为 TK_INT。

如果 token 首字符是 0～9，并且紧随其后的第二个字符不是 x 或者 X 时，那么进入到识别整型数值或者浮点型数值的逻辑之中。此时调用 str2number 函数来进行操作，代码如下。

```c
// lualexer.c
static int str2number(LexState* ls, bool has_dot) {
    if (has_dot) {
        save(ls->L, ls, '0');
        save(ls->L, ls, '.');
    }

    while (isdigit(ls->current) || ls->current == '.') {
        if (ls->current == '.') {
            if (has_dot) {
                LUA_ERROR(ls->L, "unknown number");
                luaD_throw(ls->L, LUA_ERRLEXER);
            }
            has_dot = true;
        }
        save_and_next(ls->L, ls, ls->current);
    }
    save(ls->L, ls, '\0');

    if (has_dot) {
        ls->t.seminfo.r = atof(ls->buff->buffer);
        return TK_FLOAT;
    }
    else {
        ls->t.seminfo.i = atoll(ls->buff->buffer);
        return TK_INT;
    }
}
```

这里同样会不断将字符存储到 **MBuffer** 类型的 **buff** 变量中，直至有一个字符不是 0~9 的字符或者 "." 出现为止，然后进行将 **buff** 中的字符串转为数值的操作。函数会判断 **buff** 中是否包含 "."，如果有且只有 1 个，那么转化为数值的操作则是将字符串转化为浮点型数据；如果没有，则进入到将字符串转化为整型数据的操作。

识别字符串则简单得多，如果首字符是 ' 或者 "，则进入到字符串识别流程中。这些操作则由 **read_string** 函数来执行，代码如下。

```c
// lualexer.c
static int read_string(LexState* ls, int delimiter, Seminfo* seminfo) {
    next(ls);
    while (ls->current != delimiter) {
        int c = 0;
        switch (ls->current)
        {
        case '\n': case '\r': case EOF: {
            LUA_ERROR(ls->L, "uncomplete string");
            luaD_throw(ls->L, LUA_ERRLEXER);
        } break;
        case '\\': {
            next(ls);
```

```
    switch (ls->current)
    {
    case 't':{ c = '\t'; goto save_escape_sequence; }
    case 'v':{ c = '\v'; goto save_escape_sequence; }
    case 'a':{ c = '\a'; goto save_escape_sequence; }
    case 'b':{ c = '\b'; goto save_escape_sequence; }
    case 'f':{ c = '\f'; goto save_escape_sequence; }
    case 'n':{ c = '\n'; goto save_escape_sequence; }
    case 'r': {
        c = '\r';
    save_escape_sequence:
        save_and_next(ls->L, ls, c);
    } break;
    default: {
        save(ls->L, ls, '\\');
        save_and_next(ls->L, ls, ls->current);
    } break;
    }
}
default: {
    save_and_next(ls->L, ls, ls->current);
} break;
}
}
save(ls->L, ls, '\0');
next(ls);

seminfo->s = luaS_newliteral(ls->L, ls->buff->buffer);

return TK_STRING;
}
```

上述代码的逻辑也很简单,只要没有遇到定界符('或者"),除了一些转义字符会做特殊处理(两个字符合成一个字符)外,其他的字符都会直接存储到 MBuffer 类型的 buff 数组中,直至遇到定界符。此时会根据 buff 中的字符去生成一个 TString 类型的字符串,并存到 token 的 seminfo 变量中。这里需要注意的是,定界符本身不存入 buff 中。

识别标识符也很简单。其开头必须是 alphabet 字符或者是_(下画线),接下来的字符只要是 alphabet、下画线或者数字中的一种,都会被存储到 MBuffer 类型的 buff 变量中,直至条件不成立。此时会将 buff 中的字符传入 luaS_newlstr 函数中,去生成一个 TString 类型的字符串。如果字符串是个保留字,那么识别出来的 token 类型就是保留字类型。如果字符串不是保留字,那么识别出来的 token 类型就是 **TK_NAME**,代表这个字符串是标识符。

▶▶ 4.1.6 一个测试用例

本节通过一个测试用例来展现词法分析器的分析结果,测试代码在 C04/dummylua-4-1/test/p6_test.c 中。对 C04/dummylua-4-1/scripts/part06.lua 脚本中的代码进行解析,获得的输出打印结果,则在下方展示。

```lua
-- part06.lua
local function print_test()
    local str = "hello world"
    print("hello world")
end

print_test()

    local number = 0.123
    local number2 = .456
local tbl = {}
tbl["key"] = "value" .. "value2"

function print_r(...)
    return ...
end

tbl.key

-- This is comment
tbl.sum = 100 + 200.0 - 10 *  12 / 13 % (1+2)
if tbl.sum ~ = 100 then
    tbl.sum = tbl.sum << 2
elseif tbl.sum == 200 then
    tbl.sum = tbl.sum >> 2
elseif tbl.sum > 1 then
elseif tbl.sum < 2 then
elseif tbl.sum >= 3 then
elseif tbl.sum <= 4 then
    tbl.sum = nil
end

tbl.true = true
tbl.false = false

local a, b = 11, 22
```

保留字会在打印结果前加上"RESERVED："的前缀，而单个 ASCII 字符就能展示的 token 则是直接打印，其他的会打印枚举定义的值。打印输出的结果如下。

```
?
REVERSED: local
REVERSED: function
TK_NAME print_test
(
)
REVERSED: local
TK_NAME str
```

```
=
TK_STRING hello world
TK_NAME print
(
TK_STRING hello world
)
REVERSED: end
TK_NAME print_test
(
)
REVERSED: local
TK_NAME number
=
TK_FLOAT 0.123000
REVERSED: local
TK_NAME number2
=
TK_FLOAT 0.456000
REVERSED: local
TK_NAME tbl
=
{
}
TK_NAME tbl
[
TK_STRING key
]
=
TK_STRING value
TK_CONCAT ..
TK_STRING value2
REVERSED: function
TK_NAME print_r
(
TK_VARARG ...
)
TK_NAME return
TK_VARARG ...
REVERSED: end
TK_NAME tbl
.
TK_NAME key
TK_NAME tbl
.
TK_NAME sum
=
TK_INT 100
+
TK_FLOAT 200.000000
-
TK_INT 10
```

```
*
TK_INT 12
/
TK_INT 13
TK_MOD %
(
TK_INT 1
+
TK_INT 2
)
REVERSED: if
TK_NAME tbl
.
TK_NAME sum
TK_NOEQUAL ~=
TK_INT 100
REVERSED: then
TK_NAME tbl
.
TK_NAME sum
=
TK_NAME tbl
.
TK_NAME sum
TK_SHL <<
TK_INT 2
REVERSED: elseif
TK_NAME tbl
.
TK_NAME sum
TK_EQUAL ==
TK_INT 200
REVERSED: then
TK_NAME tbl
.
TK_NAME sum
=
TK_NAME tbl
.
TK_NAME sum
TK_SHR >>
TK_INT 2
REVERSED: elseif
TK_NAME tbl
.
TK_NAME sum
>
TK_INT 1
REVERSED: then
REVERSED: elseif
TK_NAME tbl
```

```
.
TK_NAME sum
<
TK_INT 2
REVERSED: then
REVERSED: elseif
TK_NAME tbl

TK_NAME sum
TK_GREATEREQUAL >=
TK_INT 3
REVERSED: then
REVERSED: elseif
TK_NAME tbl
.
TK_NAME sum
TK_LESSEQUAL <=
TK_INT 4
REVERSED: then
TK_NAME tbl
.
TK_NAME sum
=
REVERSED: nil
REVERSED: end
TK_NAME tbl
.
REVERSED: true
=
REVERSED: true
TK_NAME tbl
.
REVERSED: false
=
REVERSED: false
REVERSED: local
TK_NAME a
,
TK_NAME b
=
TK_INT 11
,
TK_INT 22
total linenumber = 35 请按任意键继续...
```

本节讨论了词法分析器的设计与实现，实际上第 3 章已经有对词法分析器进行了一些必要的概述了，这里是对第 3 章进行的一些补充，目的是为了能够让读者对 Lua 的词法分析器有更深刻的认识。

▶▶ 4.1.7 dummylua 的词法分析器实现

截至本节，dummylua 已经实现了完整的词法分析器，代码工程在随书源码的 C04/dummylua-4-1 中，读者可以自行下载并构建工程。

4.2 Lua 语法分析器基础——expr 语句编译流程

4.1 节完成了词法分析器的设计与实现的讲解,接下来继续讲解语法分析器的设计与实现。限于篇幅,本书将会把语法分析器分两个部分来讲解,本节为上部,4.3 节为下部。

▶ 4.2.1 语法分析器的主要工作

Lua 的内置编译器主要由词法分析器和语法分析器两部分组成。词法分析器负责将脚本里的字符分割成若干 token。语法分析器则将它们逐个获取,并进入对应的编译分支,最后将脚本编译成虚拟机指令。

由于 Lua 实现了完整的虚拟机,有自己的虚拟机指令,因此它的编译流程只需要将 Lua 脚本代码编译成虚拟机指令即可。Lua 解释器没有内置 JIT,不会将 Lua 脚本代码编译成目标机器码,所有的虚拟机指令均是由 C 语言编写的。本质上来说,Lua 的内置编译器只是一个前端编译器。下面将 Lua 的编译器和虚拟机通过一张图串联起来,如图 4-5 所示。

● 图 4-5

▶ 4.2.2 实现的语法

要实现一门语言的编译器,首先要弄清楚这门语言的语法。本节将阐述本部分要实现的 Lua 语言的语法规则。

下面是其中的一些规则。

1)“::=”左边的是起始符,可以被右边的符号取代。起始符、“::=”和其右边的终结符或非终结符共同构成一个产生式。

2)“{}”内的表达式可以出现 0 次或者多次。

3)“[]”内的表达式可以出现 0 次或者 1 次。

4)使用“|”隔开的表达式只有一个会被选中,用来取代“::=”左边的符号。

5)使用‘和’包起来的符号(包括前面几条具有特别功能的符号),仅仅代表它是语句里不可继续被分割的部分,可以将其视为终结符,不能再分解。

6)Name 表示标识符,可以将其分解为下画线、字母和数字(首字符不能是数字)的非终结符。

7)LiteralString 表示字符串,可以将其分解为处于‘和’或者“和”之间的任意字符组合的非终结符。

8)Numeral 表示数值,可以将其分解为数字或与小数点组成的非终结符(包含浮点数和整数)。

EBNF 定义 4-1 如下。

```
chunk ::= block

block ::= {stat} [retstat]

stat ::= ';' | exprstat
retstat ::= return [explist] [';']

exprstat ::= assignment | functioncall
assignment ::= varlist '=' explist
varlist ::= var {',' var}
var ::= Name | prefixexp '[' exp ']' | prefixexp '.' Name

prefixexp ::= var | functioncall | '(' exp ')'
explist ::= exp {',' exp}
exp ::= 'nil' | 'false' | 'true' | Numeral | LiteralString | '...' |
        prefixexp | tableconstructor | exp binop exp | unop exp

tableconstructor ::= '{' [fieldlist] '}'
fieldlist ::= field {fieldsep field} [fieldsep]
field ::= '[' exp ']' '=' exp | Name '=' exp | exp
fieldsep ::= ',' | ';'

binop ::= '+' | '-' | '*' | '/' | '//' | '^' | '%' |
    '&' | '~' | '|' | '>>' | '<<' | '..' |
    '<' | '<=' | '>' | '>=' | '==' | '~=' |
    'and' | 'or'
unop ::= '-' | 'not' | '#' | '~'

functioncall ::= prefixexp args | prefixexp ':' Name args
args ::= '(' [explist] ')' | tableconstructor | LiteralString
```

本节实现的编译器部分要求脚本中的逻辑代码都要符合上述的 EBNF 规则。如果不符合则视为不合法，会抛出语法错误。在第 3 章中就指出了完整语法分析器要实现的语句有哪些，现在来回顾一下完整的语法分析器要编译的语句类型：

EBNF 定义 4-2 如下。

```
stat ::= ; | ifstat | whilestat | dostat | forstat | repeatstat | functionstat |
        localstat | labelstat | returnstat | gotostat | exprstat
```

从定义可以看出，本节只需要实现 exprstat。其余的语句编译将在 4.3 节介绍。EBNF 定义 4-1 的 EBNF 规则源自 Lua5.3 的官方文档，附录 B 有完整的描述，读者可以自行查阅。

虽然官方文档定义了 Lua 的 EBNF 规则，它描述的语法规则也更加趋于严谨。但是 Lua 官方的语法分析器实现却使用另一套 EBNF 规则（如 EBNF 定义 4-3 所示），这应该是为了便于实现而做的妥协。后文的论述尽量和其内部实现所使用的 EBNF 相关联，因此这里需要阐述一下其内部使用的 EBNF 定义。

EBNF 定义 4-3 如下。

```
exprstat ::= func | assignment

assignment ::= suffixedexp {, suffixedexp} ['=' explist]
func ::= suffixedexp

suffixedexp ::= primaryexp {'.' Name |'[' expr ']' |':' Name funcargs | funcargs}
primaryexp ::= Name |'(' expr ')'

explist ::= expr {',' expr}
expr ::= (simpleexp | unop expr) {binop expr}
simpleexp::=Numeral |LiteralString |'nil'|'true'|'false'|'...'
        |constructor |'function' body |suffixedexp
body ::= '(' parlist ')' statlist 'end'
parlist ::= {param [',' param]}
param ::= Name |'...'

constructor ::= '{' [field { sep field } [sep]] '}'
field ::= listfield | recfield
listfield ::= expr
recfield ::= (Name |'[' expr ']') '=' expr
sep ::= ',' |';'

funcargs ::= '(' [explist] ')' |constructor |LiteralString

unop ::= '-'|'not'|'#'|'bnot'
binop ::= '+' |'-' |'*' |'/' |'%' |'^' |'&' |'|' |'~' |'<<' |'>>' |'..' |
        '>' |'<' |'=' |'>=' |'<=' |'==' |'~=' |'and' |'or'
```

▶▶ 4.2.3 语法分析器基本数据结构

本节将介绍语法分析器的一些基本的数据结构。在 Lua 的语法分析器中，最重要的数据结构分别是 FuncState 和 Proto，前文已有详细介绍，这里不再赘述。

3.7.5 节对 FuncState 结构的一些主要的变量进行了说明。关于上值（upvalue）后文会单独用一节来详细讨论。local 变量则会在 4.3 节进行讲解。现在读者只要对 FuncState 结构的成员有一个初步的印象即可。

Lua 脚本内部的代码本质上就是一个 chunk。chunk 在编译后，本质上也是一个 Lua 函数对象。一般一个 Lua 函数对应一个 Proto 实例，在编译过程中，一个 Lua 函数则对应一个 FuncState 结构。FuncState 结构实例只在编译期存在。

▶▶ 4.2.4 编译逻辑与 EBNF 的关联

本节介绍编译逻辑和 EBNF 的关联。首先介绍如何通过 EBNF 进行推导（derivation），然后说明推导会有哪些问题，接着为了解决这些问题会引入语法图。再往后，就会根据 EBNF 来实现 exprstat 的逻辑，并结合一些实例进行讲解。

先以 foo 函数的调用为例子，看看推导的操作是怎样的。首先，在对 foo 函数这段代码进行编译时，很自然地进入到了 exprstat 的分支中。那么它用 EBNF 完整的演变流程如下所示。

```
1    exprstat
2    func
3    suffixedexp
4    primaryexp'('')'
5    TK_NAME '('')'
6    foo'('")'
```

上述为非常简单的编译流程，这种方式即是推导。但是推导有个问题，就是演变的顺序是随意的，比如下面一段代码，可以有两种演变方式。

```
a = 1
```

演变方式 1：

```
1    exprstat
2    suffixedexp=explist
3    primaryexp=explist
4    TK_NAME=explist
5    a=explist
6    a=expr
7    a=simpleexp
8    a=TK_INT
9    a=1
```

演变方式 2：

```
1    exprstat
2    suffixedexp=explist
3    suffixedexp=expr
4    suffixedexp=simpleexp
5    suffixedexp=TK_INT
6    suffixedexp=1
7    primaryexp=1
8    TK_NAME=1
9    a=1
```

实际上，演变的方式还有很多种，这里就不一一展示了。这里也说明了，EBNF 可以描述一门语言的语法，但是无法精确描述编译解析的先后顺序。为了解决这个问题，这里引入了语法图。

在 EBNF 定义 4-3 中，已经展示了 exprstat 的 EBNF 定义，里面罗列了很多产生式。本节将通过图 4-6 来展示这些产生式的构成方式。通过这些语法图可以更直观地感受它们的关联逻辑。

语法图既能展示产生式的语法结构，又能展示推导的先后顺序。同时，观察图 4-6 也能发现，这些语法解析图具有递归调用的属性。Lua 的语法分析器是采用递归下降的方式来编写的，代码编写的方式也大致和这些语法解析图的解析顺序一致。

图 4-6 中，从 exprstat 开始自上而下地进行语法拆解。这里罗列了本节要实现的 EBNF 文法的语法图，除了少部分（比如 unop 和 binop），读者均可以到 EBNF 定义中查找到。

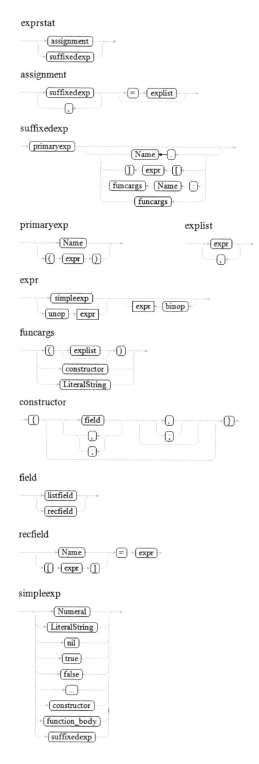

• 图 4-6

左上角未被矩形圆角方框包含的文字就是产生式的起始符，下方是其可以推导的部分，被圆角矩形包起来的部分就是终结符或者非终结符。图中罗列的大部分产生式，在 Lua 内置编译器的源码中有同名的函数与之对应。每个函数都包含了对应的编译流程，将产生式看作函数后，就可以关注输入和输出，而不用罗列大量的代码了，方便后续介绍编译流程。

EBNF 语法解析图主要是用来判断输入的语句是否合法，而与产生式对应的编译函数不仅要判断输入是否符合语法，还要在适当的时机生成正确的虚拟机指令。

▶▶ 4.2.5 exprstat 的逻辑结构

本节将通过 EBNF 描述语法，代码部分只展示结构和主要流程，一些操作细节通过图的方式展现，这样有助于读者快速理解知识点和需要注意的事项。

语句是构成代码逻辑最基础的单元。Lua 中同样有多种语句，比如 ifstat、whilestat、forstat 等。每个语句执行不同的逻辑，并且在编译器中有独立的处理逻辑分支。而每个语句中，头一个 token 决定了应该进入哪个处理分支。以官方 Lua 源码的语句逻辑为例，读者需要回顾一下 3.7.5 节关于 statement 函数的定义。

在 statement 函数中，ls->t.token 是一个语句的首个 token，正如前文所述，首个 token 决定了要进入哪个分支、执行哪个编译流程。就 dummylua 目前的完成情况来说，当前只实现了 exprstat 部分的逻辑，下面是节取自 dummylua 的代码。

```c
// luaparser.c
static void statement(struct lua_State* L, LexState* ls, FuncState* fs) {
    switch (ls->t.token) {
    case TK_NAME: {
        exprstat(L, ls, fs);
    } break;
    default:
        luaX_syntaxerror(L, ls, "unsupport syntax");
        break;
    }
}
```

上述代码是所有 exprstat 编译分支的起点。只要进入这个分支，结合图 4-6 所示的语法图就可判定语句是否合法。如果输入的 chunk 不符合 exprstat 的语法结构，那么将抛出语法错误。下面通过一张图来看一下什么样的 chunk 可以进入到 exprstat 之中，如图 4-7 所示。

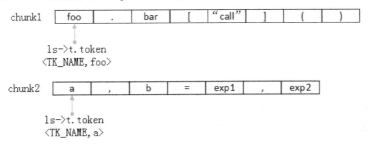

● 图 4-7

图 4-7 中两个 chunk 对应了两个语句，而这些语句中的首个 token 是 TK_NAME 类型的，因此直接进入 exprstat 的编译流程。图中也展示了 exprstat 的两种形态，一种是函数调用，另一种则是赋值操作，刚好对应图 4-6 中 exprstat 产生式的语法图。

图 4-7 清晰地展示了 exprstat 语句的两种具体形态，dummylua 工程中，与 exprstat 语句对应的函数定义如下。

```
// luaparser.c
574 static void exprstat(struct lua_State* L, LexState* ls, FuncState* fs) {
575     LH_assign lh;
576     suffixedexp(L, ls, fs, &lh.v);
577
578     if (ls->t.token == '=' || ls->t.token == ',') {
579         assignment(fs, &lh, 1);
580     }
581     else {
582         check_condition(ls, lh.v.k == VCALL, "exp type error");
583     }
584 }
```

上面的代码与图 4-6 对 exprstat 的解析基本吻合。上面的代码，与图 4-6 对 exprstat 语句的解析基本吻合。但是上面的逻辑有点让人疑惑，suffixedexp 函数处理的是 suffixedexp 表达式的编译流程，其中 suffixedexp 表达式可以是函数调用。而赋值语句中，赋值符号的左边必须是个变量，因此先处理 suffixedexp 表达式的编译流程，再处理赋值语句编译显得有点违反直觉，实际上下面的定义更直观。

```
exprstat ::= funccall | assignment
nameexp ::= primaryexp { '.' TK_NAME | '[' expr ']' }
funccall ::= nameexp ( ':' TK_NAME funcargs | funcargs )
assignment ::= nameexp { ',' nameexp } '=' explist
```

它相对应的伪代码如下，这样更符合人们的阅读习惯。

```
void exprstat() {
    if exp is funccall then
        funccall
    else if exp is assignment then
        assignment
    else
        syntax error
    end
}
```

上述编写方式更符合逻辑。但很快就遇到一个现实的问题，那就是，怎么知道当前的语句是函数调用语句（funccall）还是赋值语句呢（assignment）？如图 4-7 所示，进入 exprstat 逻辑分支的时候，不管是函数调用还是赋值语句，它们的首个 token 都是 TK_NAME 类型。而刚进入 exprstat 逻辑时，只有语句中首个 token 的信息是无法判定是函数调用语句还是赋值语句的。因此 Lua 采取的方式是，先把第一个表达式识别出来，如果它是变量，就当作赋值语句处理；如果是函数调用，那么就只走函数调用的编译流程。

exprstat 的逻辑是，不论如何先把表达式识别出来，如通过 576 行代码的 suffixedexp 函数来识别。但是在开始讨论 suffixedexp 函数的编译流程之前，首先要看看表达式的处理流程。

▶▶ 4.2.6　expr 的构造与编译

expr 是 expression 的缩写，意为表达式。在 Lua 的语法分析器中，它的作用就是将表达式识别出来，并将对应的信息存储到一个中间的结构中。为什么要先从它开始讨论？结合图 4-6 所示的语法解析，expr 是组成语句的基础。接下来的代码展示了 expr 的处理逻辑，这里将其称为表达式逻辑定义 1。

表达式逻辑定义 1：

```
// luaparser.c
349 static const struct {
350     lu_byte left;            // 左操作数优先级
351     lu_byte right;           // 右操作数优先级
352 } priority[] = {
353     {10,10}, {10,10},        // '+' 和 '-'
354     {11,11}, {11,11}, {11,11}, {11, 11}, // '*', '/', '//' 和 '%'
355     {14,13},                 // '^' 右结合的
356     {6,6}, {4,4}, {5,5},           // '&', '|' 和 '~'
357     {7,7}, {7,7},                 // '<<' 和 '>>'
358     {9,8},                      // '..' 右结合的
359     {3,3}, {3,3}, {3,3}, {3,3}, {3,3}, {3,3}, // '>', '<', '>=', '<=', '==', '~=',
360     {2,2}, {1,1},                 // 'and' 和 'or'
361 };
362
363 static int subexpr(FuncState* fs, expdesc* e, int limit) {
364     LexState* ls = fs->ls;
365     int unopr = getunopr(ls);
366
367     if (unopr != NOUNOPR) {
368         luaX_next(fs->ls->L, fs->ls);
369         subexpr(fs, e, UNOPR_PRIORITY);
370         luaK_prefix(fs, unopr, e);
371     }
372     else simpleexp(fs, e);
373
374     int binopr = getbinopr(ls);
375     while (binopr != NOBINOPR && priority[binopr].left > limit) {
376         expdesc e2;
377         init_exp(&e2, VVOID, 0);
378
379         luaX_next(ls->L, ls);
380         luaK_infix(fs, binopr, e);
381         int nextop = subexpr(fs, &e2, priority[binopr].right);
382         luaK_posfix(fs, binopr, e, &e2);
383
384         binopr = nextop;
385     }
386
```

```
387      return binopr;
388 }
389
390 static void expr(FuncState* fs, expdesc* e) {
391      subexpr(fs, e, 0);
392 }
```

上述代码第 367~372 行代码的作用就是识别表达式是 simpleexp 还是带有单目运算符的表达式；第 375 行~385 行代码则是处理双目运算的部分。由此可知，语法图实际已经包含了一部分逻辑处理流程。但是也和上文提到的那样，在 Lua 的编译逻辑中，既包含了语法检查，也包含了指令生成。

expr 作为一个函数需要输入也需要输出。输入的内容是通过 luaX_next 函数获取的一个个 token，而输出的结果则存储在 expdesc 的结构中。expdesc 的作用是存储编译过程中与表达式相关的上下文信息，用以辅助生成虚拟机指令。expdesc 结构在 3.7.5 节有详细的定义，这里不再赘述。

4.2.6.1　simpleexp 的识别与处理

观察前面的 subexpr 函数，并结合 EBNF4-3 和图 4-6 可以知道，simpleexp 函数是用来将简单的表达式转化为表达式相关的上下文信息的，这些信息存储在 expdesc 结构的变量中。

当输入的 token 是以下几种类型时，会交给 simpleexp 函数来处理。

1）数值类型（Numeral 类型，token 类型为 TK_INT 和 TK_FLT）。

2）字符串类型（LiteralString 类型，token 类型为 TK_STRING）。

3）nil 类型（token 类型为 TK_NIL）。

4）字符串"true"（token 类型为 TK_TRUE）。

5）字符串"false"（token 类型为 TK_FALSE）。

6）任意参数表达式（也就是"..."）。

7）token 为"{"时，它代表表达式是创建 Lua 表（table constructor）。

8）token 为关键字"function"（token 类型为 TK_FUNCTION）时，它代表表达式是函数体定义。

9）token 为标识符（token 类型为 TK_NAME 类型）或"("，这意味着表达式是后缀表达式（suffixedexp），它通常与 Lua 表访问、函数调用相关，或是将括号内的表达式整合成一个表达式上下文信息。

本节需要忽略这几点：第一 dummylua 没有实现可变参机制，因此忽略；第二函数定义相关的内容会留到 4.3.9 节进行说明，因此这里也暂时忽略；第三函数调用相关的内容会留在 4.2.7.3 节中说明，本小节只是讨论后缀表达式中获取变量名的部分；第四创建表相关的内容留在 4.2.6.7 节中讨论。

simpleexp 函数的定义如下所示。它会将表达式上下文信息存放到变量 v 中。simpleexp 函数获取 token 的方式就是在函数的内部不断调用 luaX_next 实现的。

```
void simpleexp (LexState * ls, expdesc * v)
void luaX_next (LexState * ls)
```

如果输入的 token 为整数，比如 1，那么 v 的值就是：

```
v->k = VINT
v->u.i = 1
```

其他整数值的情况也类似，类型均是 VINT，值会存储在 v->u.i 中。如果输入的值是浮点数，比如 2.0，那么得到的 v 值就是：

```
v->k = VFLT
v->u.r = 2.0
```

如果输入的 token 是字符串的类型 simpleexp 函数会怎么做？首先，simpleexp 函数会将字符串存入常量表中，然后再生成表达式上下文信息，此时 v 值为：

```
v->k = VK
v->u.info = index_of_k
```

假设输入的 token 是一个字符串 "string"，那么结果如图 4-8 所示。

如果输入的 token 是 nil，那么 v->k 为 VNIL，值的部分没有被使用。

如果输入的 token 分别是 true 或者 false，那么 v->k 的值分别是 VTRUE 和 VFALSE，并且值的部分没有被使用。

现在剩下最后一种情况，即如果输入是一个标识符，那么 simpleexp 函数的处理流程为：

1）先到栈上找 local 变量，看是否在 local 列表中。如果是则停止流程，此时 v->k = VLOCAL，e->u.info 为栈上的索引值。比如图 4-9 中虚线框部分的顶级函数，simpleexp 函数查找 a 值的结果是 v->k = VLOCAL、v->u.info = 0。

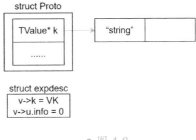

● 图 4-8

2）如果上一步找不到，则到自己函数的上值列表里去查找。如果找到，然后设置 v->k = VUPVAL，v->u.info 为上值列表里的索引值。

3）如果上一步还找不到，则到外层函数里查找它的 local 列表。如果找到，则将其添加到自己的上值列表中；如果找不到，则到外层函数的上值列表里查找；如果在那里找到，先添加到自己的上值列表中，再设置 v->k = VUPVAL，v->u.info 为上值列表里的索引值。如果都没找到，则需要再到更外一层的函数里查找，执行相似的逻辑，找不到就一直到外层函数找，直至顶级函数为止。比如图 4-9

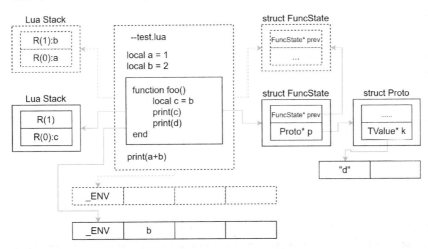

● 图 4-9

中，在函数 foo 中查找变量 b，在 foo 函数的栈中找不到，就去上值里找，也找不到，就到外层函数查找；发现变量 b 是外层函数的 local 变量，于是先将变量 b 添加到自己的上值列表中，再给 v 赋值，得到 v->k=VUPVAL，v->u.info=1。

4）如果还是找不到，就到_ENV 表里查找，也就是上值列表中第 0 个值，也就是全局表_G 里查找。此时 v 的值为 v->k=VINDEXED、v->u.ind.vt=VUPVAL、v->u.ind.t=0、v->u.ind.idx=name_value。name_value 可以是栈上的索引，此时其值<256，也可以直接是常量表中的索引+256。比如图 4-9 中的例子，在 foo 函数中查找变量 d，经过前 3 个步骤都找不到，于是先将变量名 d 写入常量表中，并将 name_value 设置为 256。

图 4-9 还展示了函数和 FuncState 结构的关系，以及 FuncState 结构之间的关系。

4.2.6.2 单目运算操作

本小节来讨论一下单目运算的情况。什么是单目运算？单目运算就是表达式前面有−、#、~和 not 操作的时候。单目运算操作实际就是前面展示的 subexpr 函数定义中第 367～371 行处理的部分。通过阅读 subexpr 函数读者应该可以看到，单目运算操作实际上分为两部分，先识别单目运算符后面的表达式，并将上下文信息存入 expdesc 结构中，再对 expdesc 变量进行处理。

expr 函数会识别复杂的表达式，并最后只输出一份表达式上下文信息，也是存入 expdesc 类型的参数中。同样地，simpleexp 函数也是如此。这个处理流程和处理 expr 函数的输出结果是一致的。

4.2.6.7 小节介绍了 simpleexp 的处理流程和输出结果，下面结合它的输出结果来看单目运算的操作流程。

首先来看 simpleexp 函数的输出结果。表达式上下文的输出结果类型是 VINT 时，操作符"−"和"~"能够处理 VINT 类型的上下文信息。比如有个值是−100，那么要先识别单目运算符后面的表达式，得到如下所示的表达式上下文信息。

```
e->k=VINT
e->u.i = 100
```

然后对其进行取负操作，就得到下面的结果了。

```
e->k=VINT
e->u.i=-100
```

取反操作"~"的情况类似，这里留给读者自己推导。

对于表达式上下文类型为 VFLT 的情况，能使用的单目操作符就只有"−"和 not 了。如果遇到其他类型的单目操作符，则会抛出 syntax error 的错误。而处理的结果，只需要将 e->k 改成 VFLT，将值保存在 e->u.r 中即可。

接下来，要看表达式上下文类型为 VK 的情况。首先要将 expdesc 变量中的信息转化为虚拟机指令，再结合单目运算符生成新的指令。如图 4-10 所示，已知有一个 local 变量在寄存器 R(0)处，并且这个例子是求字符串"string"的长度。首先 simpleexp 函数会处理#符号之后的表达式，并存入表达式上下文变量 e 中。此时，要对表达式上下文进行处理。由于这里的单目运算符是#，而且要求变量 e 所指字符串的长度，因此要将上下文信息转化为虚拟机指令，得到图 4-11 所示的结果。

现在可以发现，原来表达式上下文的信息已经转化为了指令，原来上下文的类型变成了 VNON-

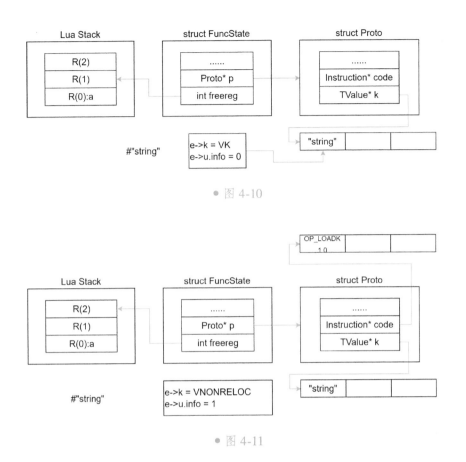

● 图 4-10

● 图 4-11

RELOC，而值为 1 表示原来的上下文已经生成了虚拟机指令，并且它的结果在寄存器 R(1) 中。接下来，单目运算符#要对这个结果进行操作。此时会生成一个新的指令 OP_LEN，得到图 4-12 所示的结果。

此时表达式上下文进一步发生改变，因为新生成了 OP_LEN 指令，操作对象位于寄存器 R(1) 中，而操作目标目前是 0，但是这里并不代表其最终的结果要赋值到寄存器 R(0)。因为此时表达式上下文信息的类型是 VRELOCATE，这代表目标寄存器未定，指令的 A 域需要被修改。为什么要增加这种状态？以及什么时候去修改它？这些操作运算产生的值，往往需要参与到其他运算或者被赋值到某个地方中。如图 4-13 所示，假如图 4-12 的结果要赋值给 local 变量 a，那么 OP_LEN 指令的 A 域会被修改一次，尽管这个例子中值仍然是 0，并且表达式上下文再次发生了改变。之所以要添加 VRELO-CATE 类型，是因为表达式本身有时候没法确定自己运算的结果要赋值到哪里、有时候要参与其他表达式的运算、有时候要被赋值，因此增加这个状态目的是让后续的内容来决定怎么处理刚刚运算好的值。这里需要注意的是，当 e->k 的类型为 VRELOCATE 时，e->u.info 的值代表在指令列表中的索引值。

图 4-13 中，表达式上下文信息的类别又变成了 VNONRELOC，并且值指向了寄存器 R(0)，表示最后的结果存放在寄存器 R(0) 中。#单目运算符也可以用来求 Lua 表的数组长度。

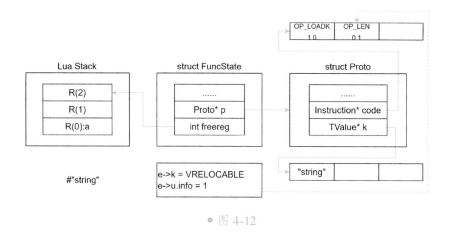

● 图 4-12

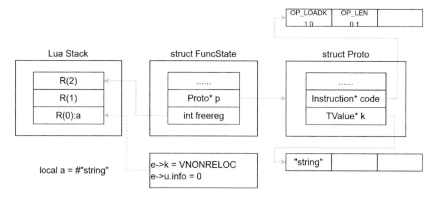

● 图 4-13

表达式上下文类型为 **VTRUE**、**VFALSE** 和
VNIL 时，能使用的单目运算符就只有 **not** 了，
图 4-14 展示了它的处理结果。

现在剩下最后一种情况就是对变量的处理。
变量有 4 种，局部变量、上值、从 Lua 表里获取
的变量和全局变量。先来看局部变量的情况，如
图 4-15 所示。unopr 代表 4 种单目运算的任何一
种，此时上下文信息指向局部变量 a 在栈中的位
置，这代表 a 所在的寄存器。对 a 进行单目运算，
首先要将表达式上下文信息转化为指令。由于 a
本身就在栈中，因此不需要用任何指令将其转移
到栈上，而是将上下文信息的类别改成 VNONRE-
LOC，并且将 u.info 的值指向 a 所在的寄存器的位

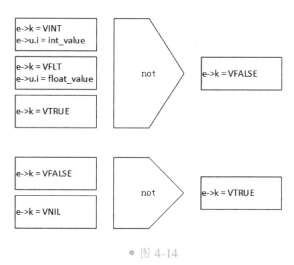

● 图 4-14

置，得到图 4-16 所示的结果。

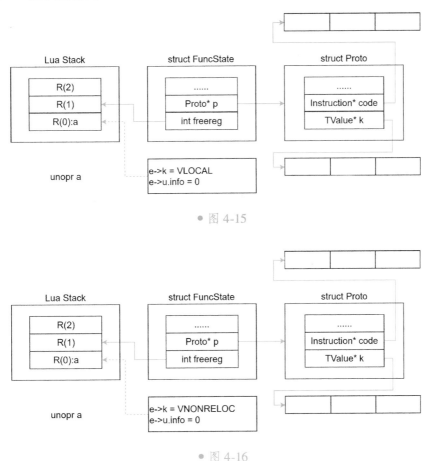

● 图 4-15

● 图 4-16

表 4-1 列举了不同的单目运算符对应的虚拟机指令，它们的参数格式都是一样的，读者可以到附录 A 中查找对应指令的说明。此时根据表达式上下文生成指令，得到图 4-17 所示的结果。可以发现，

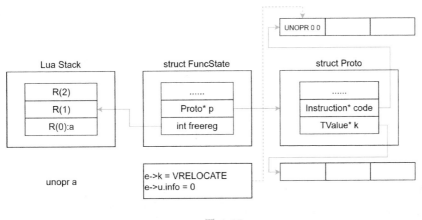

● 图 4-17

表达式上下文信息类型变成了 VRELOCATE，这说明虚线所指向的指令，目标寄存器的位置需要被重新定位，可以回顾图 4-13 所示的情况，与这里情况类似。

表 4-1

单目运算符	虚拟机指令
#	OP_LEN
−	OP_UNM
not	OP_NOT
~	OP_BNOT

现在来看一下表达式上下文类型为 VUPVAL 的情况。如图 4-18 所示，已知有一个上值 a，现在要对其进行单目运算，首先要将图 4-18 里的上下文信息转化为指令，得到图 4-19 所示的结果。这里生成了 OP_GETUPVAL 指令，将上值 a 转移到图 4-18 中 freereg 指向的寄存器的位置，然后 freereg 自增，表示下一个可以被使用的寄存器的位置。图 4-19 的表达式上下文信息，也指明了刚刚的指令操作结果的位置。

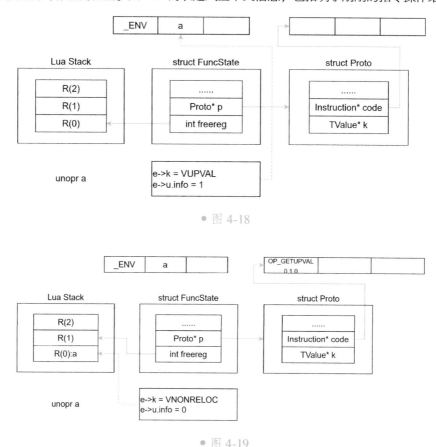

● 图 4-18

● 图 4-19

此时，对新生成的表达式上下文进行单目运算处理，得到图 4-20 所示的结果。新生成的指令操作结果存放的位置此时是待定的，原因上面有介绍过，这里不再赘述。到目前为止，读者应该可以感受到，每一个指令生成的结果均受表达式上下文信息的影响。除了上值的情况以外，从表里获取的变量的情况也类似。前提是，Lua 表对象首先要加载到栈中的某个位置，然后将前面的 OP_GETUPVAL 指令改成 OP_GETTABLE 指令，它们流程很相似，留给读者自行推导。

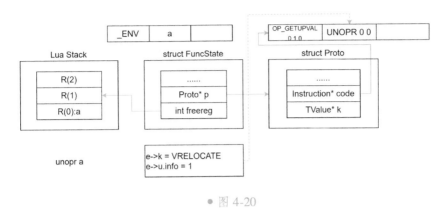

● 图 4-20

现在剩下表达式上下文信息类型为 VINDEXED 的情况。这种上下文中存储的信息一般是全局变量，如图 4-21 所示。已知全局变量 d，先将上下文信息转化为虚拟机指令，得到 OP_GETTABUP 指令，如图 4-22 所示。接下来对表达式上下文信息进行单目运算处理，得到图 4-23 所示的结果。

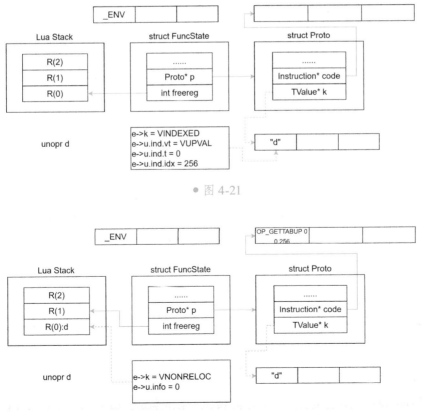

● 图 4-21

● 图 4-22

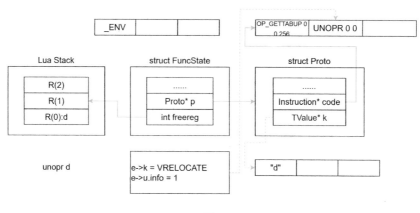

● 图 4-23

到这里，单目运算的介绍就结束了。本小节有许多信息包含在图中，就没有在文字中过多赘述，希望读者能够多加留意，认真阅读。

4.2.6.3 算术运算操作

接下来进入双目运算的讨论中。双目运算分为算术运算、逻辑运算和比较运算。本小节将介绍算术运算部分，它是在前两小节的基础上进行进一步阐述的。

Lua 的算术运算有哪些？它们和虚拟机指令的关联是怎样的？表 4-2 展示了主要的双目算术运算符，以及它们编译后的虚拟机指令。读者可以到附录 A 中查阅每个对应指令的详细说明。

表 4-2

算术运算符	编译后的虚拟机指令
+	OP_ADD
−	OP_SUB
*	OP_MUL
/	OP_DIV
//	OP_IDIV
%	OP_MOD
^	OP_POW
&	OP_BAND
|	OP_BOR
<<	OP_SHL
>>	OP_SHR

接下来，将分情况来探讨算术运算的编译流程。首先要看的是两个常量进行运算的情况，如：

```
number1 BINOPR number2
```

number1 和 number2 是数值类型，可以是浮点数也可以是整数。BINOPR 是表 4-2 中任意一个算术运算符。下面来看一个例子，例子包含了最简单的算术运算。只要能梳理清楚该例子的编译流程，其他数值类型和算术运算符的组合，读者就能够自行推导了。

```
1+2.0
```

上述表达式中，一共有 3 个 token，分别是 1、+和 2.0。这个表达式将在 expr 函数中完成编译。本次将结合词法分析器和 simpleexp 的内容，介绍两个数值参与的编译流程。如图 4-24 所示，expr 函数首先会调用 luaX_next 函数，获取第一个 token：1，并通过 simpleexp 函数将其转化为 expdesc 类型的表达式上下文 e1。

该表达式的转换方式和 4.2.6.1 中讨论的情况一致，其本质就是一个 simpleexp。然后 expr 函数会获取下一个 token：+。由于+是个有效的算术运算符，因此要对算术运算符左边的表达式进行处理（调用 luaK_infix 函数处理 e1）。对于 luak_infix 函数来说，它的处理有两种情况：

1）算术运算符左边的表达式是数值常量时，不对其上下文信息进行任何处理。

2）算术运算符左边的表达式不是数值常量时，需要将其转化为虚拟机指令，并将参数压入栈中。

本例遇到的是第一种情况，因此 e1 不进行任何处理。此时 expr 函数继续调用 luaX_next 函数获取下一个 token：2.0，得到图 4-25 所示的结果。

双目运算其实就是分别识别运算符左边和右边的表达式，然后对两个表达式的上下文信息进行整合处理。根据图 4-25 所示的信息，现在要将 e1 和 e2 进行合并处理。因为 e1 和 e2 包含的均是数值常量，因此可以直接将 e1 和 e2 的值进行相加，并且将最后的结果保存在 e1 中，于是得到图 4-26 所示的结果。

可以看到，e1 的类型和数值都发生了变化。到这里就完成了两个数值常量加法运算的编译流程介绍了。读者现在可以将算术运算符左右两边的值替换成任意数值类型，以及任意数值，将+运算符替换成表 4-2 所示的任意算术运算符，最后自行推导编译流程。

接下来要讲的第二种情况则是一个数值常量与一个变量进行算术运算，如下面例子所示。

```
1+a
```

假设 a 是一个局部变量，位于栈中的 R(0) 位置，该式有 3 个 token：1、+和 a。这个表达式也是通过 expr 函数来执行编译流程的。expr 函数首先会调用 luaX_next 函数获取第一个 token，得到图 4-27 所示的结果。表达式被转化为了上下文信息 e1，expr 函数继续调用 luaX_next 函数获得 token：+，因为算术运算符左边的表达式是数值常量，因此 e1 不做任何操作。expr 函数继续调用 luaX_next 函数获

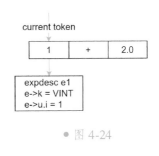

● 图 4-24

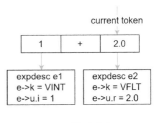

● 图 4-25

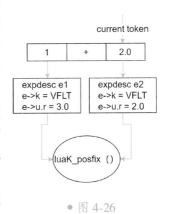

● 图 4-26

得新的 token：a，并将其转化为新的表达式上下文信息 e2，得到图 4-28 所示的结果。

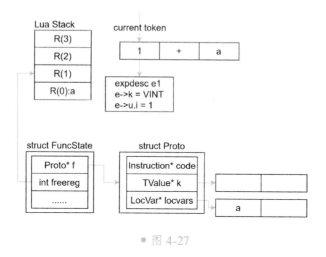

● 图 4-27

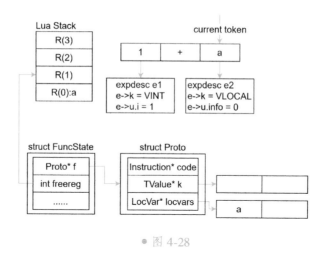

● 图 4-28

接下来要对 e1 和 e2 进行算数运算了。和两个数值常量相加的例子一样，e1 和 e2 进行算数运算要经过 luaK_posfix 的处理。这个处理会将 e1 和 e2 的信息转化为虚拟机指令。对于 e1 来说，它所存储的整数值 1 会先被存入常量表中，并且 e1 的值转化为如下所示的结果。

```
e1->k = VINT
e1->u.i = 1
====>
e1->k = VK
e1->u.info = 0
```

这里表示数值常量已经被存入常量表中，并且它被存储在常量表的第 0 个位置。此时 e1->u.info 的值就是其索引值。接下来，为了能够和 e2 进行算数运算，首先要将 e1 存储的常量信息转移到栈中，生成图 4-29 所示的 OP_LOADK 指令。

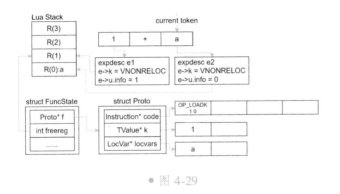

● 图 4-29

e2 的值也会被转化，不过 e2 存储的是代表局部变量 a 的信息，因此它会转变为指向栈上的位置信息，得到的结果如图 4-29 所示。此时，e1 和 e2 表示操作数均在 Lua 栈中。接下来要对 e1 和 e2 生成运算指令，得到图 4-30 所示的结果。

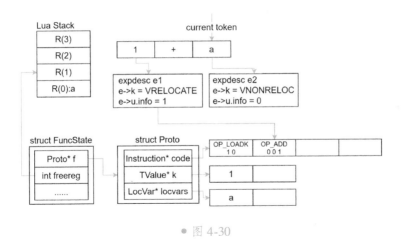

● 图 4-30

通过图 4-30 可以看到，新的指令 OP_ADD 生成了，它的含义是将图 4-29 中所指的两个操作数相加。这里要注意 e1 的变化，它的类型变为了 **VRELOCATE**，值是新生成指令在指令列表中的索引值。这意味着 OP_ADD 指令还要根据后续的内容对输出结果的位置（也就是 A 域）进行重定向。此时，e1 和 e2 相当于已经合并了，e2 不再使用，后续的编译逻辑均会与 e1 关联。

接下来通过更加抽象的层次来看算数运算表达式的编译流程，来看下面这个例子：

```
a binop1 b binop2 c
```

假设 a 是局部变量、b 是上值、c 是全局变量、binop1 和 binop2 是表 4-2 中算数运算符的任意一个，并且满足 binop1 的优先级高于 binop2。首先这个表达式需要交给 expr 函数来进行，expr 函数会先调用 luaX_next 函数获取第一个 token：a，得到图 4-31 所示的结果。

接下来，expr 函数会继续调用 luaX_next 函数获取下一个 token：binop1。此时要对 e1 进行处理，由于 e1 代表局部变量 a 的位置信息，因此这里直接将 e1 转化为：

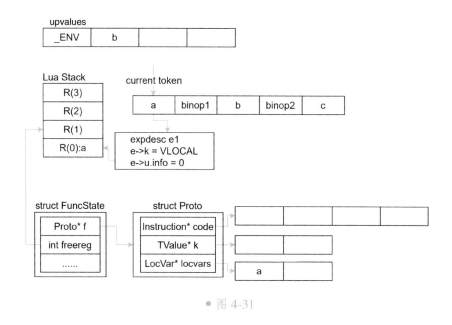

● 图 4-31

```
e1->k = VNONRELOC
e1->u.info = 0
```

表达式被转化为表达式上下文信息之后，如果后面紧跟着运算符，那么原来的表达式上下文就要将其保存的信息转入栈中，以供后续操作使用。现在 e1 代表的信息是，操作数已经在栈中，并且在 R(0) 的位置。

expr 函数继续获取下一个 token：b，得到图 4-32 所示的结果，然后就需要对 e1 和 e2 进行运算符

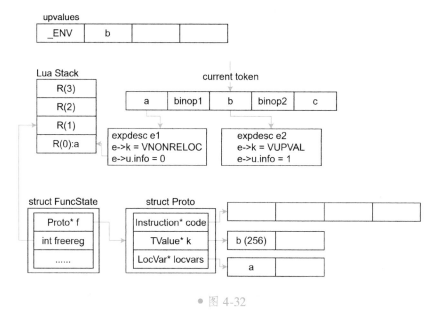

● 图 4-32

处理了。因为 e1 代表的表达式上下文信息是左操作数位于栈中的位置，此时需要将 e2 也转为虚拟机指令。这个虚拟机指令就是将右操作数压入栈中，得到图 4-33 所示的结果。

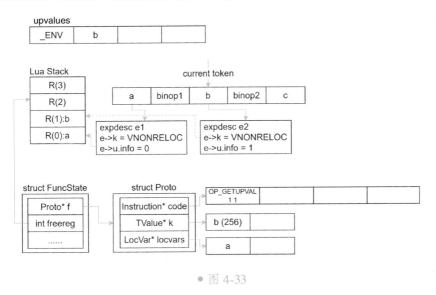

● 图 4-33

接着对 e1 和 e2 的运算，转成虚拟机指令，得到图 4-34 所示的结果。此时，生成了双目运算指令。指令指明了操作数在栈中的位置，但是并没有指明运算结果应该存在哪个位置。因为 e1 的类型为 **VRELOCATE**，表示结果需要由后面的内容来指定。e1 保存的信息表示两个操作数进行运算后的结果。此时，读者需要留意一下 FuncState 结构中的 freereg 变量，它此时指向了 R（1）的位置，位于 R（0）的上方。这是因为 a 和 b 两个变量要做算术运算，都需要将对应的值压入栈中。由于 Lua 是使用栈空间模拟寄存器的，因此这些变量是临时存放在寄存器中的，在运算完之后需要清空。而变量 a 是个局

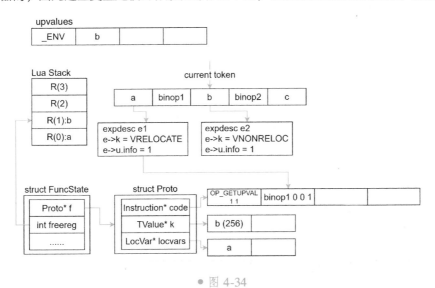

● 图 4-34

部变量，它会一直占用栈上的空间，因此此时只是清空变量 b 的寄存器。将下一个可用寄存器变量 freereg 指向 R(1)，等于指明 R(1) 是下一个可以被使用的空闲寄存器。

expr 函数继续获取下一个 token：binop2。此时要对 e1 指向的指令指明它的操作结果应该放到哪个位置。在这种情况下，这个位置直接由 freereg 来指定，也就是将 binop1 指令的 A 域修改为 freereg 指向的位置，令 res1 = a binop1 b，得到图 4-35 所示的结果。res1 的值覆盖了原来变量 b 的位置，binop1 指令会先获取 a 和 b 的值，并将计算的结果放到 R(1) 的位置。e1 变为 VNONRELOC 类型，并且保存着 binop1 指令计算结果的位置。

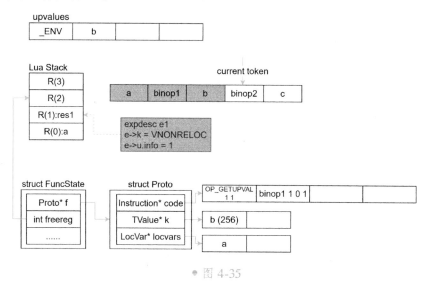

● 图 4-35

图 4-35 中，binop2 左边的操作数相当于完成了入栈操作，可以将 a binop1 b 视为一个整体，它们的运算结果已经保存到 e1 指向的位置。expr 函数继续获取下一个 token：c，会将全局变量 c 存入新的表达式上下文环境变量 e2 中，如图 4-36 所示。

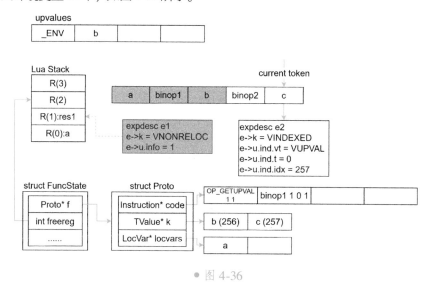

● 图 4-36

变量 c 的变量名被保存到了常量表中。因为 c 是全局变量，因此要去全局变量表_G 中查找。而 Lua 函数的第一个上值是_ENV，它默认指向_G，所以变量 c 要到上值列表中第 0 的位置查找。图 4-36 中，e2 的值指明了这一点，VINDEXED 表示这是一个要从 Lua 表中获取的值。e->u.ind.vt = VUPVAL、e->u.ind.t = 0 表明这个 Lua 表在上值列表第 0 的位置。最后，e->u.ind.idx = 257 表明 key 值是在常量表标记为 257 的值。

和前面的处理一样，此时要对 e1 和 e2 进行运算处理。算术运算需要将操作数全部入栈，因此需要通过虚拟机指令将 e2 中包含的信息转入栈中。expr 函数会根据 e2 的信息生成对应的指令。前面也提到过，VINDEXED 就是访问 Lua 表相关的指令，vt 是 VUPVAL，说明这张 Lua 表在 upvalue 中，所以生成 OP_GETTABUP 指令，得到图 4-37 所示的结果。

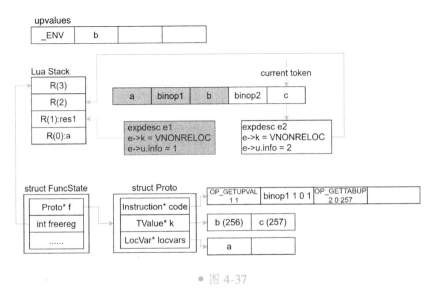

● 图 4-37

到这个阶段，binop2 左右两边的操作数均已入栈。下面要对这两个入栈的操作数进行新的算术运算，生成新的指令 binop2，操作数位于 R(1) 和 R(2)。然后，编译器会尝试"释放" R(1) 和 R(2) 这两个暂时被 binop2 操作数占用的寄存器。如果它们不是局部变量，则可以被"释放"（即回退 freereg 的值，让后续的指令能够复用这些通过栈空间模拟的寄存器）。

最后的结果在图 4-38 中展示。指令列表中新增了 binop2 指令，表达式上下文信息 e1 指向了新生成的指令的位置，并且类型是 VRELOCATE，表示该指令需要重定向。此外，freereg 也被重置到 R(1) 的位置上了，因为 binop2 的操作数均不是局部变量，不会占用栈空间。因此，它们是临时被放到寄存器上的，使用完之后要将寄存器归还。

4. 2. 6. 4 逻辑运算

Lua 的逻辑运算，本质是 and、or 和 not 运算，由于 not 运算已经在 4.2.6.2 节中讨论过，因此本节只讨论 and 和 or 运算。接下来通过几个例子来介绍逻辑运算编译流程。首先是 and 和 or 只有变量参与的例子，然后再加入常量的情况，最后让 and 和 or 结合。下面来看第一个例子：

```
a and b and c
```

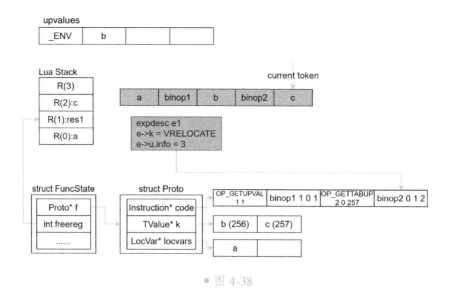

● 图 4-38

　　这个例子中，a、b、c 均是全局变量。这个表达式会交给 expr 函数来进行编译。expr 函数首先获得 token：a，然后将其转化为表达式上下文信息。处理它的是 simpleexp 函数，对应代码为表达式逻辑定义 1 的第 372 行。执行完以后，得到图 4-39 所示的结果。

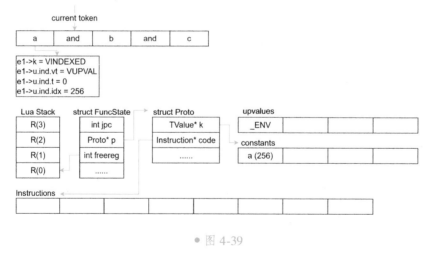

● 图 4-39

　　图 4-39 中，简单表达式 a 的变量名被写入常量表中，常量表中的 a 其实质是字符串。e1 的类型为 VINDEXED，表示它要访问一个 Lua 表；vt 为 VUPVAL，表示这张表在上值列表中；t 为 0，表示这张表位于上值列表的第 0 个位置；idx 为 256，表示要从 Lua 表中获取 key 为 a 的 value 值。

　　在完成了第一个表达式的识别之后，expr 函数获得下一个 token：and。观察一下表达式逻辑定义 1 的第 374~385 行，此时要对表达式上下文 e1 进行处理，也就是执行第 380 行代码的 luaK_infix 函数。luaK_infix 函数在这种情况下会做什么？其运作流程如下所示。

　　1）将当前 expdesc 类型变量的信息转化为指令，一般是生成参数入栈的指令。

2）生成 OP_TESTSET 指令。

3）生成 OP_JUMP 指令。

结合图 4-39 的情况，现在将 e1 结构转化为指令，就得到了图 4-40 所示的结果。

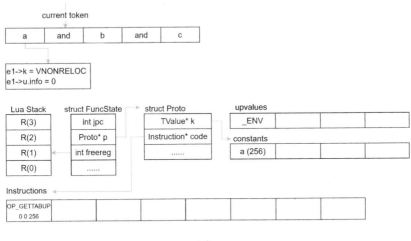

● 图 4-40

现在生成了 OP_GETTABUP 指令，将 upvalues［0］［"a"］的值，赋值到寄存器 R（0）处，原来代表变量 a 的表达式上下文信息 e1 也转变为 VNONRELOC 类型，并且通过 e1->u.info 指明它现在位于 R（0）的位置上。

在完成变量 a 的处理之后，要生成 OP_TESTSET 和 OP_JMP 指令，得到图 4-41 所示的结果。这里的信息量很大，首先生成了 OP_TESTSET 指令，目前的 A 域并不是最终值，在最后一个指令被处理完以后，它会被重置。这个指令的作用是判断 R（B）和 C 是否相等，如果相等，则将 R（B）的值（在这里是 a 的值）赋值 R（A）中，否则 PC++。PC++的含义是跳过下一个指令。在图 4-41 中，如果

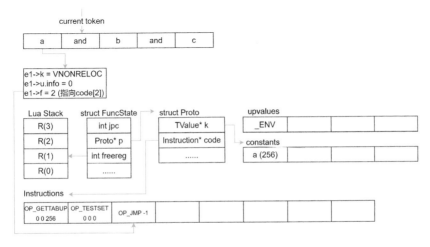

● 图 4-41

R(B)的值与 C 值 0 相等，那么将 R(A)赋值为 a，此时下一条指令为 OP_JMP。如果 R(B) 的值和 C 不相等，那么下一条指令则是 OP_JMP 的下一条指令，也就是跳过了 OP_JMP 指令。含义就是如果 a 的值为 false，后面的判断都不用做了，因为一定是 false，直接把 a 所代表的 false 值记录下来存放在 R(A)就行。这里还需要注意的是，expdesc 结构的 f 值指向了刚生成的 OP_JMP 指令，记录了这个位置，并且 OP_JMP 的参数为−1，这个值后续还要进行处理。

在完成了第一个 and 的处理之后，expr 函数会获取下一个 token：b。此时，将变量 b 转化到新的 expdesc 结构 e2 中，于是得到图 4-42 所示的结果。

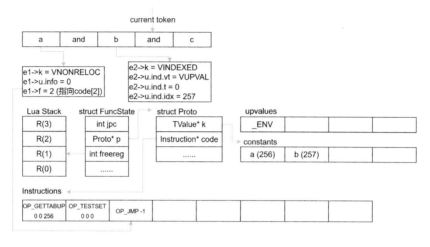

● 图 4-42

接下来进入到了第二个 and 的处理流程，和前面的处理流程一样。首先 e2 的信息要转化为指令，然后生成 OP_TESTSET 和 OP_JMP 指令，得到图 4-43 所示的结果。对变量 b 的处理和对变量 a 基本相似，但是有一点需要注意的是，第一个 OP_JMP 指令的−1 值变为了 2。前面已经知道了，e1->f 指向

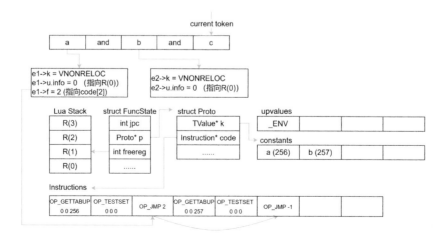

● 图 4-43

了第一个 OP_JMP 指令。这个 f 其实是一个 false 列表，意思就是 and 逻辑运算中，有一个参数为 false，那么就进入这个 jump 流程中。在图 4-43 中，以看到第一个 JMP 指令的 sBx 的值为 2，那么它的下一个 JMP 指令则是 sBx+1。在完成这个处理之后需要将 e1 和 e2 合并，其实就是将 e2 中除了 f 以外的值赋给 e1。在完成了第二个 and 的处理流程之后，expr 函数调用 luaX_next 函数获得下一个 token：c，得到图 4-44 所示的结果。

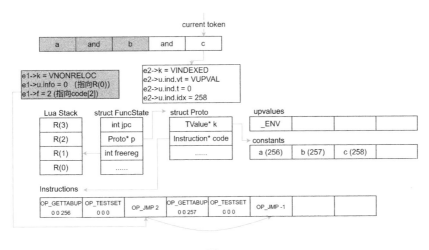

● 图 4-44

此时经过 luaK_posfix 函数，将 e1 和 e2 合并，得到图 4-45 所示的结果。

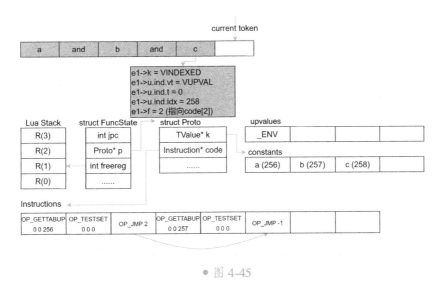

● 图 4-45

到目前为止，expr 函数的处理就结束了。为了本次讨论的完整性，最后需要将 expdesc 结构转化为指令，实际上这一步可能是在 assignment 的赋值操作开始之前，或者是在 ifstat、forstat、whilestat 等语句中的条件部分分析时进行处理的。接下来将 e1 中的信息转化为指令，得到图 4-46 所示的结果。

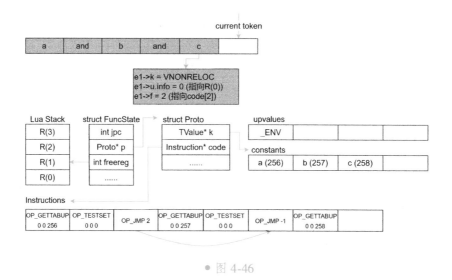

● 图 4-46

在完成这些处理之后，要根据 e1->f 取得 false 列表，从第一个 OP_JMP 指令开始修改它的参数，使其跳转到 code[7] 那个指令。同时将 OP_TESTSET 指令的 A 域设置为 freereg−1 的值，得到图 4-47 所示的结果。

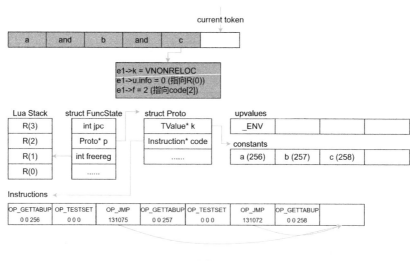

● 图 4-47

由于 OP_JMP 指令的 sBx 域是 18bit（位），且 OP_JMP 指令是 iAsBx 模式，jump 指令可以往前跳转。因此 sBx 是允许负数存在的，又因为 sBx 在低位，所以无法通过最高位表示负数。sBx 的最大值是 262143，它向右移一位是 131071，因此这个值则表示 0 值，小于它的都是负数，比如 131070 表示−1。131075 表示 PC+4（PC 是 jump 指令的地址），又因为 PC 寄存器本身会自增，于是就相当于跳转到箭头所指的位置了。这里还需要注意的是，官方 Lua 会在这个阶段对 OP_TESTSET 指令进行优化，将其优化为 OP_TEST 指令。由于 dummylua 只注重实现正确逻辑，性能还不是最优先考虑的因素，为了方便讲解和实现，dummylua 并未对该指令进行任何优化。

下面用上面的例子来模拟执行，感受一下这一系列指令的运作流程。后面将从三个例子切入，它们分别如下所示。

```
a and b and c
```

例1：a = false, b = true, c = true
例2：a = true, b = false, c = true
例3：a = true, b = true, c = false

先看例 1 的情况。首先通过 OP_GETTABUP 指令将变量 a 的值读入栈中。在将 a 值入栈之后，需要对它进行测试，测试它的指令就是 OP_TESTSET 指令。此时，会将 a 的值和指令 C 域进行比较，比较代码是 C 语言，因此 0 代表 false，非 0 代表 true。因为 a 的值为 false，所以重新将 false 的值设置到寄存器 R(0) 上，又因为是 a 的值是 false，所以这里会直接执行下一条指令 OP_JMP，最后跳过所有的 TEST，如图 4-48 所示。图中的曲线就是测试通过后，直接跳过所有的测试指令。因为 and 逻辑中，只要有一个 false 就立马终止测试，跳过所有的测试指令。

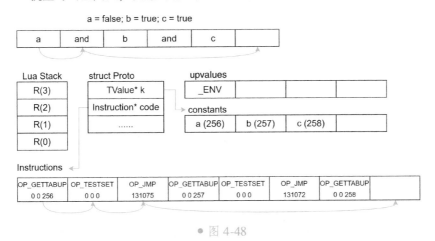

● 图 4-48

接下来看例 2，它的运行流程如图 4-49 所示。流程步骤如下所示。

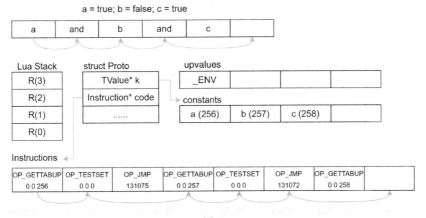

● 图 4-49

1）先将 a 的值入栈，然后测试 a 的值是否为 true。因为在例 2 中，a 的值为 true，所以 PC 寄存器会加 1，接着跳到第二个 OP_GETTABUP 指令的位置上。

2）OP_GETTABUP 指令获取了 b 的值，并且放入寄存器 R(0) 中，然后使用 OP_TESTSET 指令，因为此时 b 的值为 false，所以下一个指令为 OP_JMP 指令。

3）OP_JMP 指令直接跳过了最后一个 OP_GETTABUP 指令，此时 and 运算的最终结果就是 b 的值。

接着看例 3 的情况，得到图 4-50 所示的结果。

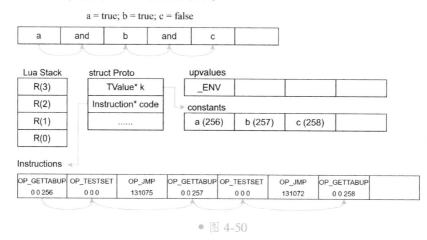

● 图 4-50

图 4-50 展示了例 3 的运行流程，与前面的没有很大的差别。这里需要注意的是，如果 a 和 b 的值都为 true，那么决定 and 逻辑运算结果的是最后一个表达式的值。

至此，已经展示了 and 逻辑运算的流程，至于 or 逻辑运算，只需要把 OP_TESTSET 指令的 C 域改成 1 就是 or 的逻辑运算了，读者可以自己去推导。

下面要讲在逻辑运算中包含常量的情况。这里要分情况来讨论，当在纯粹的 and 逻辑处理流程中，如果 and 操作符前面的表达式，经过 expr 函数输出的表达式上下文信息是 VK、VFLT、VINT 或 VTRUE 类型时，它是被直接忽略掉的，也就是说不参与到指令生成，如图 4-51 所示。图中的横线表示忽略这个表达式，只需要计算未被横线覆盖的部分。

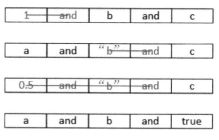

● 图 4-51

可以看到，除了最后一个表达式，其他均在 and 操作符前面。在 and 逻辑运算中，如果处于 and 操作符之前，就可以直接被忽略。因为它们的值一定是 true，所以直接跳到下一个 TEST 指令即可，这属于编译器的一种优化方式。如果 and 逻辑执行到最后一个表达式，说明前面所有的表达式都测试通过，因此最后一个表达式的值决定了最后的结果，所以不能被忽略。

下面讲 or 逻辑的情况。如果 or 操作符前面的表达式经过 expr 函数处理后，得到的表达式上下文信息是 VNIL 或 VFALSE 的类型时，它可以被忽略，如图 4-52 所示。

除了最后一个表达式是 false 或者 nil，其他在 or 前面的表达式，凡是这两个类型都可以被忽略。

因为在 or 逻辑处理中，只要表达式的值是 false 就会进入下一个 or 操作的测试之中。去除了这些常量，就可以将余下的内容套用到前面讨论过的流程之中了。

关于逻辑运算的处理，还有最后一种情况没有讨论，就是 and 和 or 结合的例子。下面来看一个例子：

对于这个例子可以接着图 4-45 所示的情况往下讨论。假设现在已经处理了 a and b and c 的流程，现在将 c 变量的信息转化到表达式上下文信息中，得到图 4-53 所示的结果。

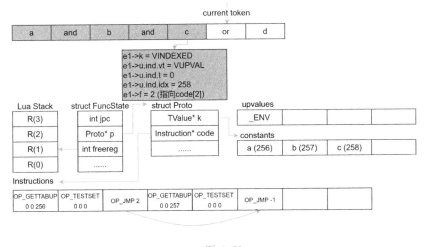

● 图 4-53

此时获得了操作符 or，首先将 e1 中的信息转化为虚拟机指令（调用 luaK_infix 函数），于是得到图 4-54 所示的结果。接着需要生成的是 OP_TESTSET 指令和 OP_JMP 指令，得到图 4-55 所示的结果。

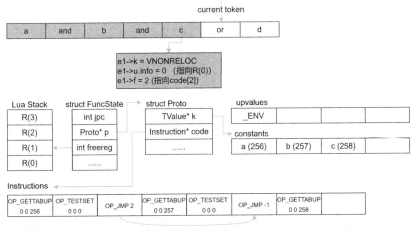

● 图 4-54

. 163

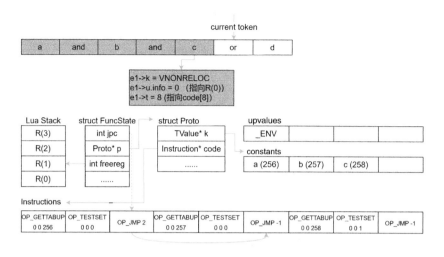

e1 中原来代表 false 链表的变量就不使用了，取而代之的是 e->t。这个是表示为 true 时的链表，也就是说当变量值为 true 的时候，直接跳过所有测试。原来的 false 链表变量 f，转移到 FuncState 结构的 jpc 变量暂存。接下来 expr 函数获得下一个 token：d，需要把 d 的内容转化到新的表达式上下文 e2 中，得到图 4-56 所示的结果。

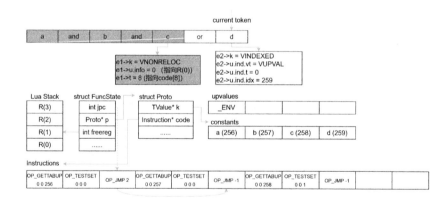

接着进入到 luaK_posfix 函数的处理中。在这种情况下，就是将 e1 和 e2 的信息整合在一起，其实就是将 t 赋值给 e2->t，最后用 e2 的值覆盖 e1 的值，得到图 4-57 所示的结果。

至此，expr 函数的处理就算结束了。为了完整性，还需要对 expdesc 中的信息转化为指令。在赋值语句中或者在 ifstat、whilestat、forstat 等的条件部分，需要将 e1 转化为指令，于是得到图 4-58 所示的结果。

在图 4-58 中，jpc 所指向的 jump 指令列表的跳转索引被改变了，直接指向了获取变量 d 到栈中的

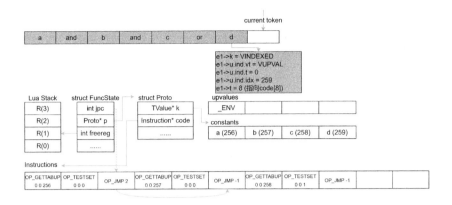

● 图 4-57

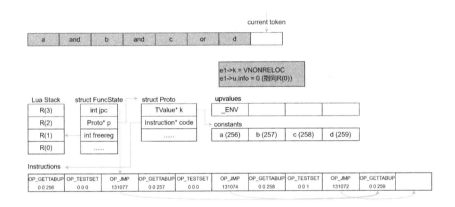

● 图 4-58

指令 OP_GETTABUP 0 0 259。这表示，当 a、b 的值为 false 时，直接跳转到 d，以 d 的值作为表达式的结果。而 e->t 指向的 jump 指令则指向了末尾，因为如果 c 为 true，就不用理会 d 的具体值了。

上面展示了 and 和 or 的逻辑运算，至于 or 和 and 的结合就留给读者自己去推导了。到目前为止，与逻辑运算相关的论述就结束了，接下来将讲述比较运算。

4.2.6.5 比较运算

比较运算包括了 >、<、>=、<=、==、~= 6 种，但是用于比较运算的指令只有三个，分别是 OP_EQ、OP_LT 和 OP_LE。本节通过 == 和 != 两个实例，来看一下它的编译流程。其他的运算符编译流程和这两个差不多，因此不再赘述，留给读者自己去推导。两个实例如下。

```
a == b
a ~= b
```

首先来看 a==b 的例子，如图 4-59 所示。

Lua 编译器先通过 simpleexp 函数去识别变量 a，并且将变量 a 的结果转化为表达式上下文信息 e1。

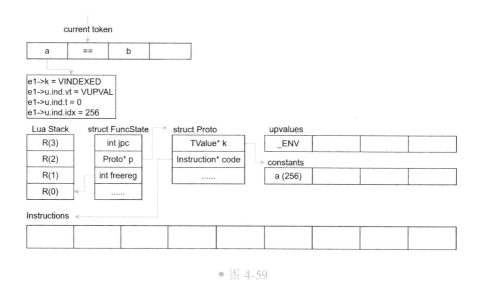

expr 函数调用 luaX_next 函数获得下一个 token，也就是操作符 = =。此时要对 e1 进行处理，而处理它们的是 luaK_infix 函数。这个函数在比较运算过程中，对操作符前的表达式的处理是，将表达式的上下文信息（本例为 e1）转化为虚拟机指令，因此得到图 4-60 所示的结果。

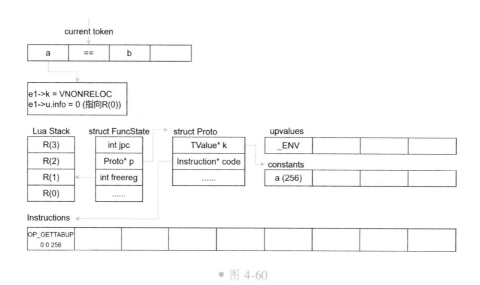

● 图 4-60

接着 expr 函数会调用 luaK_next 函数，获取下一个 token：b。此时需要一个新的表达式上下文信息 e2，并将 b 的信息填充到里面，于是得到图 4-61 所示的结果。

此时获得了 e1 和 e2，接下来就是要进行比较指令生成了，这个操作交给 luaK_posfix 函数来执行。首先要将 e2 的信息转化为指令，于是得到图 4-62 所示的效果。然后整合 e1 和 e2，并且生成 OP_EQ 指令、OP_JMP 指令和 OP_LOADBOOL 指令，如图 4-63 所示。

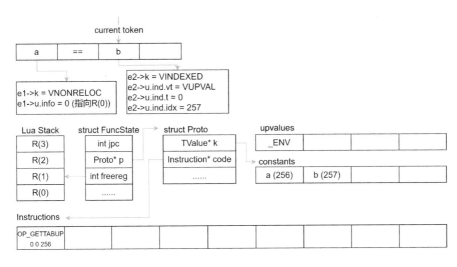

● 图 4-61

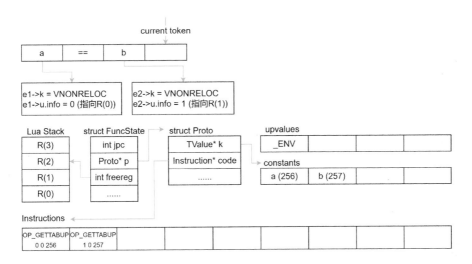

● 图 4-62

这里需要注意几点：第一是 freereg 被复位了；第二是 OP_EQ 指令的用法。如果测试失败（即 R(0)和 R(1) 的值不相等），则跳过 OP_JMP 指令，进入第一个 OP_LOADBOOL 指令。再将 0 赋值到 R(A) 中，然后 PC 变量指向第二个箭头所指向的位置。如果测试成功，则执行 OP_JMP 指令，然后 PC 变量跳转到第一个箭头指向的位置。

先来看 a==b 成立的情况，结果如图 4-64 所示，图中的箭头就是指令执行的顺序。

当 a==b 不成立时，结果如图 4-65 所示。对于不等于的情况，只需要将 OP_EQ 指令的 A 域由 1 变为 0 即可。其他的比较运算，读者可以根据附录 A 中的虚拟机指令说明，将其套入前文介绍的指令生成流程中自行推导完成，这里不再赘述。

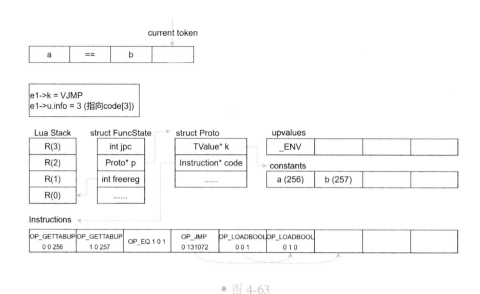

● 图 4-63

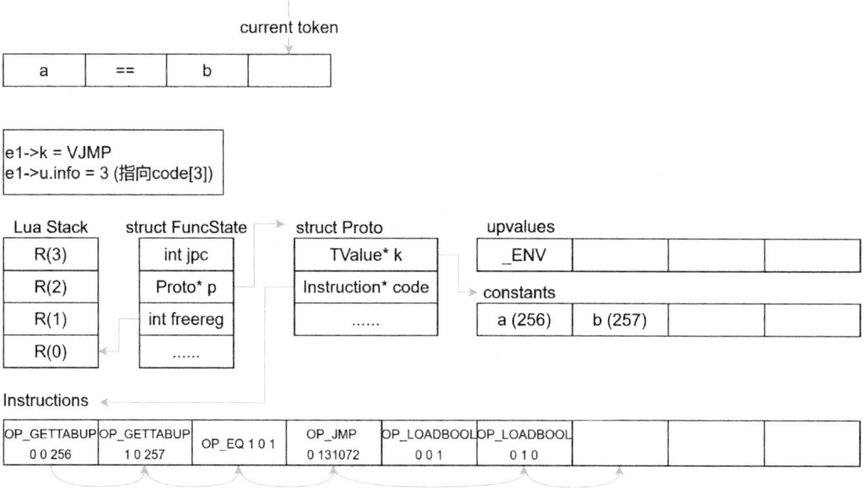

● 图 4-64

4.2.6.6　逻辑运算中包含比较运算的情况

前面已经讨论了逻辑运算和比较运算的情况，下面来讨论逻辑运算和比较运算结合的情况。这点非常重要，因为比较运算生成的虚拟机指令和逻辑运算相结合，会改变原有的一些参数。本节将结合下面的例子来介绍这个流程。

```
a == b and c and d
```

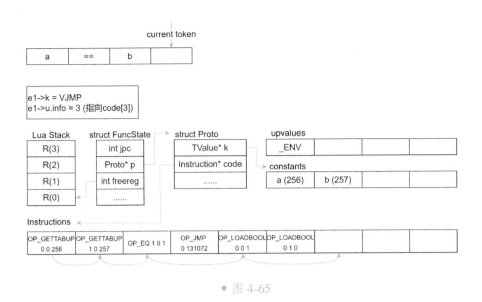

● 图 4-65

和前面的流程一样，首先获得的第一个 token：a，然后进入 expr 函数的执行流程。expr 函数识别第一个 token，这是一个 simpleexp。因此，此时需要将变量 a 转化为表达式上下文信息 e1，得到图 4-66 所示的情况。

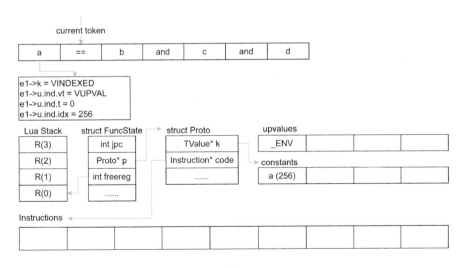

● 图 4-66

在完成 a 变量的表达式上下文信息转化后，此时 expr 函数会获取下一个 token：= =。然后对 e1 进行处理，也就是通过 luaK_infix 函数来处理它们之间的关系。在这种情况下，编译器会将 e1 中的信息转化为指令，得到图 4-67 所示的结果。

完成 luaK_infix 函数的调用之后，expr 函数获得下一个 token：b。此时需要将 b 转化为表达式上下文信息 e2，得到图 4-68 所示的结果。

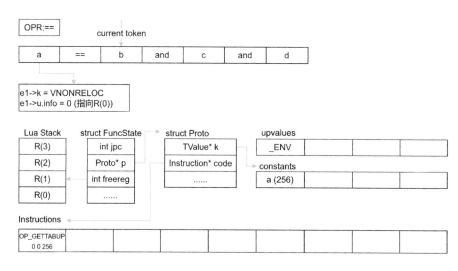

● 图 4-67

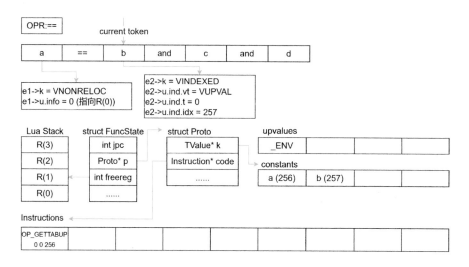

● 图 4-68

在获得了 e1 和 e2 表达式上下文信息之后，就需要对它们进行比较运算，操作符是 ==。此时需要将 e2 也转化成虚拟机指令，于是得到图 4-69 所示的结果。

当前的情况是，两个操作数已经入栈，然后需要根据操作符进行后缀表达式处理。当前的操作符是 ==，此时生成 OP_EQ 和 OP_JMP 指令，如图 4-70 所示。

接下来获得新的 token：and。前面经过比较运算得到的结果存储到了 e1 中，现在要对 e1 中的信息和 and 操作符进行整合处理，处理它的函数是 luaK_infix 函数。此时需要将 e1->info 的信息赋值给 e1->f，并且修改 OP_EQ 指令的 A 域，得到图 4-71 所示的结果。

170 .

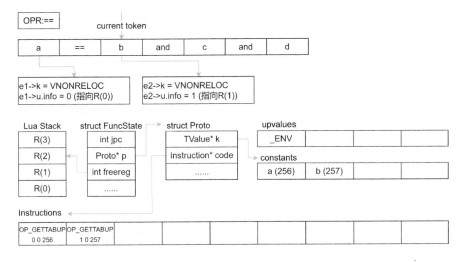

● 图 4-69

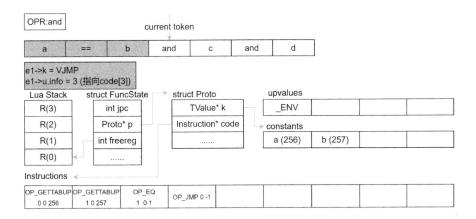

● 图 4-70

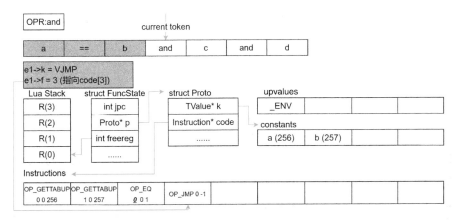

● 图 4-71

接下来，expr 函数获得下一个 token：c，并且转化为新的表达式上下文信息 e2，得到图 4-72 所示的结果。

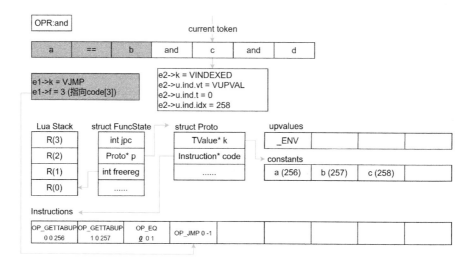

● 图 4-72

接着对 e1 和 e2 进行后缀表达式处理，处理函数是 luaK_posfix，而操作符是第一个 and，得到图 4-73 所示的结果。

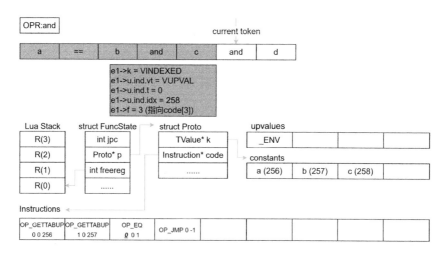

● 图 4-73

接下来，要对 e1 和第二个 and 操作符进行整合处理。这个处理由 luaK_infix 函数实现，此时会将 e1 中的信息转化为指令，得到图 4-74 所示的结果。

完成 luaK_infix 处理之后，expr 函数会获取下一个 token：d，然后将其转化为新的表达式上下文信息 e2，得到图 4-75 所示的结果。

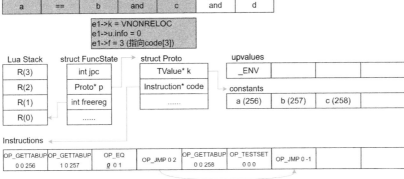

● 图 4-74

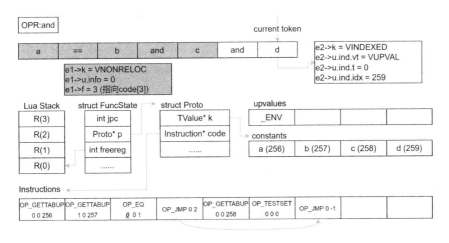

● 图 4-75

接着整合 e1 和 e2，完成整合之后，得到图 4-76 所示的结果。

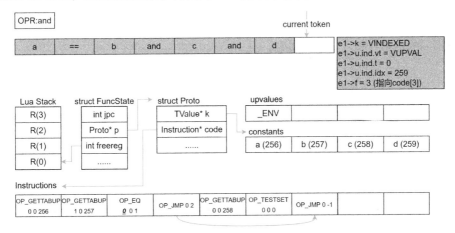

● 图 4-76

到这一步，对表达式的处理就完成了，但是为了内容的完整性，这里要将表达式上下文信息转化为指令，于是得到图 4-77 所示的结果。

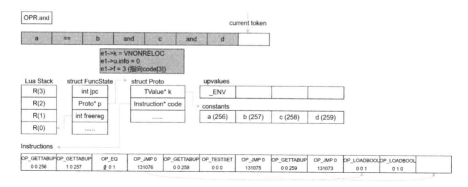

● 图 4-77

至此，包含比较运算的情况就介绍完了。当然还有 or 的情况，还有其他更复杂的组合，不过相信读者通过上面这个例子能够举一反三，自行推导。最后通过展示 a==b 为 true 或 false、c 和 d 都为 true 的情况，来展示指令的执行流程，其他的情况由读者自己推导。

图 4-78 展示的是 a==b 为 true 的情况。

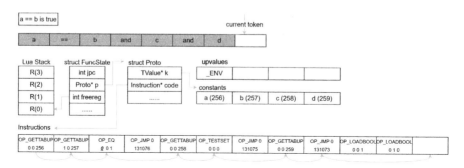

● 图 4-78

图 4-79 展示的是 a==b 为 false 的情况。

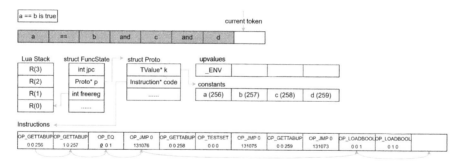

● 图 4-79

4.2.6.7　constructor 处理

本小节是对 Lua 表进行编译，这个操作并不复杂，下面通过一个例子来介绍。

```
{ a, b, c = 10, d }
```

图 4-80 所示为初始状态。

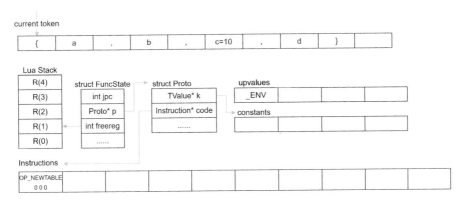

● 图 4-80

当 Lua 编译器遇到 token "｛" 的时候，直接生成 OP_NEWTABLE 指令。图 4-80 所示的 A 域是 0，表示生成的 Lua 表放置在 R(A) 也就是 R(0) 上。B 域和 C 域均为 0，表示它的数组大小和哈希大小都是 0，现在是个空表。然后进入下一个操作。

在 EBNF 定义 4-3 的 constructor 内部的处理流程中，如果包含的是 simpleexp，那么它会被视为 listfield。这种表达式需要直接生成入栈指令，稍后一并处理。接下来，获得的 token 是 "，"，这里直接跳过，获取下一个 token：b。此时生成新的指令，如图 4-81 和图 4-82 所示。

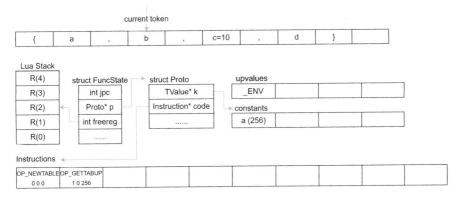

● 图 4-81

此时，直接跳过 "，"，处理下一个 field，得到图 4-83 所示的结果。

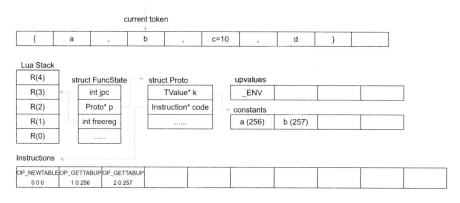

• 图 4-82

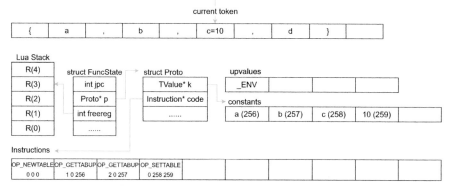

• 图 4-83

对 c = 10 生成了 OP_SETTABLE 指令，这里并没有生成入栈指令，而是直接赋值。然后进入最后一个 filed 的处理中，也就是将 d 生成入栈指令，得到图 4-84 所示的结果。

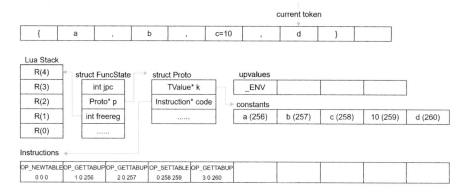

• 图 4-84

最后，需要将已经入栈的参数设置到 Lua 表里。这些在栈中的变量会被设置到 Lua 表的数组中，于是得到图 4-85 所示的结果。

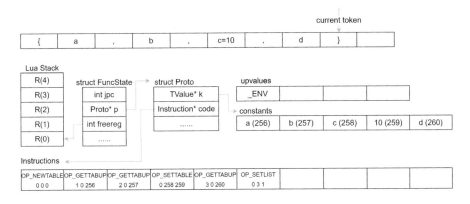

● 图 4-85

这里生成了一个 OP_SETLIST 指令，它的 A、B 和 C 域的值分别是 0、3 和 1。A 域说明了 Lua 表在栈中的位置；B 域说明了从 R（A+1）开始，一共有多少个栈上的变量要被设置到 Lua 表的数组中；C 域说明了它的数组区间。

4.2.6.8　优先级处理

接下来要讨论的是优先级处理的情况。优先级主要包含运算符优先级和表达式优先级。实际上 Lua 语言对运算符的优先级进行了分级，相关内容在 4.2.6 节，这里不再赘述。

这里是双目运算符的优先级。双目运算符有两个操作数，分别是左操作数和右操作数，花括号内的数字分别代表左操作数和右操作数的权重，比如下面的例子。

```
a + b
10   10
```

到表达式逻辑定义中，查找加法运算符的权重，得到的值附属到变量 a 和 b 的下方。如果出现一连串的算数运算，比如下面的例子。

```
10   10
a + b * c
     11   11
```

算式上方的是加法运算的操作数权重，算式下方的是乘法运算的操作数权重，根据这个权重就可以判定，权重高的运算符要先运算。下面通过两个例子，来介绍 Lua 编译器优先级的处理流程。先来看第一个例子。

```
exp1 binop1 exp2 binop2 exp3
```

前面章节介绍过，为 expr 函数输入 token 流，会输出表达式上下文信息。在类似的表达式中，4.2.6.3 节介绍过 binop1 的优先级比 binop2 高的情况，现在来看 binop2 的优先级比 binop1 高的情况。如图 4-86 所示，expr 函数首先识别第一个表达式，并将其转化为表达式上下文信息 e1。

接下来，**expr** 函数获得表达式 expr1 后面的 **token：binop1**。根据前面的介绍，这里会将 e1 的信息转移到栈上（生成将操作数设置到栈中的虚拟机指令或者标记操作数在栈中的位置），然后识别 binop1 后面的表达式（如图 4-87 所示）。此时，**expr** 函数会比较 binop1 和 binop2 的优先级。在本例中，binop2 的优先级高于 binop1，因此要先处理 binop2 的运算。进行 binop2 运算，首先要识别表达式 expr3，如图 4-88 所示。由于 binop2 的优先级比 binop1 高，因此要先对 e2 和 e3 进行后缀表达式处理，将它们整合成一个表达式上下文信息。新的 e2 会包含 binop2 的运算结果，如图 4-89 所示。最后，对 e1 和新的 e2 进行 binop1 运算，并将运算结果保存在新的表达式上下文信息 e1 中，得到图 4-90 所示的结果。

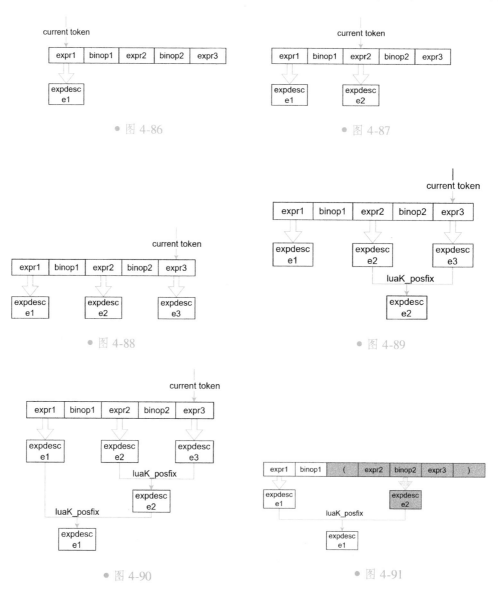

• 图 4-86

• 图 4-87

• 图 4-88

• 图 4-89

• 图 4-90

• 图 4-91

结合前面的内容，理解这些表述并不困难。总的来说，就是优先级高的表达式先进行运算，优先级低的后运算。读者可以试着去推导，一个表达式中包含两个以上双目运算的表达式编译流程。

接下来看包含括号的表达式的优先级处理，如图 4-91 所示。括号内的表达式会在 expr 函数内被 simpleexp 函数所识别，并将最后的结果和优先级低的表达式进行双目运算。

suffixedexp 构造与编译

接下来要介绍的是 suffixedexp 的构造。前面详细论述了 expr 的构造，之所以要先论述它，是因为它是一切的基础。下面来回顾一下 suffixedexp 的 EBNF 规则。

```
suffixedexp ::= primaryexp {'.' Name |'[' expr ']' |':' Name funcargs | funcargs}
primaryexp ::= Name |'(' expr ')'
funcargs ::= '('[explist]')' | constructor | LiteralString
```

suffixedexp 的主要构成部分有三个，分别是 primaryexp、Lua 表的访问和函数调用。前两者可以构成赋值语句。不论是赋值语句还是函数调用，它们首先都要识别出第一个表达式，然后根据后续的 token，判定输入的语句是赋值语句（遇到 "=" 的时候），还是函数调用（遇到 "（" 的时候），还是不合法的。这也是 suffixedexp 函数这样设计的原因。在分别讨论三个构造之前，先来看 suffixedexp 函数的代码，如下所示。

```
// luaparser.c
493 static void suffixedexp(struct lua_State* L, LexState* ls, FuncState* fs, expdesc* e) {
494     primaryexp(L, ls, fs, e);
495     luaX_next(L, ls);
496
497     for (;;) {
498         switch (ls->t.token) {
499         case '.': {
500             fieldsel(L, ls, fs, e);
501         } break;
502         case ':': {
503             expdesc key;
504             luaX_next(L, ls);
505             checkname(L, ls, &key);
506             luaK_self(fs, e, &key);
507             funcargs(fs, e);
508         } break;
509         case '[': {
510             luaK_exp2anyregup(fs, e);
511             expdesc key;
512             yindex(L, fs, &key);
513             luaK_indexed(fs, e, &key);
514         } break;
515         case '(': {
516             luaK_exp2nextreg(fs, e);
517             funcargs(fs, e);
518         } break;
519         default: return;
520         }
521     }
522 }
```

4.2.7.1 primaryexp

suffixedexp 函数的定义很符合 EBNF 规则，同时也可以看到，suffixedexp 函数首先要识别的就是 primaryexp。它的 EBNF 规则在前面已经展示过，下面展示一下它的实现逻辑，如下所示。

```
// luaparser.c
147 static void primaryexp(struct lua_State* L, LexState* ls, FuncState* fs, expdesc* e) {
148     switch (ls->t.token) {
149     case TK_NAME: {
150         singlevar(fs, e, ls->t.seminfo.s);
151     } break;
152     case '(': {
153         luaX_next(L, ls);
154         expr(fs, e);
155         luaK_exp2nextreg(fs, e);
156         check(L, ls, ')');
157     } break;
158     default: {
159         luaX_syntaxerror(L, ls, "unsupport syntax");
160     } break;
161     }
162 }
```

primaryexp 的两个主要分支，一个是变量识别，另一个是括号内的表达式处理。这两个内容在 4.2.6 中已经花了大量的篇幅去介绍，这里不再赘述，其本质和 expr 函数一样。通过 EBNF 定义 4-1 可知 expr 和 suffixedexp 以及 primaryexp 的关系，它们其实是通过递归来实现嵌套逻辑的。primaryexp 依然是输入一些 token，输出一个表达式上下文信息（expdesc 类型的变量）：

```
a => primaryexp => expdesc
(a + b *c) => primaryexp => expdesc
(((a))) => primaryexp => expdesc
...
```

下面通过图 4-92 来展示 primaryexp 和 suffixedexp 的关系。

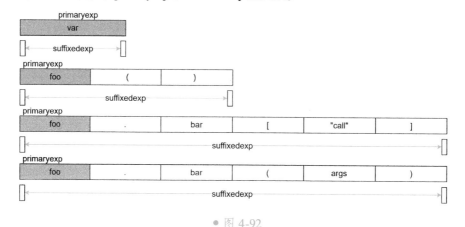

● 图 4-92

4.2.7.2 Lua 表访问

下面要讨论的内容是 Lua 表的访问。首先要先处理 primaryexp，这是 Lua 表的本体（即表自身），而访问处理也是针对它来进行的。从上面的 EBNF 规则来看，Lua 表的组织可以抽象为以下的形式。

```
primaryexp { .Name |'[' expr ']' }
```

直接通过 "." 和方括号（[]）来访问。下面通过一个例子来梳理一下 Lua 表访问的流程，同时也希望读者通过这个例子，自行推导其他复杂的情况。

```
foo.bar["call"][a]
```

上述表达式中，foo 是全局变量，表达式本身会交给 suffixedexp 函数来处理，而处理第一个 token 的是 primaryexp。此时，语法分析器会将 foo 直接转化到表达式上下文信息中，得到图 4-93 所示的结果。

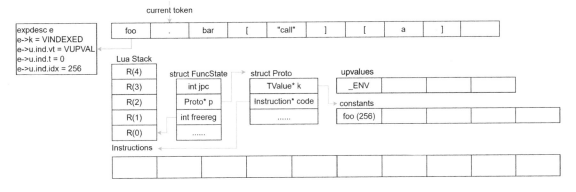

● 图 4-93

当前的 token 是 "."，因此进入通过点来访问表域的逻辑流程中，对应代码是前文 suffixedexp 函数定义中的第 500 行代码。此时需要做两件事情，第一件是将 e 中的信息转化为指令，第二件是获取 "." 之后的 simpleexp，并转化到新的表达式上下文信息中，于是得到图 4-94 所示的结果。

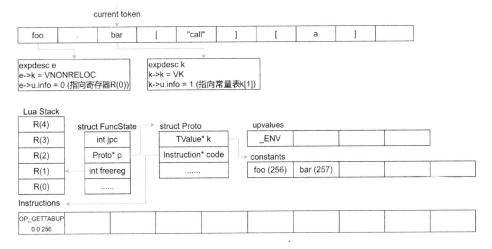

● 图 4-94

接下来，需要整合 e 和 k，并且获取下一个 token，得到图 4-95 所示的结果。

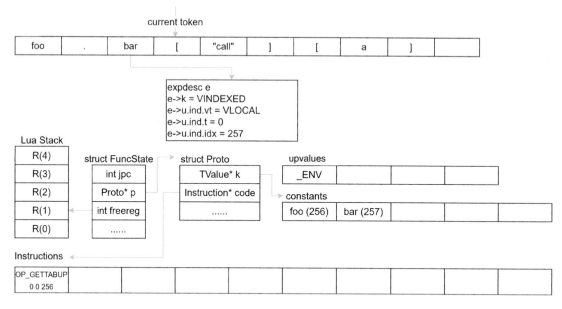

● 图 4-95

当前的 token 是 "〔"，此时进入方括号的表域访问流程中。先要把 e 中的信息转化为虚拟机指令，于是得到图 4-96 所示的结果。

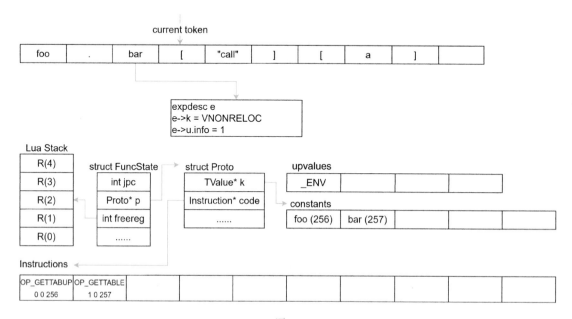

● 图 4-96

此时获得了一个 OP_GETTABLE 指令，B 为 0 表示操作对象位于 R（0），C 为 257 表示 key 值为 Kst

（257-256）= Kst（1），也就是常量表中的"bar"字符串，A 值为 1 表示访问结果存储到 R（1）中，这里需要注意 freereg 的变化。接下来，语法分析器会调用 luaX_next 函数，获取下一个 token，并且将字符串"call"的信息转化为新的表达式上下文信息，于是得到图 4-97 所示的结果。

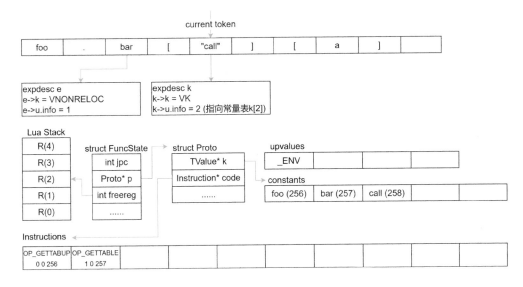

● 图 4-97

接下来，语法分析器会跳过下一个 token"]"，直接获得其后面的 token"["，并且整合 e 和 k，得到图 4-98 所示的结果。

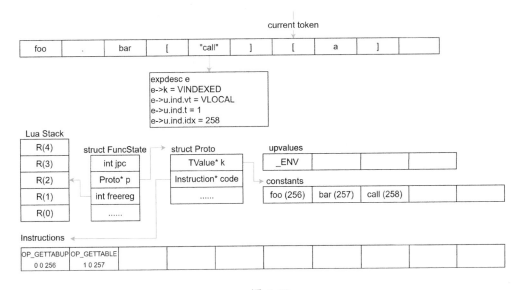

● 图 4-98

当前的 token 是"["，进入方括号访问表域的流程中。此时，先将 e 中的信息转化为虚拟机指令，然后通过 luaX_next 函数获取下一个 token：a，并将 a 转化为新的表达式上下文信息，于是得到图 4-99 所示的结果。

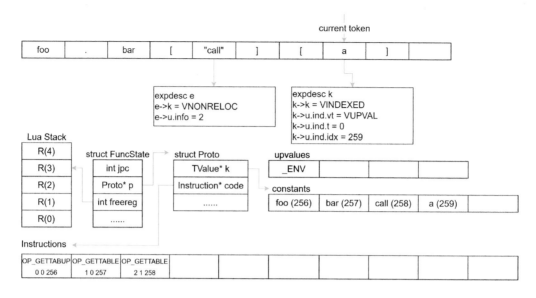

接着调用 luaX_next 函数，获得下一个 token：]，并且将表达式上下文信息 k 中的信息转化为虚拟机指令，于是得到图 4-100 所示的结果。

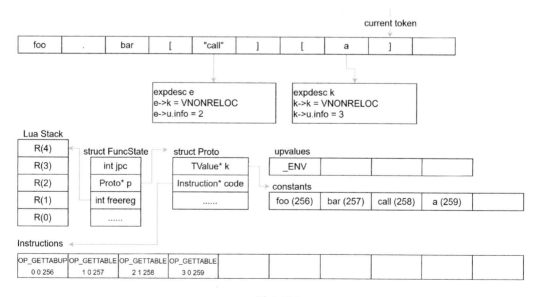

接下来就是要整合 e 和 k 了，得到图 4-101 所示的结果。

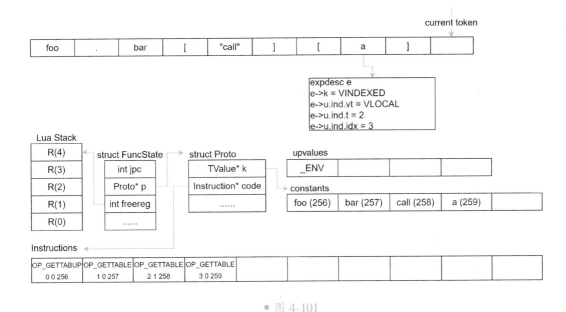

到目前为止，suffixedexp 对上面例子的处理就结束了，至于怎么将当前的表达式转化为虚拟机指令，读者可以参阅 4.2.6 节的相关内容，这里不再赘述。

4.2.7.3　函数调用

suffixedexp 是处理函数调用编译流程的。这里有两种模式，一种是通过 "." 访问，还有一种是通过 ":" 访问。前面已经花了大量的篇幅论述 expr 相关的编译流程，这里不打算继续通过这种方式来讲述，而是通过 protodump 工具来生成虚拟机指令，由读者自行推导编译流程。关于 protodump 的使用，读者可以阅读 3.5 节的内容。下面来看两个例子，第一个例子如下所示。

```
foo(a, b, c)
```

其生成的虚拟机指令如下所示。

```
1lua.dump
file_name= ../test.lua.out
+upvals+1+name [_ENV]
+proto+code+1 [iABC:OP_GETTABUP    A:0  B :0  C:256 ; R(A) := UpValue[B][RK(C)]]
|    |   +2 [iABC:OP_GETTABUP    A:1  B :0  C:257 ; R(A) := UpValue[B][RK(C)]]
|    |   +3 [iABC:OP_GETTABUP    A:2  B :0  C:258 ; R(A) := UpValue[B][RK(C)]]
|    |   +4 [iABC:OP_GETTABUP    A:3  B :0  C:259 ; R(A) := UpValue[B][RK(C)]]
|    |   +5 [iABC:OP_CALL        A:0  B :4  C:1   ; R(A), ... ,R(A+C-2) := R(A) (R(A+1),
... ,R(A+B-1))]
|    |   +6 [iABC:OP_RETURN      A:0  B :1        ; return R(A), ... ,R(A+B-2)  (see note)]
|    +maxstacksize [4]
|    +numparams [0]
|    +k+1 [foo]
|    |+2 [a]
```

```
|   |+3 [b]
|   |+4 [c]
|   +source [@ ../test.lua]
|   +linedefine [0]
|   +type_name [Proto]
|   +lineinfo +1 [1]
|   |      +2 [1]
|   |      +3 [1]
|   |      +4 [1]
|   |      +5 [1]
|   |      +6 [1]
|   +p
|   +lastlinedefine [0]
|   +localvars
|   +is_vararg [1]
|   +upvalues+1+instack [1]
|              +idx [0]
|              +name [_ENV]
+type_name [LClosure]
```

第二个例子如下所示。

```
foo:bar(a, b, c)
```

其生成的虚拟机指令如下所示。

```
1lua.dump
file_name= ../test.lua.out
+proto+p
|   +linedefine [0]
|   +maxstacksize [5]
|   +localvars
|   +k+1 [foo]
|   |+2 [bar]
|   |+3 [a]
|   |+4 [b]
|   |+5 [c]
|   +code+1 [iABC:OP_GETTABUP     A:0  B :0  C:256 ; R(A) := UpValue[B][RK(C)]]
|   |    +2 [iABC:OP_SELF         A:0  B :0  C:257 ; R(A+1) := R(B); R(A) := R(B)[RK(C)]]
|   |    +3 [iABC:OP_GETTABUP     A:2  B :0  C:258 ; R(A) := UpValue[B][RK(C)]]
|   |    +4 [iABC:OP_GETTABUP     A:3  B :0  C:259 ; R(A) := UpValue[B][RK(C)]]
|   |    +5 [iABC:OP_GETTABUP     A:4  B :0  C:260 ; R(A) := UpValue[B][RK(C)]]
|   |    +6 [iABC:OP_CALL         A:0  B :5  C:1   ; R(A), ... ,R(A+C-2) := R(A) (R(A+1),
...  ,R(A+B-1))]
|   |    +7 [iABC:OP_RETURN       A:0  B :1        ; return R(A), ... ,R(A+B-2)  (see note)]
|   +type_name [Proto]
|   +lineinfo+1 [1]
|   |      +2 [1]
|   |      +3 [1]
|   |      +4 [1]
|   |      +5 [1]
```

```
|  |      +6 [1]
|  |      +7 [1]
|  +is_vararg [1]
|  +lastlinedefine [0]
|  +numparams [0]
|  +source [@ ../test.lua]
|  +upvalues+1+instack [1]
|                +idx [0]
|                +name [_ENV]
+upvals+1+name [_ENV]
+type_name [LClosure]
```

▶▶ 4.2.8   assignment 构造和编译

下面回顾一下 assignment 的 EBNF 规则，如下所示。

```
assignment ::=suffixedexp {, suffixedexp} ['=' explist]
```

这样的语句一定要有一个运算符 “=”，位于 “=” 左边的是 suffixedexp，但不能是函数调用类型（funccall 类型），而右边的则是表达式列表。这个语句的工作就是将右边的表达式赋值到左边的变量，其函数实现如下所示。

```c
// luaparser.c
546 static void assignment(FuncState* fs, LH_assign* v, int nvars) {
547     expdesc* var = &v->v;
548     check_condition(fs->ls, vkisvar(var), "not var");
549
550     LH_assign lh;
551     lh.prev = v;
552
553     expdesc e;
554     init_exp(&e, VVOID, 0);
555     if (fs->ls->t.token == ',') {
556         luaX_next(fs->ls->L, fs->ls);
557         suffixedexp(fs->ls->L, fs->ls, fs, &lh.v);
558
559         assignment(fs, &lh, nvars + 1);
560     }
561     else if (fs->ls->t.token == '=') {
562         luaX_next(fs->ls->L, fs->ls);
563         int nexps = explist(fs, &e);
564         adjust_assign(fs, nvars, nexps, &e);
565     }
566     else {
567         luaX_syntaxerror(fs->ls->L, fs->ls, "syntax error");
568     }
569
570     init_exp(&e, VNONRELOC, fs->freereg - 1);
571     luaK_storevar(fs, &v->v, &e);
572 }
```

assignment 是递归调用的。下面通过一个例子来介绍赋值语句的编译流程，如图 4-102 所示。

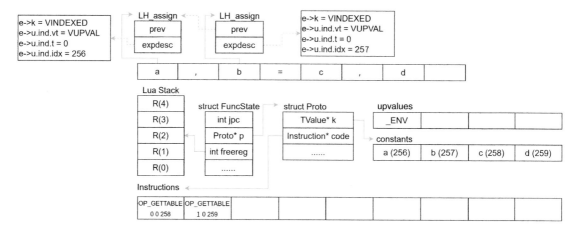

● 图 4-102

赋值语句如下。

```
a, b = c, d
```

从图 4-102 中梳理出如下的信息。

1）在赋值语句中，等号左边的变量是直接存储到 expdesc 结构中，并不会立即释放生成虚拟机指令。

2）等号右边的 explist 会先生成虚拟机指令。在 explist 编译完成后，就会逐一从离等号最近的变量开始赋值。

完成整个编译以后，得到图 4-103 所示的结果。

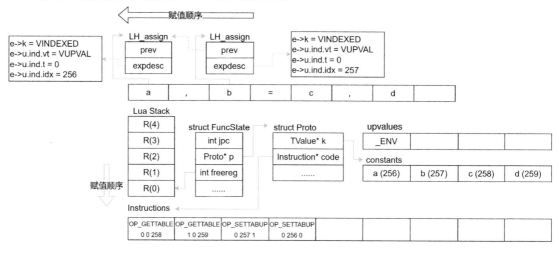

● 图 4-103

赋值顺序是根据变量列表，从右到左的顺序。赋值的内容则是从 freereg-1 开始，朝 R(0) 方向的顺序。到现在为止，就完成了对 assignment 编译流程的介绍了。

4.2.9　为 dummylua 添加编译 exprstat 的功能

本节的工程在随书源码的 C04/dummylua-4-2 中，读者可以自行下载，并编译运行。实际上，第 3 章、第 4 章的 4.1 和 4.2 用的是相似的代码，这 3 个部分将 Lua 编译器最基础的内容进行了分解说明。下一节，读者将接触到 Lua 完整的语法分析器实现。

4.3　完整的 Lua 语法分析器

前文已经详细介绍了 Lua 编译模块的一些基本知识。其中，第 3 章通过一个简单的打印 hello world 的例子，论述了编译出来的虚拟机指令如何存储到 Proto 结构中，再通过虚拟机执行流程；4.1 节详细论述了词法分析器的设计与实现；而 4.2 节则论述了表达式的编译流程。本节将作为 Lua 内置编译器论述的最后一个部分，后文将不再涉及编译相关的内容。当然，通过本节相信读者能够完全理解 Lua 内置编译器的设计与实现。

dummylua 仿照 lua-5.3.5 进行设计，它基本遵循了官方 Lua 的设计思路，测试用例的结果也与官方 Lua 对照过，基本保持一致。dummylua 基本实现了 Lua 的语法，但是没有实现 goto 语句。本节分多个部分，首先讨论语句块（block）的概念，然后论述 local、do-end、if、while、for、repeat、function 和 return 等语句的编译流程。

4.3.1　Lua 的语句块

首先要厘清的第一个问题，就是什么是 Lua 语句块？简单来说，Lua 函数体内或一些语句（如 if、while、for 和 reapeat 等）内部的语句序列的集合就是语句块，示例如下所示。

```
function name()
    block
end
```

函数体内部的所有代码就组成了语句块。如果一个脚本文件从未定义过任何函数，那么它是否包含在语句块中呢？比如一个名为 test.lua 的 Lua 脚本，其代码如下所示。

```
-- test.lua
local a = 1
local b = 1
print(a+b)
```

test.lua 脚本中未定义任何函数，但是里面的代码仍然属于一个语句块。这个语句块属于顶级函数（top-level function）（编译时，这个脚本会被作为函数看待，这个函数就是顶级函数）。语句块之间的关系，可以通过图 4-104 来展示。

由图 4-104 可知，最外层的语句块属于顶级函数，而函数 foo 内部，右括号到 end 之间的部分，则是函数 foo 的语句块。此外，do...end 结构的语句中，do 和 end 之间的部分是语句块；if 语句中，then 和 elseif、else 或 end 之间的部分也是语句块。

语句块内部的语句也可以有它自己的语句块。语句块概念的存在，能够快速清空一些 local 变量，并且更易于实现 break 语句。在后续的论述中，将对这些进行解释和说明。

结合附录 B，细心的读者可能会发现，代码块（chunk）从语法结构来说也是语句块。后文提到代码块和语句块时，读者应注意两者的关联。

4.3.1.1　语句块的数据结构

下面来看语句块在 dummylua 中的数据结构。该结构被定义在 luaparser.h 文件中。

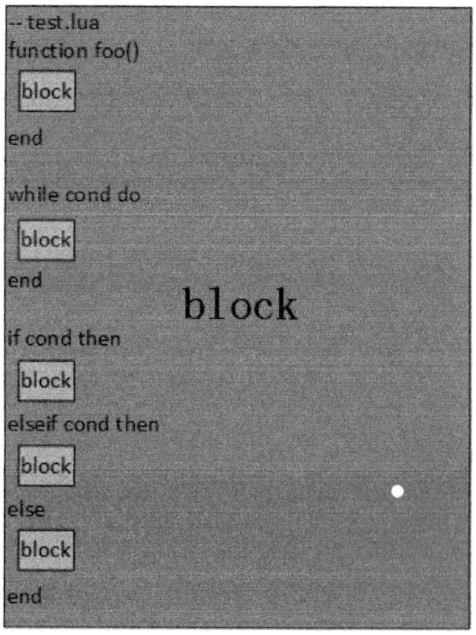

● 图 4-104

```
// luaparser.h
typedef struct BlockCnt {
    struct BlockCnt* previous;      // 前一个语句块
    lu_byte nactvar;                // 进入新的语句块前,local 变量总数
    int is_loop;                    // 是不是循环语句的语句块
    int firstlabel;                 // 第一个标签在标签列表中的位置
                                    // 在 dummylua 中,标签指的是 break 标签
} BlockCnt;
```

下面逐一对上述代码 BlockCnt 内的变量进行说明。

1）previous 指针：该指针指向前一个语句块，当其是顶级函数的语句块时，previous 的值为 NULL，如图 4-105 所示。

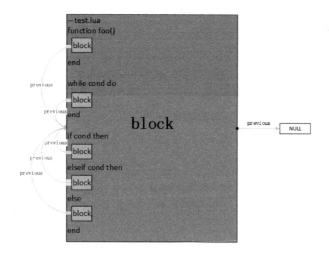

● 图 4-105

2）nactvar：活跃变量总数，其本质就是 local 变量的总数。这里存储的是进入新语句块前，当前 local 变量的总数。在退出当前语句块的时候，将根据这个值清空当前语句块的 local 变量。

3）is_loop：循环语句的语句块。is_loop 会被设置为 true，当其为 true 时，在退出语句块阶段，将用于处理 break 语句的跳转。

4）firstlabel：当前语句块。第一个 break 语句在全局标签列表中的位置，用于查找与循环语句相对应的 break 指令。

4.3.1.2 进入语句块的逻辑流程

接下来讨论进入语句块和离开语句块的逻辑流程。先来看进入语句块都做了什么，其实现逻辑代码如下所示。

```
// luaparser.c
static void enterblock(struct lua_State* L, LexState* ls, BlockCnt* bl, int is_loop) {
    FuncState* fs = ls->fs;
    bl->nactvar = fs->nactvars;         // 将当前 local 变量总数赋值给 bl->nactvar
    bl->is_loop = is_loop;              // 指定的语句块是否是循环语句的语句块
    // 将当前 FuncState 实例的语句块,设置为新语句块的前一个 block
    bl->previous = fs->bl;
    fs->bl = bl;                        // 将新语句块设置为 FuncState 实例的当前语句块

    if (is_loop) {
    //记录该语句块第一个 break 语句应该处在的位置
        bl->firstlabel = ls->dyd->labellist.n;
    }
    else {
        bl->firstlabel = -1;
    }
}
```

每一步操作，注释都有说明。FuncState 实例实际上是对某个 Lua 函数进行编译的时候，创建用于暂存编译信息的临时变量。同样它也包含了当前编译语句块的信息，进行不同部分的编译时，它也会切换语句块的指针。

4.3.1.3 离开语句块的逻辑流程

接下来看一下离开语句块的逻辑流程，其实现逻辑如下所示。

```
// luaparser.c
static void leaveblock(struct lua_State* L, LexState* ls) {
    FuncState* fs = ls->fs;
    BlockCnt* bl = fs->bl;

    // 清空当前 local 变量的统计,可以理解为当前语句块的 local 变量被清空
    removevars(L, ls);

    fs->nactvars = bl->nactvar;         // 获得除了当前语句块以外的 local 变量数量
    fs->freereg = fs->nactvars;         // 调整寄存器指示变量

// 重置 local 变量,为进入当前语句块之前的状态,实际上也是清空本语句块的 local 变量的操作
```

```
            fs->nlocalvars = bl->nactvar;

            if (bl->is_loop) {                   // 如果是循环语句的语句块退出,则需要处理 break 逻辑
                breakjump(L, ls, bl);
            }

            fs->bl = bl->previous;               // 返回上一层语句块
        }
```

上面的注释，对离开语句块的操作进行了一些说明。由于一些具体术语概念还没有详细解释，因此读者只要理解语句块的概念以及关注进入和离开事件即可，其他内容将在后续逐步展开论述。

▶▶ 4.3.2 local 语句编译流程

下面开始讨论 local 语句编译流程，先来看 local 语句的 EBNF 定义。

```
local namelist ['=" explist]
namelist = Name {'," Name}
```

对于 local 语句来说，它的 EBNF 定义非常简单，不过在讨论之前，建议读者还是先复习一下 3.7.5 节的 FuncState 的数据结构。

另外，还需要关注另外一个数据结构 Dyndata，定义如下所示。

```
// luaparser.h
typedef struct Dyndata {
    struct {
        // 记录 local 变量的信息,索引为 local 变量所在的寄存器,而值则是 Proto 结构中 localvars 列表的
            索引,用于查找 local 变量名
        short* arr;
        int n;              // 下一个 local 变量要存储的索引
        int size;           // array 列表的大小
    } actvar;
    Labellist labellist;
} Dyndata;
```

Dyndata 数据实例保存在词法分析器 LexState 实例的 dyd 变量中。在对这些结构重新进行梳理之后，准备开始编译 Lua 脚本的内存形态，下面通过图 4-106 来展示：

接下来看 local 语句的编译流程。前面已经展示了 local 语句的 EBNF，当语法分析器识别语句的首个 token 为 local 类型时，则需要判断该语句是 local 语句还是 local 函数语句（稍后会讨论）。当代码不符合 local 函数语句的语法结构时，则进入到 local 语句的编译分支中。token TK_LOCAL 之后到 token "=" 之前的部分被称为变量（variable），伪代码如下。

```
local var1, var2;
local var3, var4 = exp1, exp2
```

上述伪代码中的 var1、var2、var3 和 var4 都是变量，那么编译器会怎么处理这些变量呢？首先，它们会被按顺序存入 Proto 结构的 locvars 表中，同时，也会被存入 Dyndata 数据结构中。上面的例子可以通过图 4-107 来展示。

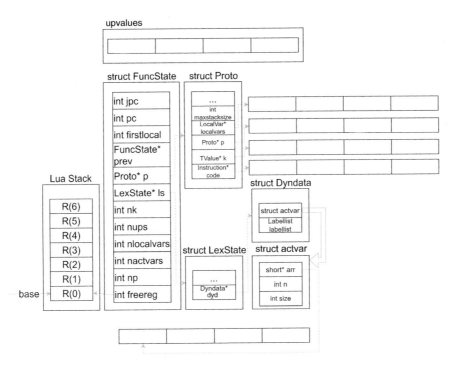

● 图 4-106

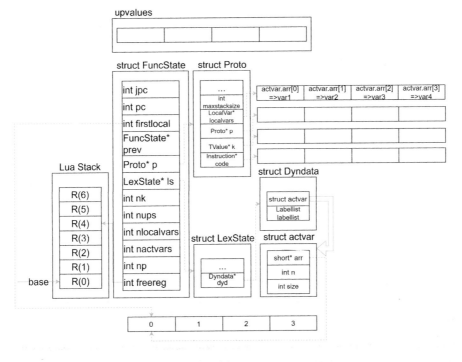

● 图 4-107

图 4-107 中的 locvars 列表和 arr 列表均填上了对应的信息。var1 ~ var4 被存到了 Proto 的 locvars 列表中，而 dyd->actvar->arr 则存了 locvars 列表的索引。在 Proto 结构中，locvars 列表的索引指明了该 local 变量位于哪个寄存器中。比如 var1 位于索引值为 0 的位置，那么它在 Lua Stack 中的位置就是 R(0)，var2 位于 R(1)、var3 位于 R(2)、var4 位于 R(3)。图中指示下一个被使用的空闲寄存器的变量 freereg 指向了 R(4)。这么做的目的是，local 变量是暂存在寄存器中的，只要语句块没退出，local 变量会一直占用寄存器（Lua 通过栈的空间来表示寄存器），调整 freereg 的目的是为了避免原来的 local 变量被覆盖。

local 变量的赋值和全局变量的赋值逻辑是很不一样的。以上面的例子为例，假设 exp1 和 exp2 的值为 e1 和 e2，那么将得到图 4-108 所示的结果。值是直接被赋值到栈上的，并没有像全局变量一样，用一个表存储 local 变量的 key，并将其值作为 value 进行存储。Lua 栈上的值也只做示意用。在编译阶段，其实并不会执行指令进行操作。现在一个新的问题来了，查找一个全局变量可以到_ENV 中查找，那么查找一个 local 变量，又该如何查找呢？还是用上面的例子，并以查找 var1 为例。

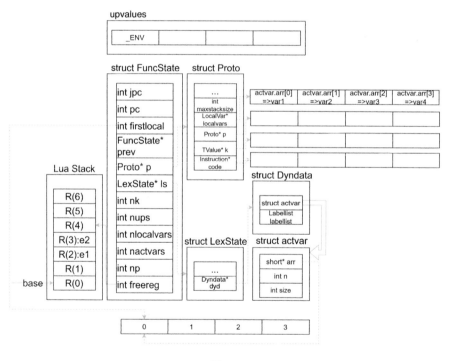

● 图 4-108

1）首先，编译器会找到 Dyndata 结构中的 arr 数组，找到最右边的有效值，如图 4-109 所示。图中 arr 数组右侧的虚线粗箭头，就是 arr 表中最后一个有效的 local 变量。这里需要注意的是，Dyndata 是所有函数共享的，因此每个函数进行编译的时候，都要记录其首个 local 变量在 ls->dyd->actvar->arr 中的位置。

2）右侧虚线粗箭头所指向的值为 3，意味着这个 local 变量位于当前编译函数的 localvar 列表中第 4 的位置，也就是 FuncState 结构实例的 p->localvars［3］变量。此时需要将它的变量名和要查找的

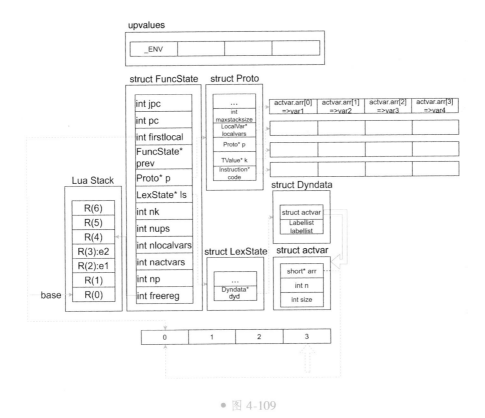

● 图 4-109

var1 变量名进行对比，因为变量名 var4 和 var1 不相等，因此这个 local 变量不是要找的变量。此时右侧的虚线粗箭头需要向左移一位，去查找下一个 local 变量。用相同的方式查找，看看它是否是要查找的变量。

3）根据上述的流程，FuncState 结构实例的 p->localvars［2］的变量名也不是 var1，因此需要继续向左移动。

4）当右侧虚线粗箭头，移动到 FuncState 结构实例的 firstlocal 变量所指向的位置时，p->localvars［0］上的 local 变量就是要查找的 var1。此时获取 localvars 表的索引值 0，这个 0 表示 var1 位于寄存器 R（0），也就是说 R（0）的值就是 local 变量 var1。

为什么要以从右往左的顺序查找呢？按照编译流程，在 ls->dyd->actvar->arr 列表中，越是在右边的 local 变量，说明其所处的语句块层次越深，而 local 变量是允许重名的，比如下面的例子。

```
local var1 = 10

do
    local var1 = 100
    print(var1)
end
```

do 和 end 之间是一个层次更深的语句块，而 do 和 end 之间的 var1，此时位于 dyd-> actvar->arr 的最右侧，而 print 函数显然是要找离自己最近的 var1，因此从右往左找能够找到相同语句块的 local 变量，从而进行正确的处理。

当在 FuncState 结构实例的 p→localvars 中没找到想要的变量时，则会去上值列表中查找；如果还找不到，则会到外层函数的 local 列表中查找，接着是外层函数的上值列表；如果再找不到，则需要再往外一层的函数查找；最后会到_ENV 中，也就是全局表中查找。当 local 变量很多的时候，查找一个全局变量是非常耗时的，这也是为什么将全局变量先赋值到一个 local 变量能够提升运行效率的原因，如下所示。

```
local math = math

math.xxx()
....
```

local 变量也不是能够被无限定义的，它也有一个上限值，默认是 200 个，超过 200 个解释器将会在编译阶段报错。

前文已经对存储 local 变量的数据结构、识别和存放方式、赋值方法和查找方法进行了介绍。接下来，将通过一个新的例子展示 local 语句的编译流程。

```
local a, b, c = 1, 2
```

首先，语句的首个 token 是 TK_LOCAL，并且紧随其后的 token 是 TK_NAME 类型，因此进入到 local 语句的编译分支中。编译器会先对 local 之后，" = "之前的变量部分进行处理，即将它们存入 FuncState 结构实例的 p->localvars 列表和 ls->dyd->actvar->arr 列表中，于是得到图 4-110 所示的结果。

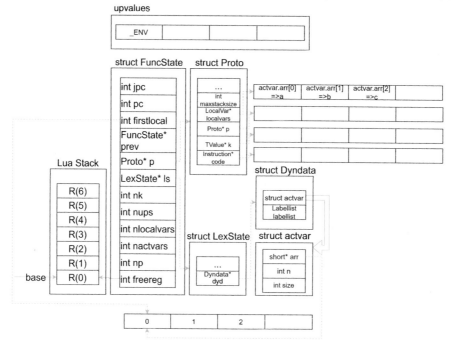

● 图 4-110

变量 a、b 和 c 都被存入 FuncState 结构实例的 p->localvars 列表中了，而常量表 k 不会写入任何东西，因为不需要。此时 freereg 也仍然指向 R(0)，因为尚未生成任何指令，目前阶段也只是对变量进行处理。这里还需要关注 ls->dyd->actvar->arr 和 p->localvars 的对应关系。

在处理完变量之后，接下来是处理等号。编译器会按照 explist 的处理流程，处理等号右边的表达式列表。其处理流程也非常简单，就是将 1、2 的值先写入常量表 k 中，然后生成两个 OP_LOADK 指令。由于左边变量的数量多于右边表达式的数量，因此，多出来的变量需要赋值为 nil。如果变量的数量少于表达式的数量时，多出来的表达式则会被丢弃。编译后的结果如图 4-111 所示。

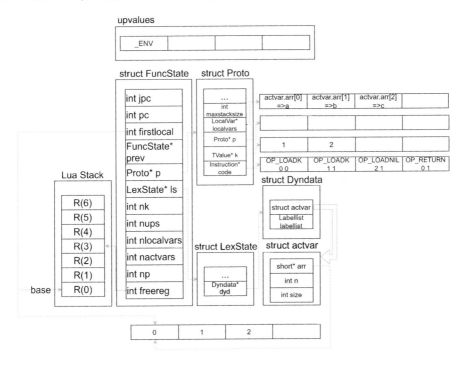

● 图 4-111

注意此时 freereg 的指向，前面的寄存器已经被三个 local 变量占据了，所以 freereg 的值为 3。此外，还需要注意的是，在编译上面的赋值语句时，不用查找变量，只有在对 local 变量进行访问时，才需要去查找 local 变量。到目前为止，就完成了 local 语句的编译流程了。

▶▶ 4.3.3　do-end 语句编译流程

对于 do-end 语句，可以先看看它的 EBNF 描述。

```
do
    block
end
```

前面已经讨论过 local 语句的编译流程，下面可以进一步观察进入语句块（enterblock）和离开语句块（leaveblock）对 local 变量的处理。承接上一节的例子，下面来看一个新的例子。

```
local a, b, c = 1, 2
do
    local a, b = 3, 4
end
```

在完成第一行代码编译的时候，就得到了图 4-111 所示的结果。接下来，进入 do-end 的编译逻辑中。此时要执行 enterblock 的逻辑流程，这时需要一个新的 BlockCnt 变量，用它来存储当前的 local 变量数量，于是得到图 4-112 所示的结果。

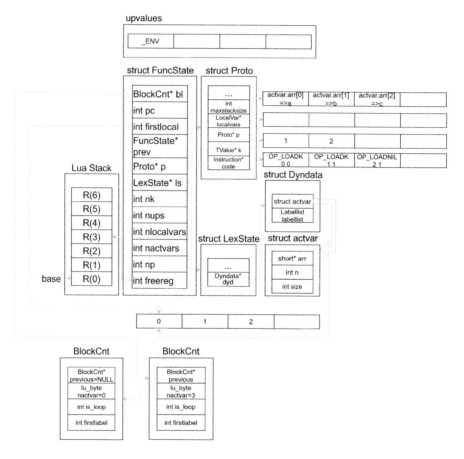

● 图 4-112

图 4-112 下方有两个 BlockCnt 的结构实例，其中左边是原来 FuncState 结构实例的 bl 变量指向的那个。进入 do-end 语句以后，则创建了一个新的 BlockCnt 实例，此时 bl 要指向新的 BlockCnt 实例。而新 BlockCnt 实例的 previous 指针则指向原来的那个 BlockCnt 实例。新的 BlockCnt 实例，要记录到目前为止，do-end 之外的所有 local 变量的总数。而此时的 local 变量一共有 3 个，因此 nactvar 的值为 3。接下来，编译器将编译 do-end 内的代码。首先将 a 和 b 加入到 FuncState 的 p->localvars 列表中，同时拓展 ls->dyd->actvar->arr 列表，于是得到图 4-113 所示的结果。

读者应该留意到，此时 FuncState 的 nactvars 的值已经变成了 5，因为此时的 local 变量已经达到了

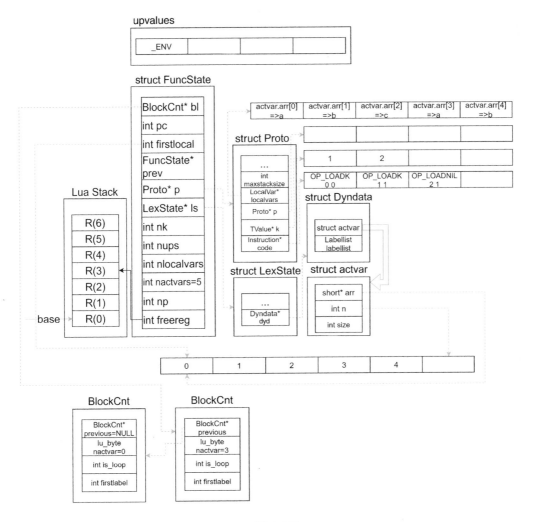

● 图 4-113

5 个。而 bl->nactvars 则保持不变，因为它代表进入当前语句块前 local 变量的总数，此时相应的信息也填入了 p->localvars 和 ls->dyd->actvar->arr 中。接下来就是编译等号右侧的 explist 了。3 和 4 是常量，因此，会先将这两个数值写入常量表 k 中，也就是 fs->p->k 列表中，于是得到了图 4-114 所示的结果。

至此，do-end 内的代码就编译完了。接下来是退出语句块的流程，首先要做的是将 FuncState 的 nlocalvars、nactvars 和 ls->dyd->actvar.n 的值回退。那么问题来了，回退多少？回退的含义是什么？第一个问题，现在的目标是将当前语句块的 local 变量清空，那么回退的数量自然是当前语句块的 local 变量的数量。于是，只需要将 FuncState 的 nactvars - bl->nactvars 就能得到，因为 nactvar 总是能和 nlocalvars 变量同步。第二个问题，回退的含义是将原来被占用的空间给新语句块的 local 变量暂存。在完成 leaveblock 的操作之后，得到了图 4-115 所示的结果。

这里还需要注意的是，FuncState 的 freereg 也被重置了，直接被置放到 local 变量 c 的上方。这样清退了前一个语句块的 local 变量，至于之前的局部变量的一些信息，GC 将会在合适的时间将其清理。

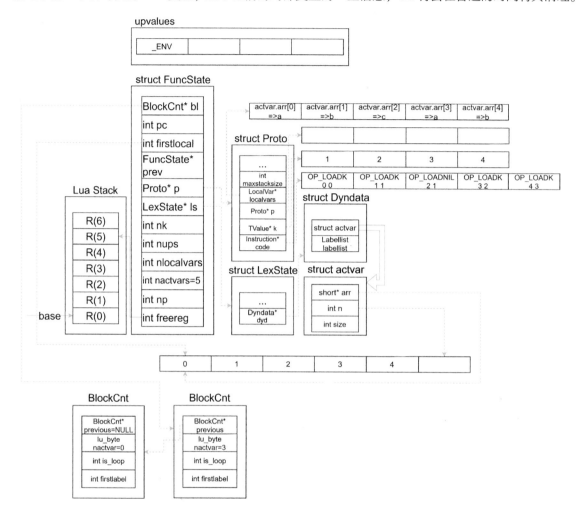

● 图 4-114

▶▶ 4.3.4　if 语句编译流程

下面开始讨论 if 语句的编译流程。按照惯例，首先要描述 if 语句的 EBNF，其 EBNF 如下所示。

```
ifstat ::= if cond-part then block { elseif cond-part then block } [ else block ] end
cond-part ::= expr
```

从 EBNF 来看，当语句的首个 token 是 TK_IF 时，进入 ifstat 的编译分支。花括号内的部分代表可以出现 0 次或者多次，方括号内的部分代表可以出现 0 次或者 1 次。表达式的编译流程，已经在 4.2 节进行了详细的介绍，这里不再赘述。

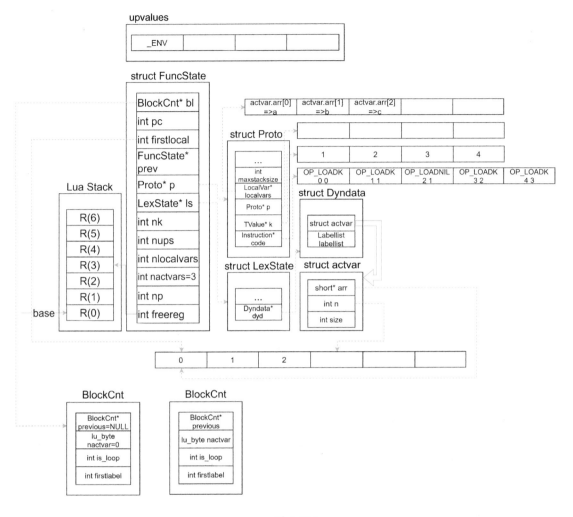

● 图 4-115

尽管 EBNF 能够很好地描述 if 语句的语法结构，但是有些细节它是无法表达的。比如 cond-part，其不仅是要计算一个表达式的值，并把值放入某个寄存器，它还需要生成对该寄存器进行测试的指令和进行条件跳转处理、逃逸跳转处理等。

从结构上看，if 语句由以下几个部分组成。

1）if、elseif：表示随后跟着的是 cond-part 的保留字。

2）cond-part：条件判断的部分。

3）then-part：保留字 then 和其后的语句块。

4）else-part：保留字 else 和其后的语句块。

5）保留字 end：表示结尾的部分。

接下来，通过图 4-116 来展示 if 语句的跳转流程，通过一个例子展现 if 语句的编译流程。

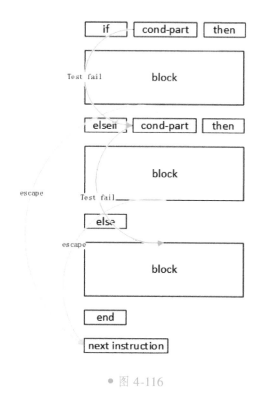

图 4-116 中，当 cond-part 测试失败时，要么跳转到下一个 cond-part 的测试中，要么跳转到 else-part 中，或直接跳过 if 语句进入下一个语句。当 then-part 结束时，会执行图 4-116 中的 next instruction 跳出来，因为 if 语句每次只能执行一个分支。

接下来看另一个例子，通过该例子来熟悉 if 语句整体的编译流程。

```
local a, b, c = 10, 30, 20
if a >= b then
    print("a>=b")
elseif a <= c then
    print("a<=c")
else
    print("else-part")
end
```

由于在 4.2 节中，详细介绍了表达式（expr）的编译流程，因此这里会略过很多细节，直接写入生成结果。首先要对 local 语句进行编译，得到图 4-117 所示的结果。

接下来进入到 if 语句的编译流程。先跳过 token：TK_IF，然后开始编译第一个 cond-part：a>=b，于是得到图 4-118 所示的结果。

图 4-118 的 code 列表中，新增的两个指令（OP_LE 和 OP_JMP 指令）就是 cond-part 编译后的结果。这里回顾一下 OP_LE 指令的结构：

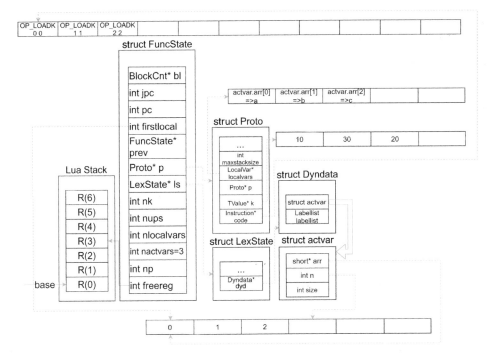

● 图 4-117

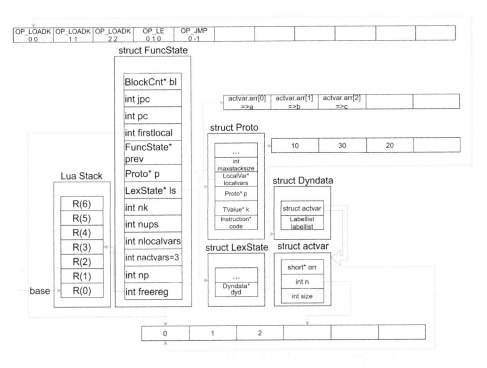

● 图 4-118

```
OP_LE A B C
if ((RK(B) <= RK(C)) ~= A) then pc++]
```

在本例中的含义则是，R(1) <=R(0) 的结果不等于 0（也就是 R(1) <=R(0)，即 b<=a 成立），那么 PC 变量自增，也就是跳过 OP_JMP 指令，直接执行第一个 then-part 的逻辑，否则执行 jump 指令。这个 jump 指令会跳到下一个 cond-part 中进行新的判断。

这里需要注意的是，cond-part 里生成的 OP_JMP 指令是 iAsBx 模式，也就是用高 18 位来表示跳转的相对地址值。为了既能表示正值，又能表示负值，编译器用 131071 表示 0 值，−1 则用 131070 来表示。这里为了方便读者理解，直接填写−1，而不是 131070。接着编译器对第一个 then-part 进行编译，得到图 4-119 所示的结果。

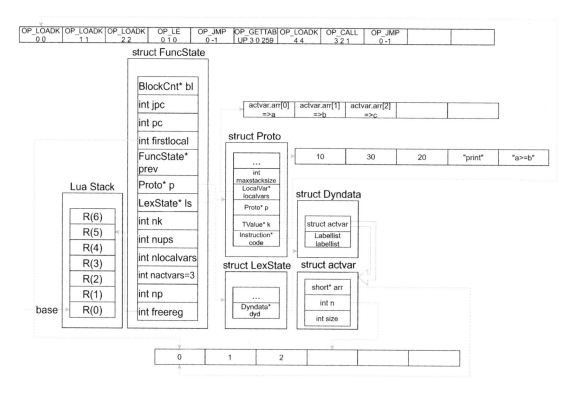

● 图 4-119

这个 then-part 编译好的指令为范围 code[5]（即<OP_GETTABUP 3 0 259>）~code[8]（即<OP_JMP 0 -1>）之间的指令，主要用于区分。完成了第一个 then-part 的编译后，接下来是 elseif 之后的那个 cond-part 的编译了，得到图 4-120 所示的结果。

第一个 OP_JMP 指令指向了第二个 cond-part 的第一个指令，因为 PC 变量会执行自增的操作，因此这里的−1 被改成了 4。这里需要注意的是，FuncState 的 jpc 变量一直指向的是第一个 OP_JMP 指令。接下来对第二个 then-part 进行编译，于是得到图 4-121 所示的结果。

第二个 then-part 的编译流程很简单，就是将 "a<=c" 这个字符串打印。接下来则是进行 else-part 的编译，得到图 4-122 所示的结果。

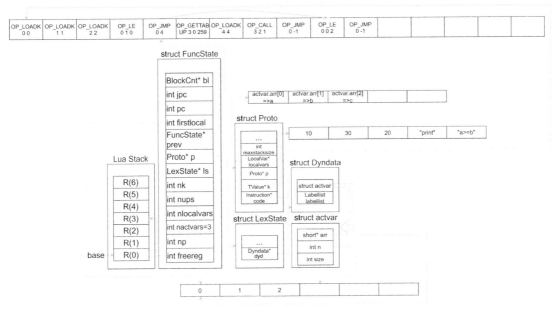

● 图 4-120

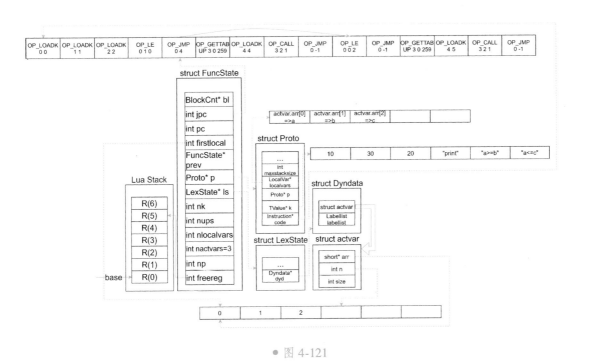

● 图 4-121

图 4-122 中，第二行 code 列表就是 else-part 的编译结果。它先将 print 函数入栈，然后将 "else-part"这个字符串入栈，最后调用刚入栈的 print 函数。else-part 完成编译之后，就进入到了最后的收尾阶段。这里需要处理逃逸跳转，也就是 then-part 执行完之后，跳转到下一个语句生成的第一个指令中，于是得到了图 4-123 所示的结果。

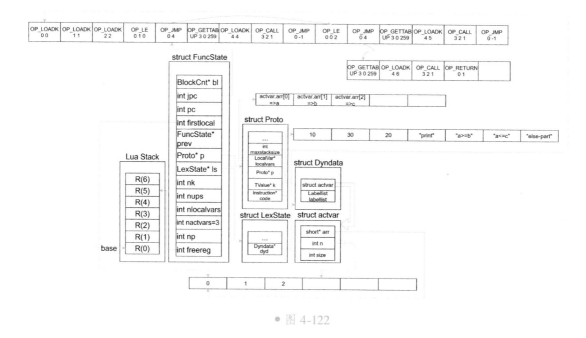

● 图 4-122

到目前为止就完成了 if 语句的编译流程介绍了。

▶▶ 4.3.5　while 语句编译流程

下面开始介绍循环语句的编译流程，先从 while 语句开始。首先来看 while 语句的 EBNF 描述。

　while cond-part do block end

while 语句主要由以下几个部分组成。

1）TK _ WHILE：表示进入 while 语句编译流程的首
部token。

2）cond-part：条件判断部分，判断是否要进入循环。

3）do-end：while 循环语句的 body 部分，执行其他的语句。

4）跳转回 cond-part 的 jump 指令：这个指令紧随语句块
（block）的最后一个指令，跳转回 cond-part 判断是否需要继
续循环。

先通过一个逻辑结构图来展示 while 语句的语法结构（如
图 4-124 所示），然后通过一个例子来对 while 语句的编译流程
进行阐述。

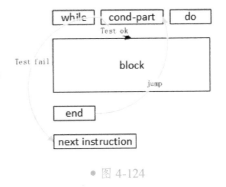

● 图 4-124

例子如下所示。

```
local i = 0
while i < 10 do
   i = i + 1
   print(i)
end
```

编译器先编译第一行语句，然后得到图 4-125 所示的结果。

在图 4-125 中，将 local 变量 i 写入了 FuncState 结构的 p->localvars 列表中，将 0 写入常量表 p->k
中，此外 ls->dyd->actvar->arr 也有所调整。接下来，则进入到 while 语句的编译中。在识别了 while
语句的首个 token：TK_WHILE 以后，编译器进入到 cond-part（i<10）的编译中，得到图 4-126 所示
的结果。

和 if 语句类似，这里的 cond-part 除了将 i<10 这个表达式编译成指令外，还在这个表达式指令之
后添加了一个 OP_JMP 指令。这个 jump 指令将在测试失败时，跳转到下一个语句的第一个指令中。接
下来，就进入到 while 语句 body 部分的编译了。这里需要进入到新的语句块，首先会进行 i=i+1 的编
译工作，于是得到图 4-127 所示的结果。

新的指令将 local 变量 i 增加了 1，并且将结果存回到 local 变量 i 的寄存器位置上。接下来要编译
语句块的另一个语句，就是 print（i）。结合图 4-128，它首先将 print 函数压入栈中，然后将参数 i 的
值移动到函数 print 的上方，最后通过调用函数的指令来执行这个流程。

到目前为止，while body 部分的语句块编译就结束了。但这是一个循环语句，因此语句块执行完
之后，还需要跳转到 cond-part 进行新的判断，于是需要新增一个 jump 指令，得到图 4-129 所示的
结果。

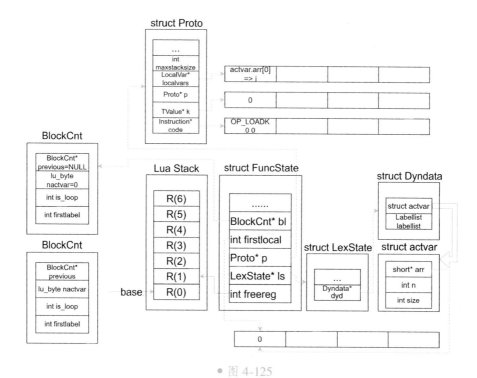

● 图 4-125

● 图 4-126

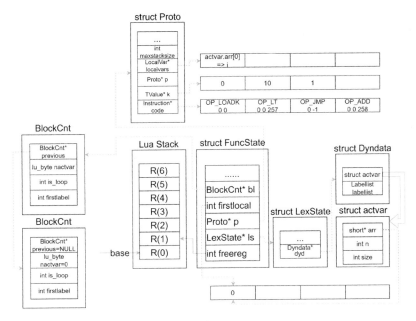

• 图 4-127

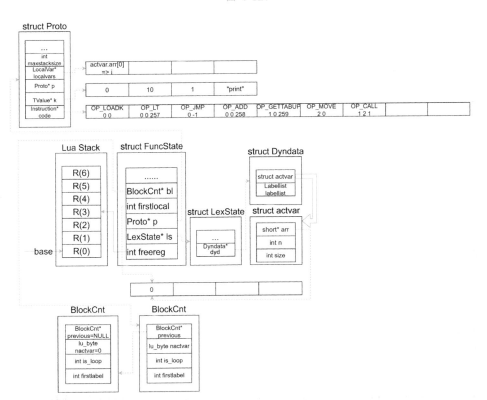

• 图 4-128

jump 指令跳转到条件判断的流程中，同时 **OP_LT** 指令测试失败时，指令跳转到下一个语句的第一个指令中。到目前为止，对 while 语句编译流程的论述就结束了。

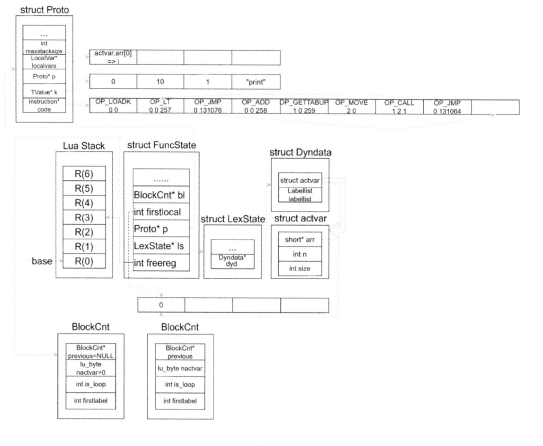

● 图 4-129

▶▶ 4.3.6　repeat 语句编译流程

下面开始介绍 repeat 语句的编译流程，其 EBNF 如下所示。

```
repeat block until cond-part
```

下面对 repeat 语句的组成结构进行详细说明。

1）TK_REPEAT：该 token 标志着进入到 repeat 语句的编译流程分支中。

2）body 部分：repeat 之后、until 之前的语句集合就是 repeat 语句的 body 部分。它实际是一个语句块（block）。

3）TK_UNTIL：表示 cond-part 的引导 token，在其之后是条件判断部分 cond-part。

4）cond-part：条件判断部分，判断是否能够继续循环。

通过图 4-130 来展示 repeat 的循环跳转逻辑。通过一个例子来展示 repeat 语句的编译流程。

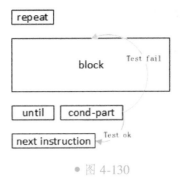

● 图 4-130

例子如下所示：

```
local i = 0
repeat
    i = i + 1
until i > 100
```

编译器先执行 local 语句的编译，得到图 4-131 所示的结果。接下来进入到 repeat 语句的 body 部

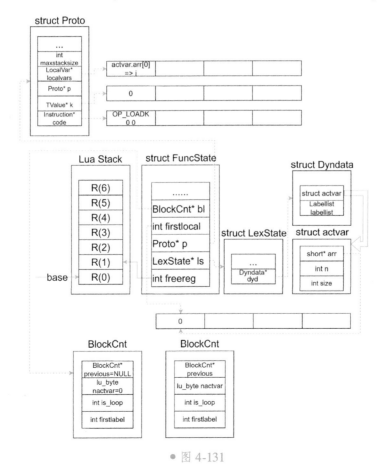

● 图 4-131

分，现在开始编译 i=i+1，于是得到图 4-132 所示的结果。这里将 local 变量 i 和常量 1 相加，并且存回到 local 变量 i 的寄存器中。到这一步为止，repeat 语句的 body 部分就执行完了，后面则跳过 until，对 cond-part 进行编译，得到图 4-133 所示的结果。

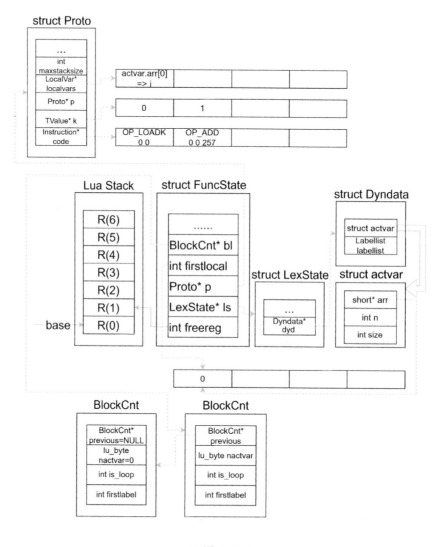

● 图 4-132

如果 cond-part 测试通过，则跳过 jump 指令进入下一个指令；如果测试失败，则回到 OP_JMP 指令上方箭头所指的指令。至此，就完成了对 repeat 语句编译流程的介绍了，其他的情形读者可以结合 4.2 节的内容，自行推导。

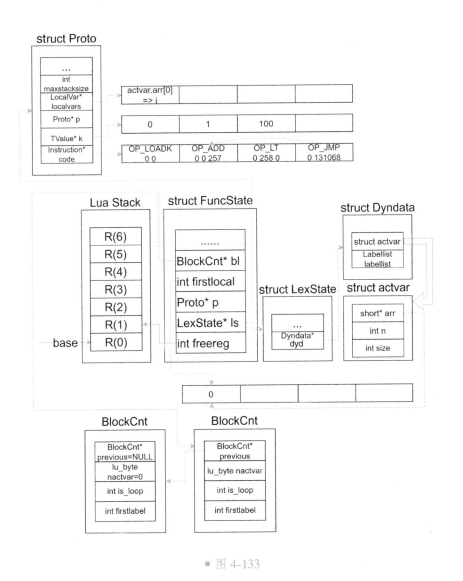

● 图 4-133

▶▶ 4.3.7 for 语句编译流程

接下来介绍最后一种循环语句：for 循环。for 循环语句，从类别上分主要有两大类：一类是 fornum，另一类是 forlist。它们的语法结构也不同，fornum 的 EBNF 如下所示。

```
for Name '=' exp ',' exp [',' exp] do block end
```

fornum 的语法结构可以梳理成图 4-134 所示的形式，下面对其各部分进行说明。

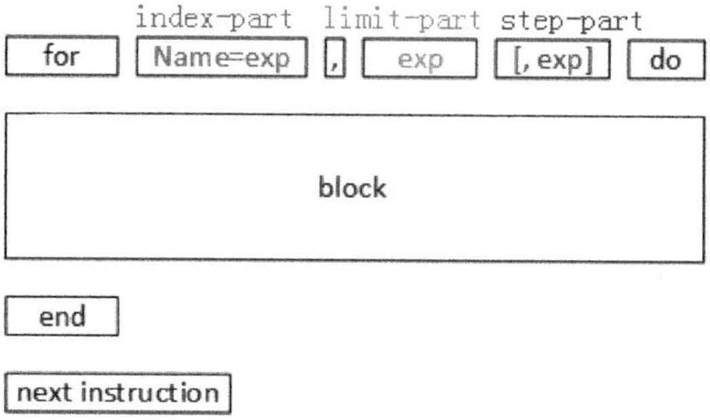

● 图 4-134

1）TK_FOR：该 token 表示应当进入到 for 语句编译流程分支。

2）index-part：索引值定义部分。在 fornum 类型中，这里一般是给一个局部变量赋初值的。Name 是 TK_NAME 类型的 token，是局部变量，"="后表达式的值应当是数值类型。

3）limit-part：限制部分。超过 limit 之后，将不再进行循环。

4）step-part：每次执行完 fornum 的 body（实际上就是语句块 block）之后，初始化部分的局部变量每次要加的值，可以省略，默认值是 1。

5）body-part：do-block-end 的部分，是循环的本体。

下面通过一个例子来说明 fornum 的编译流程。

```
for i = 1, 10 do
    print(i)
end
```

编译器首先识别语句的第一个 token：TK_FOR，然后识别表达式"i = 1"，表明现在要进入 fornum 的编译流程。此时编译器分别对 fornum 语句的 index-part、limit-part 和 step-part 进行编译，得到图 4-135 所示的结果。

图 4-135 包含的信息很多，已经涵盖了 fornum 语句的初始化部分，下面对它进行归纳。

1）生成 4 个 local 变量，分别是"（for index）""（for limit）""（for step）"和 i。变量分别对应的是 for 语句中的局部 index 变量 i、循环限制 10 次、局部变量 i 的自增值，以及局部变量 i 的副本。第四个变量其实是"（for index）"赋值过来的，至于为什么要做这个操作，和上值有关，相关的问题在后续上值相关的章节里深入探讨。在 Lua 虚拟机运行阶段，完成 fornum 初始化的堆栈信息，如图 4-136 所示。

2）fornum 语句初始化阶段，通过 OP_LOADK 指令将值分别放置到对应的寄存器中。这里需要留意的是 OP_FORPREP 指令，它的作用是对目标寄存器（也就是"（for index）"）减去"（for step）"的值，然后跳转到循环判断指令 OP_FORLOOP 处，进行是否执行循环逻辑的判断。用公式表达它的行为，则是"R(A)=R(A)-R(A+2)；PC+=sBx"。由于，现在 OP_FORLOOP 指令尚未生成，因此 OP_FORPREP 指令的第二个参数，目前赋值为 NO_JUMP（也就是-1）。

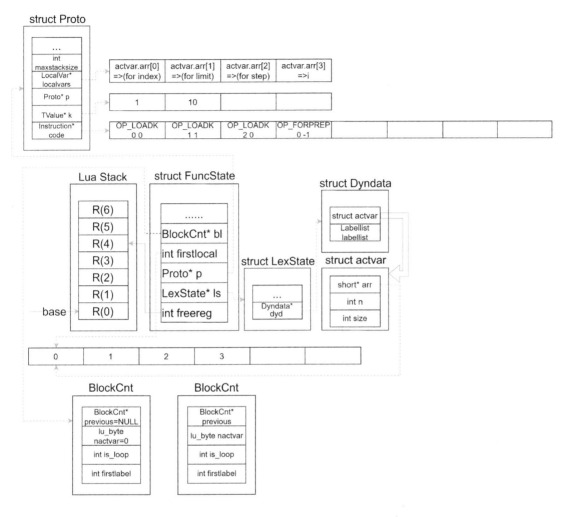

• 图 4-135

在完成了 fornum 的初始化流程之后，下面进入 body 的编译流程。首先进入到新的语句块，然后对 print（i）进行编译，最后生成一个判断是否执行循环体的指令 OP_FORLOOP，于是得到图 4-137 所示的结果。

上述为 fornum 语句的编译流程。这里需要注意以下几点。

1）当执行到 OP_FORPREP 指令之后，会对"（for index）"进行初始化操作，也就是将"（for index）"的值减去"（for step）"的值，然后跳转到 OP_FORLOOP 指令处。

2）OP_FORLOOP 指令会根据"（for step）"值的情况，对"（for index）"和"（for limit）"进行比较判断，当"（for step）"的值大于等于 0，且"（for index）"的值小于或者等于"（for limit）"的值时，那么 PC 变量会从 OP_FORLOOP 指令，顺着箭头跳转到目标指令处，否则执行 OP_

| index_value |
| (for step) |
| (for limit) |
| (for index) |

• 图 4-136

FORLOOP 的下一个指令。

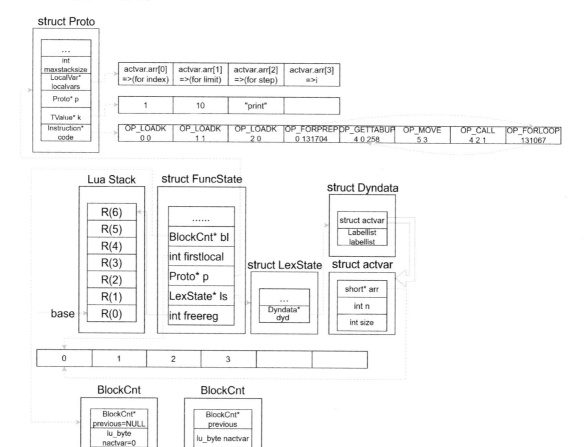

● 图 4-137

3）当 "（for step）" 的值小于 0，且 "（for index）" 的值大于 "（for limit）"的值时，OP_FOR-LOOP 跳转到箭头所指的指令中，否则执行 OP_FORLOOP 的下一个指令。

此外，OP_FORLOOP 指令会令 "（for index）" 的值加上 "（for step）" 的值，并将结果覆盖到 "（for index）" 上，当 OP_FORLOOP 满足跳转条件时，会令 index_value 部分赋值为 "（for index）" 的值，用伪代码表示则是：

```
R(A)+=R(A+2); if R(A) < ? = R(A+1) then { pc+=sBx; R(A+3)=R(A) }
```

下面开始介绍 forlist 语句的编译流程。首先看一下 forlist 的 EBNF 定义：

```
for namelist in explist do block end
```

按照上面的 EBNF 定义，forlist 语句中，用于循环的局部变量理论上可以是无限多的，保留字 in

之后的表达式列表理论上也应当支持无限多。dummylua 目前只支持常规的写法，因此 EBNF 将会调整为如下所示。

```
for kname, vname in funccall(exp) do block end
```

这里默认 funccall 是初始化迭代器的函数，exp 是它的参数，即要被遍历的表达式。exp 在这里要求是一个 Lua 表，kname 和 vname 是遍历时的 k 和 v 值。下面通过两个例子来探讨一下 forlist 的编译流程，第一个是 ipairs 调用，第二个是 pairs 调用。先来看第一个例子。

```
for k, v in ipairs(t) do
    print(k, v)
end
```

进入编译前，需要先对 forlist 语句进行初始化操作，for 之后 do 之前的部分，均参与到编译初始化的流程中，于是得到图 4-138 所示的结果。

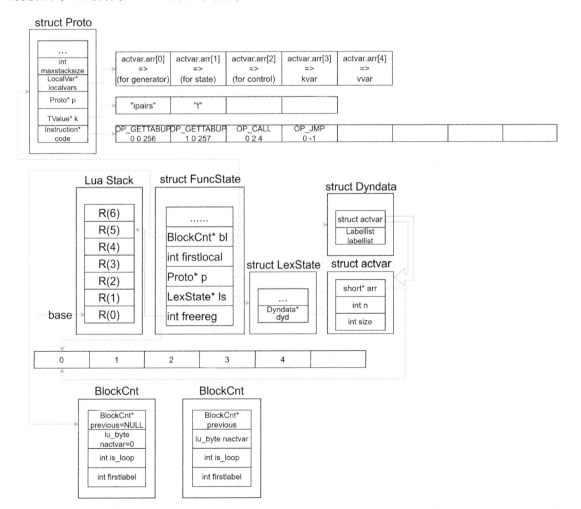

● 图 4-138

图 4-138 的初始化阶段，首先设置了一些局部变量"（for generator）""（for state）""（for control）"kvar 和 vvar，其中 kvar 和 vvar 分别对应上述的 k、v 值，而前面的几个部分，后面会讨论。然后编译器将 ipairs 函数压入栈中，把 ipairs 的参数也压入栈中，接着通过 OP_CALL 指令，调用了 ipairs 函数。ipairs 函数在 base 库中是 luaB_ipairs，其定义如下所示。

```c
// luabase.c
static int luaB_ipairs(struct lua_State* L) {
    lua_pushvalue(L, -1);
    setfvalue(L->top - 2, ipairs);
    lua_pushinteger(L, 0);

    return 3;
}
```

luaB_ipairs 函数的作用是将内部的 luabase.c 的 C 函数 ipairs（注意不是脚本中的 ipairs 函数）设置到"（for generator）"域，将要遍历的参数 t 放置到"（for state）"域，将 0 值设置到"（for control）"域，并预留 kvar 和 vvar 的位置。在虚拟机运行阶段，在完成 forlist 的初始化操作之后，虚拟机的内存结构如图 4-139 所示。

vvar
kvar
(for control):0
(for state):t
(for generator):ipairs

● 图 4-139

图 4-139 中 ipairs 的函数逻辑，如下所示。

```c
// luabase.c
static int ipairs(struct lua_State* L) {
    StkId t = L->top - 2;
    if (! ttistable(t)) {
        printf("ipairs:target is not a table");
        luaD_throw(L, LUA_ERRRUN);
    }

    StkId key = L->top - 1;
    TValue* v = (TValue* )luaH_getint(L, gco2tbl(gcvalue(t)), key->value_.i + 1);
    if (ttisnil(v)) {
        lua_pushnil(L);
        lua_pushnil(L);
    }
    else {
        lua_pushinteger(L, key->value_.i + 1);
        setobj(L->top, v);
        increase_top(L);
    }

    return 2;
}
```

上述代码中 ipairs 函数的作用是遍历 Lua 表 t 中的数组部分，并返回刚刚遍历的 index 和 value 值。下次调用 ipairs 函数时，将上次遍历得到的 key 结果+1，作为索引去取新的值，然后将新的索引值赋值到 kvar 域中。这里只是简单阐述一下 ipairs 要做的事情，实际上，这个函数是在 OP_TFORCALL 指令里调用，初始化阶段并不会调用它。forlist 语句的初始化完成之后，内存结果如图 4-140 所示。

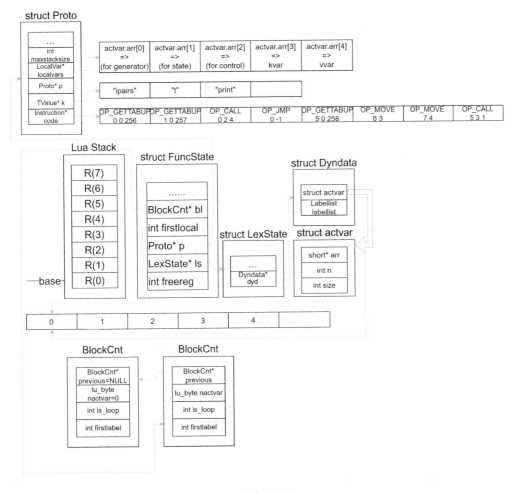

• 图 4-140

接下来是对 do-end 部分的 forbody 进行编译，得到图 4-140 所示的结果。OP_JMP 之后是 forbody 内部编译的指令，其本质就是打印 k、v 的值。在 forbody 退出之前，编译器还需要添加两个指令，一个是 OP_TFORCALL，另一个是 OP_TFORLOOP（如图 4-141 所示）。

注意图 4-141 中的 OP_JMP 和 OP_TFORLOOP 指令的跳转。到这个阶段，forlist 的编译工作就完成了，不过下面还是要对 OP_TFORCALL 和 OP_TFORLOOP 指令结合上面的实例进行说明。

1）OP_TFORCALL：它是 iABC 模式，A 域指定"（for generator）"的位置，B 域不使用，C 域则指明了从"（for generator）"中接收多少个返回值。执行它的时候，如果"（for generator）"位于 R(A)，那么它会将迭代函数、迭代的 Lua 表和当前迭代的 key 设置到 R(A+3) ~ R(A+5) 的位置上，于是在运行期 Lua 栈得到图 4-142 所示的结果。接着，OP_TFORCALL 指令会调用位于 R(A+3) 的 ipairs 函数，然后从 ipairs 函数接收 C 个返回值，并且将其从 R(A+3) 的位置开始赋值，得到图 4-143 所示的结果。

2）OP_TFORLOOP：它是 iAsBx 模式，这个指令是和 OP_TFORCALL 指令相辅相成的。它首先判

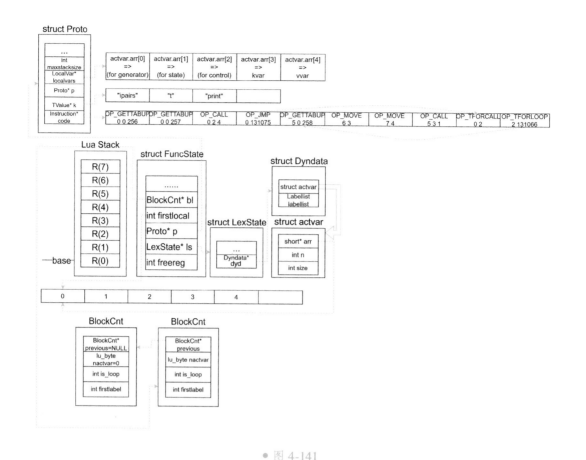

● 图 4-141

断图 4-143 的 R（A+3）值是否是 nil 值（当完成 Lua 表数组的最后一个元素的遍历时，ipairs 函数会返回 nil 值），如果不为 nil 值，则将 R（A+3）赋值给 R（A+2），然后执行图 4-141 中的跳转指令，得到图 4-144 所示的结果，否则执行下一个指令，跳出循环。对于 ipairs 函数而言，输入一个 key 会返回该 key 的下一个 key 和对应的 value 值，放置在 R（A+3）和 R（A+4）的位置上（这两个值对应 token TK_IN 前面的 k 和 v，可以通过搜索 local 变量 k 和 v 找到它们的值）。由于 Lua 表的数组最小下标是 1，因此，luaB_ipairs 在初始化阶段将（for index）设置为 0。在迭代器中，默认 0 的下一个 key 是 1，并返回 1 和 value1，下次调用"（for generator）"时，则会将 1 传入，获得 2 和 value2 值。以此类推，直至"（for generator）"返回 nil 值为止，遍历结束。

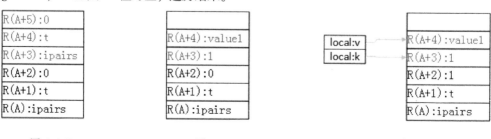

● 图 4-142   ● 图 4-143   ● 图 4-144

另一个 forlist 的例子，如下所示。

```
for k, v in pairs(t) do
    print(k, v)
end
```

它的编译指令和 ipairs 是一样的，只是"（for generator）"替换成了 pairs，这个函数不仅会遍历 Lua 表的数组部分，还会遍历哈希表部分，终止的条件都是一样的。这部分留给读者结合书配源码去推导，这里不再赘述。至此，for 语句的编译流程就介绍完了。

▶▶ 4.3.8 break 语句编译流程

在循环语句中，除了 cond-part 以外，还可以通过 break 语句来跳出循环，下面就来讨论它的设计与实现原理。要彻底理解 break 语句的逻辑，首先还是要从数据结构入手。前面已经探讨了 LexState 结构和 Dyndata 结构，下面需要给 Dyndata 结构添加新的成员，如下所示。

```
// luaparser.h
typedef struct Labeldesc {
    struct TString* varname;        // 标签名称
    int pc;                         // 标签生成的 jump 指令的相对地址
    int line;                       // 标签出现在代码中的哪一行
} Labeldesc;

typedef struct Labellist {
    struct Labeldesc* arr;          // 标签列表
    int n;                          // 下一个标签在标签列表中的位置索引
    int size;                       // 标签列表的大小
} Labellist;

typedef struct Dyndata {
    struct {
        short* arr;
        int n;
        int size;
    } actvar;
    Labellist labellist;            // 标签列表
} Dyndata;
```

上面的代码展示了新的数据结构：标签和标签列表。在 dummylua 中，由于没有实现 goto 语句，因此这里的标签列表其实质就是 break 标签的列表。在 4.3.1 节介绍过 BlockCnt 数据结构，当 enterblock 时，如果语句块有 break 语句，会记录该 break 语句会位于 Labellist 里的哪个位置。只有当 Labellist 的 n 值大于 BlockCnt 的 firstlabel 值时，才代表这个语句块内部有 break 语句。

那么 break 语句是怎么编译的呢？这需要弄清楚语句块和 Labellist 的关系，下面来看一个例子。

```
local i = 0
while true do
    i = i + 1
    if i >= 10 then
        break
```

```
            end
        end
```

首先通过 protodump 工具来看一下它的编译结果。

```
file_name= ../test.lua.out
+type_name [LClosure]
+proto+type_name [Proto]
|   +source [@ ../test.lua]
|   +maxstacksize [2]
|   +k+1 [int:0]
|   |+2 [int:1]
|   |+3 [int:10]
|   +numparams [0]
|   +lineinfo+1 [1]
|   |       +2 [3]
|   |       +3 [4]
|   |       +4 [4]
|   |       +5 [6]
|   |       +6 [7]
|   +is_vararg [1]
|   +upvalues+1+idx [0]
|   |         +instack [1]
|   |         +name [_ENV]
|   +p
|   +localvars+1+startpc [1]
|   |           +endpc [6]
|   |           +varname [i]
|   +lastlinedefine [0]
|   +code+1 [iABx:OP_LOADK   A:0  Bx :0           ; R(A) := Kst(Bx)]
|   |    +2 [iABC:OP_ADD      A:0  B :0   C:257 ; R(A) := RK(B) + RK(C)]
|   |    +3 [iABC:OP_LE       A:1  B :258 C:0 ; if ((RK(B) <= RK(C)) ~ = A) then pc++]
|   |    +4 [iAsBx:OP_JMP     A:0sBx:131072      ; pc+=sBx; if (A) close all upvalues >= R(A -
1)]
|   |    +5 [iAsBx:OP_JMP     A:0sBx:131067      ; pc+=sBx; if (A) close all upvalues >= R(A -
1)]
|   |    +6 [iABC:OP_RETURN  A:0  B :1           ; return R(A), ... ,R(A+B-2)  (see note)]
|   +linedefine [0]
+upvals+1+name [_ENV]
```

上面的 code 就是指令列表，列表中的第 4 个指令就是根据 break 语句生成出来的 jump，当 i>= 10 的条件满足时，它就跳出循环。接下来通过图 4-145 来分析这段代码有几个语句块？这些语句块和 Labellist有什么关系？break 语句是怎么处理的？

从图 4-145 中可以观察到，最下部将范例代码通过方框结构化了，每一种方框代表一个语句块。break 语句处于最内层的语句块中，而且语句块的 previous 指针指向了上一层的语句块。每个 BlockCnt 结构的 firstlabel 都指向了全局 label 列表的第 0 个位置。这里需要注意 is_loop 的值。

在已经完成编译的虚拟机指令集合中，当编译到最内层语句块的 break 语句时，会生成一个 OP_JMP 指令，并将 break 写入标签列表，且 ls->dyd->labellist->n 向右移动一位（从 0 移到 1 的位置，如

图 4-145 实线箭头所指的部分），此时并没有立即处理 OP_JMP 指令的跳转位置，而是暂存起来。

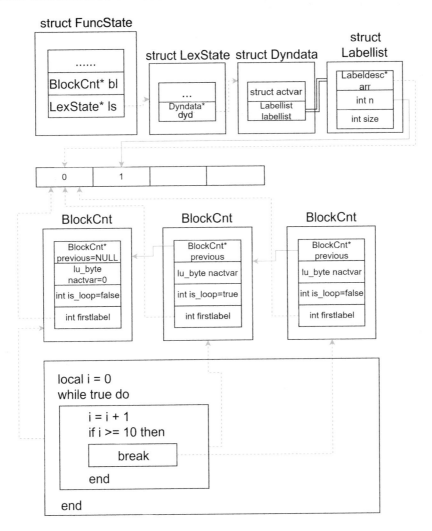

● 图 4-145

当退出 break 所在的语句块时，因为该 block 不是循环语句的语句块，因此离开该语句块并不会进行任何的 break 语句处理。当退出中间的语句块时，因为它是循环语句的语句块，因此需要在 ls->dyd->labellist->arr 从右往左找 break 标签，将每一个 break 标签找出，并找到它们所对应的 jump 指令地址。将跳转的位置设置到循环语句语句块的外层语句块的第一个指令，直至 n 移动到语句块的 firstlabel 所指的位置为止。完成之后，ls->dyd->labellist->n 向左移动一位（从 1 移动到 0 的位置），此时 n 和外层语句块的 firstlabel 相等，代表这个语句块没有 break 语句，因此不需要处理。

至此，break 语句的编译流程就介绍完了，接下来将介绍 function 语句和 return 语句的编译流程。

▶▶ 4.3.9　function 语句编译流程

下面开始介绍 function 语句的编译流程，先来看 function 语句的 EBNF 定义。

```
[local] function name {'.' name} [':' name] '(' explist ')'
    block
end
```

方括号内的部分只能出现 0 次或 1 次，而花括号内的部分能出现 0 次或多次。上面的 EBNF 展示了 function 语句的语法结构，如果还要细分，可以按照如下两点来分。

1）name-part：tokenTK_FUNCTION 之后，token '(' 之前的部分称为 name-part。因为它定义了函数的名称，提供了查找函数的依据。

2）func-part：token ')' 之后，token end 之前的部分是函数的本体。

下面通过两个例子来演示，先看第一个例子。

```
local function test(a, b, c)
    print(a, b, c)
end
```

这个例子定义了一个 local 函数，因为有 local 保留字，因此这个函数的 name-part 就是在栈上的一个局部变量。编译器对 name-part 的编译结果如图 4-146 所示。

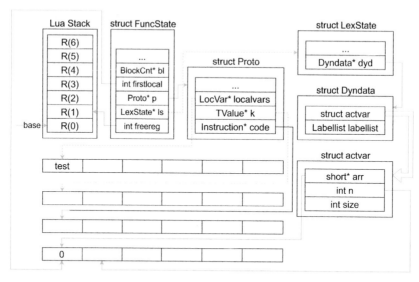

● 图 4-146

从图 4-146 来看，name-part 的编译处理和 local 语句对变量名的处理并无区别，实际也是如此，TK_FUNCTION 只是确保编译流程能够走到 function 语句的编译分支。

到这里，上面例子中的 name-part 就完成编译了，紧随其后的是对 func-part 进行编译。func-part 的编译主要分两个部分，第一个部分是对参数列表的处理，第二个部分是对函数体的处理。在进入 func-part 的编译之前，编译器会先构建一个新的 FuncState 实例，用它来存储 test 函数的编译结果。在开始编译函数体之前，得到图 4-147 所示的编译结果。

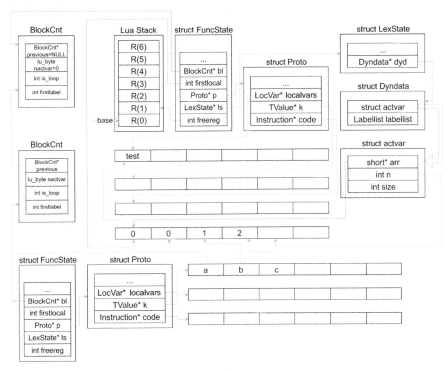

● 图 4-147

在完成参数处理之后，编译器开始处理函数体部分。上面例子很简单，先将 print 函数入栈，然后将 a、b 和 c 三个参数入栈，最后再打印，于是得到图 4-148 所示的结果。

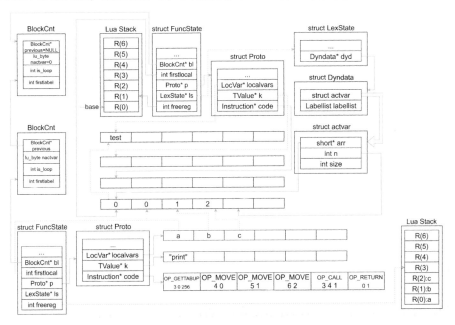

● 图 4-148

函数体的编译结果基本上存储在新的 Proto 结构中。注意其右边的虚拟栈，在编译器中是不存在的，这里画出来的目的主要是想告诉读者，每个函数在运行阶段都有自己逻辑上独立的虚拟栈。这个虚拟栈是在调用函数之前确定的。

在函数完成编译之后，新的 FuncState 结构是需要被回收的，但是 Proto 结构将被保留，并且存储在上一级 FuncState 结构所对应的 Proto 实例的 p 列表中。同时，ls->dyd->actvar->arr 中的 a、b 和 c 三个参数变量也会被清除掉，于是得到图 4-149 所示的结果。

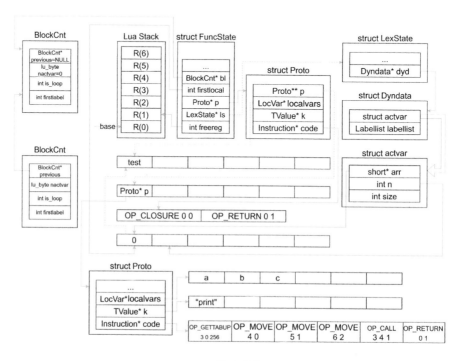

● 图 4-149

这里需要注意的是，编译顶级函数对应的 FuncState 结构的 Proto 实例时，将新编译的 Proto 放到了自己的 p 列表中的第一个位置，表示其内部的第一个被定义的函数。同时生成了 OP_CLOSURE 指令，它是 iABx 模式，它会创建一个 LClosure 类型的实例，并且放置到 R(A) 的位置。在例子中就是 R(0) 的位置，也就是 local 变量 test 所在的寄存器上，Bx 指定了它的函数体是哪个，这里是 0，表示刚刚编译好的 Proto 实例是 LClosure 实例的编译信息载体。

name-part 还可能是 Lua 表里的某个域，也可能是一个全局变量。但不管怎样，编译器最终都会为编译好的 Proto 结构创建一个 LClosure 实例，并且将其赋值到指定的变量中。第二个例子如下，该例子由读者参考第一个例子自行推导，这里不再赘述。

```
function test(a, b, c)
    print(a, b, c)
end
```

除了上面例子所展示的方式外，Lua 还给提供了一种语法糖，如下所示。

```
function t:foo(a, b, c)
    self.v = a + b + c
end
```

函数名前通过 ":" 来修饰，并且函数体内出现了 self 的关键字。通过 ":" 来修饰的函数，其实就是一种语法糖，上面的代码等价于：

```
function t.foo(t, a, b, c)
    t.v = a + b + c
end
```

这种方式省去了将 Lua 表 t 传入，而且 t 是作为参数表的第一个参数，self 就是指代表 t 本身。下面来看这个函数的编译流程。编译器先会对 name-part 进行编译，得到图 4-150 所示的结果。

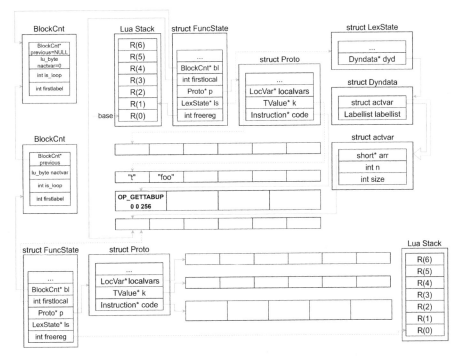

● 图 4-150

这个阶段往常量表 k 中，写入了 t 和 foo，并且生成了一个 OP_GETTABUP 指令，这个指令将全局变量 t 读取到寄存器 R(0) 中。接下来进入到函数体的编译流程，得到图 4-151 所示的结果。

t.foo 函数体（funcbody）对应 Proto 实例的 locvars 列表的第一个 local 变量为 self，也就是说，t.foo 函数体内所有的 self 调用都会找到 R(0) 这个位置的变量，其后才是变量 a、b 和 c。在完成参数表的编译之后，接下来开始编译 t.foo 函数体，得到图 4-152 所示的结果。

图 4-152 一次性将 t.foo 函数体内的编译流程执行完，将编译后的结果存储到 t.foo 函数体的 Proto 实例中。它首先将 a 和 b 相加，再和 c 相加，将最后的结果放置到 R(0) 的 "v" 域中。完成编译以后，t.foo 函数体对应的 FuncState 结构将被清除，并且将其 Proto 实例设置传到顶级函数的 Proto 实例的 p 列表中，

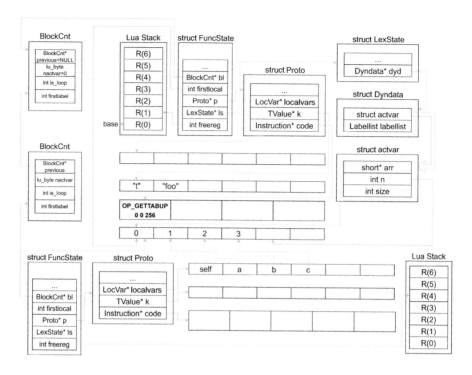

● 图 4-151

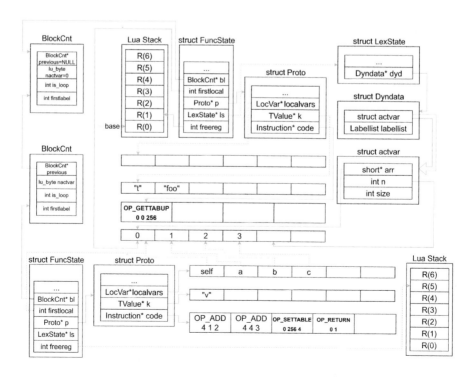

● 图 4-152

得到图 4-153 所示的结果。

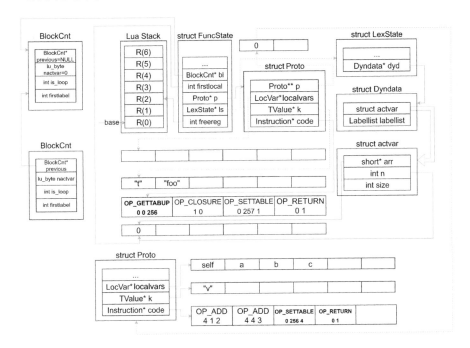

●图 4-153

top-level 函数的 Proto 实例新增了几个指令，分别是 OP_CLOSURE、OP_SETTABLE 和 OP_RE-TURN。OP_CLOSURE 和前面讨论的一样，这里往 R(1) 的位置创建一个 LClosure 实例，并且其执行体为 FuncState 的 p->p[0]，也就是 t.foo 函数体对应的 Proto 实例，然后将 LClosure 实例设置到位于 R(0) 的 Lua 表 t 的 "foo" 域上。到这里为止，编译流程就完成了。

虽然已经完成了关于 self 函数的编译流程，但是 self 变量是怎样设置到函数栈的第一个 local 位置的呢？这里需要结合调用函数的逻辑来看，下面来看一个例子。

```
t:foo(a, b, c)
```

通过 protodump 工具将上面的函数编译好以后，得到如下的结果。

```
file_name= ../test.lua.out
+type_name [LClosure]
+proto+localvars
|    +lineinfo+1 [1]
|    |        +2 [1]
|    |        +3 [1]
|    |        +4 [1]
|    |        +5 [1]
|    |        +6 [1]
|    |        +7 [1]
|    +lastlinedefine [0]
|    +p
```

```
|   +upvalues+1+idx [0]
|   |          +name [_ENV]
|   |          +instack [1]
|   +is_vararg [1]
|   +type_name [Proto]
|   +code+1 [iABC:OP_GETTABUP      A:0  B :0  C:256 ; R(A) := UpValue[B][RK(C)]]
|   |    +2 [iABC:OP_SELF          A:0  B :0  C:257 ; R(A+1) := R(B); R(A) := R(B)[RK(C)]]
|   |    +3 [iABC:OP_GETTABUP      A:2  B :0  C:258 ; R(A) := UpValue[B][RK(C)]]
|   |    +4 [iABC:OP_GETTABUP      A:3  B :0  C:259 ; R(A) := UpValue[B][RK(C)]]
|   |    +5 [iABC:OP_GETTABUP      A:4  B :0  C:260 ; R(A) := UpValue[B][RK(C)]]
|   |    +6 [iABC:OP_CALL          A:0  B :5  C:1  ; R(A), ... ,R(A+C-2) := R(A)(R(A+1),
...,R(A+B-1))]
|   |    +7 [iABC:OP_RETURN        A:0  B :1      ; return R(A), ... ,R(A+B-2)  (see note)]
|   +maxstacksize [5]
|   +k+1 [t]
|   | +2 [foo]
|   | +3 [a]
|   | +4 [b]
|   | +5 [c]
|   +source [@ ../test.lua]
|   +linedefine [0]
|   +numparams [0]
+upvals+1+name [_ENV]
```

从上面的结果可得到如下的流程。

1）执行 code[1] 的指令"OP_GETTABUP 0 0 256"，将 Lua 表 t 加载到 R(0) 的位置，得到图 4-154 所示的结果。

2）执行 code[2] 的指令"OP_SELF 0 0 257"，将位于 R(0) 的 Lua 表 t 加载到 R(1) 的位置上，并将函数 t ["foo"] 加载到 R(0) 的位置，得到图 4-155 所示的结果。

3）执行 code[3] ~code[5]，将 a、b 和 c 三个参数入栈，得到图 4-156 所示的结果。

4）调用 t ["foo"] 函数，并结束程序。

通过上面的例子和前面的编译结果的对比，就能够理解 self 函数的编译和执行流程了。

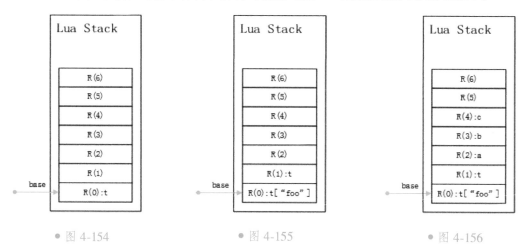

● 图 4-154   ● 图 4-155   ● 图 4-156

▶▶ 4.3.10　return 语句编译流程

　　return 语句的编译流程很简单，就是将要返回的参数入栈，并且生成 OP_RETURN 指令。OP_RE-TURN 指令是 iABC 模式，A 域指示了第一个要返回的参数在栈中的位置；B 域指示了有多少个返回值。当 B>0 时，表示返回 B-1 个参数；当 B==0 时，表示从第一个值开始到栈顶都是返回值。关于 OP_RETURN 指令的执行流程，第 3 章有详细的论述，这里不再赘述。读者可以使用 protodump 工具，来查看 return 语句的编译结果。

▶▶ 4.3.11　dummylua 的完整语法分析器实现

　　本节的工程，在随书源码的 C04/dummylua-4-3 中，读者可以自行下载，并编译运行。

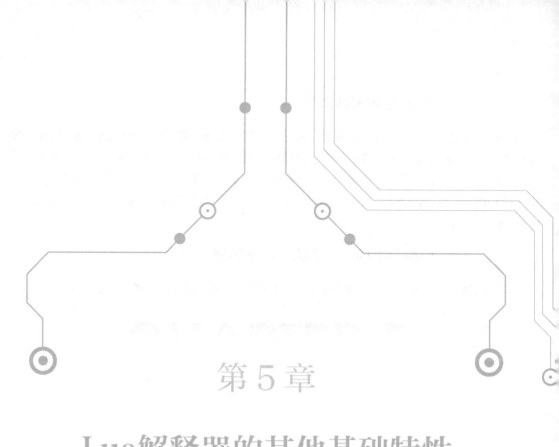

第 5 章

Lua解释器的其他基础特性

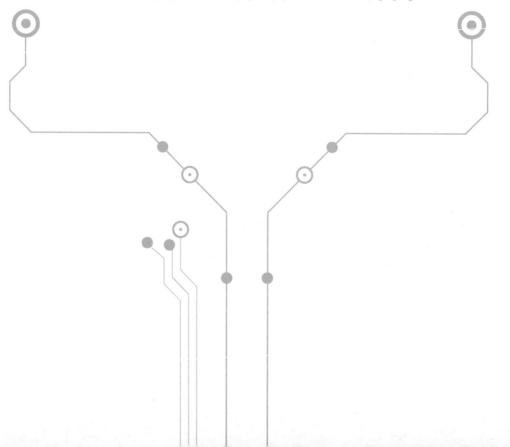

5.1 元表

本节首先简要介绍元表是做什么的，接着简要说明它如何被设置，然后介绍元表的访问域、双目运算操作域、单目运算操作域等，最后介绍本章的实现逻辑位于 dummylua 工程的哪些部位。

5.1.1 元表简介

元表是什么？简单来说，它是一种改变 Lua 表行为的机制。如果没有这种机制，就无法对两个表进行加减乘除运算，无法对表进行比较运算。此外，元表为不同的 Lua 表提供了公共域，这是 Lua 实现面向对象机制的基础。为 Lua 表设置元表的方式也非常简单，如下所示。

```
local tbl = setmetatable({}, { _index = function(t, k) print("hello world") end })
```

上面的例子中，Lua 表的元表是 setmetatable 函数的第二个参数。而如何获取一个元表？如下例子得以展示。

```
local mt = getmetable(tbl)
```

在 lua-5.3 的中文文档中⊖是这么解释元表和元方法的。

> Lua 中的每个值都可以有一个元表。这个元表就是一个普通的 Lua 表,它用于定义原始值在特定操作下的行为。如果想改变一个值在特定操作下的行为,可以在它的元表中设置对应域。例如,当对非数字值做加操作时,Lua 会检查该值的元表中的" _add"域下的函数。如果能找到,Lua 则调用这个函数来完成加操作。在元表中,事件的键值是一个双下画线(__)加事件名的字符串;键关联的值被称为元方法。在上一个例子中, _add 就是键值,对应的元方法是执行加操作的函数。

可以使用 setmetatable 函数来替换一张表的元表。在 Lua 中，不可以改变表以外其他类型值的元表（除非使用调试库）；若想改变这些非表类型值的元表，请使用 C API。

5.1.2 元表的_index 域

元表中有两个重要的域，它们分别是以_index 和_newindex 作为键。下面通过一些例子，来理解这两个重要的域。首先来看_index 的情况。

```
local tbl = setmetatable({}, { _index = function(t, k) print("hello world") end })
print(tbl.hello)
```

在开始正式讨论之前，先对例子本身做一些说明。

1）local 变量 tbl，它是 setmetatable 函数的第一个参数。

2）tbl 被设置了一个元表，也就是 setmetatable 的第二个参数。

3）tbl 的元表存在_index 域。

4）print（tbl.hello）语句中，"hello" 是 tbl 不存在的键。

⊖ http：//cloudwu.github.io/lua53doc/manual.html#2.4

5）_index 指向的是一个函数，它有两个参数 t 和 k，其中，t 表示 tbl 表，而 k 则表示 tbl 的缺失域 hello。

当一个 Lua 表，通过一个键访问一个值时，虚拟机会做哪些操作？先来看前面这个例子，它是 _index 域被赋值为函数的情况：

1）判断 tbl 中是否存在被访问的键 "hello"，并且值不为 nil。如果存在，返回 tbl.hello，否则进入下一步。

2）判断 tbl 是否设置了元表。如果没有设置，则 tbl.hello 获得的结果是 nil，否则进入下一步。

3）判断 tbl 的元表是否存在_index 域。如果不存在，tbl.hello 操作返回的结果是 nil，否则进入下一步。

4）调用_index 所指向的函数并执行。如果函数有返回值或者在函数内有对 tbl.hello 赋值，那么 tbl.hello 的结果为这个返回值或者是被赋予的值。

5）调用结束。

上面例子的 print（tbl.hello）的结果为 nil，并且输出了 "hello world"，其结果如下。

```
hello world
nil
```

下面来看另外一个例子。

```
local mt = setmetatable({}, { _index = function(t, k) print("1111") end })
mt._index = function(t, k) print("2222") end
local tbl = setmetatable({}, mt)
print(tbl.hello)
```

上面例子输出的结果为：

```
2222
nil
```

因为 tbl 的元表是 mt，mt 的_index 域是个函数，且 hello 在 tbl 中并不存在，所以直接调用了 mt._index 函数。在访问一个 Lua 表默认域的时候，如果该 Lua 表有元表，并且_index 域是个函数，那么直接调用它。这里不管 tbl 的元表是否存在、存在的话_index 域是什么，它都只调用 tbl 元表的_index 函数。

通过两个例子讨论了元表的_index 域是函数的情况，下面来看元表的_index 域是 Lua 表的情况。

```
local mt0 = { hello = "hello world" }
local mt1 = setmetatable({}, { _index = mt0})
mt1.key2 = "key2"
local tbl = setmetatable({}, { _index = mt1})
print(tbl.hello)
print(tbl.key)
print(tbl.key2)
```

其输出结果为：

```
hello world
nil
key2
```

hello 是 tbl 的缺失域，因为 tbl 中找不到 hello，所以要到 tbl 的元表中查找_index 域。这里的_index 域指向一个 Lua 表 mt1，因此会到 mt1 中查找 mt1.hello。又因为 mt1 中不存在键为 hello 的域，所以要到 mt1 的元表中查找。而 mt1 元表的_index 域指向 mt0，因此将 mt0.hello 返回。

tbl.key 的访问逻辑也执行类似的操作，只是因为 mt0 没有设置元表，所以最终 tbl.key 的值为 nil。而对于 tbl.key2，操作逻辑也是类似的，只是因为 mt1 中存在 key2 这个域，所以直接返回该值，而不继续到元表中查找。

▶▶ 5.1.3 元表的_newindex 域

在完成了_index 域的介绍以后，接下来介绍_newindex 域。本节还是通过几个例子对它进行说明，首先来看下面这个例子。

```
local tbl = setmetatable({}, { _newindex = function(t, k, v) print(t, k, v) end })
tbl.key = "key"
print(tbl.key)
```

上述代码中，键原本不存在于 tbl 中，由于 tbl 设置了一个元表，并且_newindex 域有设置一个函数，因此其赋值操作会触发元方法_newindex，但是赋值操作并不会生效（也就是调用了_newindex 函数以后，tbl.key 仍然是 nil 值）。而_newindex 函数有 3 个参数，分别是 t、k 和 v，它们分别代表 tbl、key 和 "key"。如果 tbl 原本就有 tbl.key 域，对 tbl.key 重新赋值，并不会触发元方法。上述代码的输出结果如下所示。

```
table: 0x12b88c0   key key
nil
```

当需要触发_newindex 元方法的时候，不论元表中是否还设置了其他元表，只要其有_newindex，并且是个函数，那么就会执行它，并终止流程。接下来看_newindex 是表的情况，具体实现如下代码所示。

```
local mt0 = {}
local mt1 = setmetatable({}, { _newindex = mt0 })
local mt2 = setmetatable({ key1 = "111"}, { _newindex = mt1 })
local tbl = setmetatable({}, { _newindex = mt2 })
tbl.key = "key"
tbl.key1 = "222"
print(tbl.key)
print(mt0.key)
print(mt2.key1)
```

上述代码的输出结果为：

```
nil
key
222
```

这个例子说明了以下几点。

1）为 tbl 表从来不存在的键赋值，tbl.key = "key" 这个操作会触发元方法。

2）tbl 会到其元表中的_newindex 域 mt2 查找是否存在 key，因为没找到，所以需要去 mt1 中查找。

3）mt1 中也没找到 key，所以要去 mt1 的元表的_newindex 域中查找，也就是 mt0。

4）mt0 中也没找到 key，但是 mt0 已经没有元表了，所以直接将 "key" 的值赋值到 mt0.key 中，但是 tbl.key 并没有被赋值。

从上面的论述可以看出，当一个 Lua 表设置了元表，并且设置了_newindex 方法，当给这个表添加新域时，会触发元方法_newindex。如果_newindex 是个 Lua 表，则会尝试从中去查找键（key）值，如果找到则直接为其设置新值，如果找不到则需要继续触发元表的元方法_newindex。如果没找到元表，则直接将结果设置到该 Lua 表中。

▶▶ 5.1.4 双目运算事件

前两节对_index 和_newindex 进行了简要的说明，介绍了这两个元访问事件的运作机制，下面要对双目运算事件进行简要的说明。

Lua 层的 setmetatable 只支持对 Lua 表赋值元表的操作，而如果要对其他类型进行元表的设置操作，需要借助 C API。双目运算（如四则运算、字符串拼接运算）是有默认的支持类型的，比如四则运算只支持数值类型的数据运算，而字符串拼接默认类型则是字符串类型。

元表机制可以用来实现面向对象的设计方法，限于篇幅，本节不对这些内容进行详细的讨论。使用元表来实现面向对象的机制时，Lua 表不可避免地要作为对象存在。那么对象之间如果有双目运算该怎么处理呢？以加法（+）为例，+操作符默认只支持数值类型的运算，Lua 表是不支持的，除非为_add 域设置了元方法，代码如下所示。

```
local tbl1 = setmetatable({ value = 1 }, {_add = function(lhs, rhs) return lhs.value + rhs.value end})
local tbl2 = { value = 2 }
local ret = tbl1 + tbl2
print(ret)
```

其输出结果为：

```
3
```

因为 tbl1 设置了_add 域的元方法，所以虚拟机在进行加法运算的时候，当操作数不全是数值类型时，就触发 tbl1 的_add 域元方法。现在假设另一种情况，如果 tbl1 没有设置_add 域的元方法，而是在 tbl2 设置了这个元方法，那么结果仍然是一致的。因为虚拟机首先会找左操作数是否有对应的元方法，如果没有则会去右操作数查找，如果都没有则抛出错误。其他情况留给读者去推导。

Lua 除了双目元方法，还有单目元方法，这里就不一一列举了，引用 Lua-5.3 中文文档的一些内容，供读者查阅：

　　_add：+操作。如果任何不是数字的值（包括不能转换为数字的字符串）做加法，Lua 就会尝试调用元方法。首先，Lua 检查第一个操作数（即使它是合法的），如果这个操作数没有为 "_add" 事件定义元方法，Lua 就会接着检查第二个操作数。一旦 Lua 找到了元方法，它把两个操作数作为参数传入元方法，元方法的结果（调整为单个值）作为这个操作的结果。如果找不到元方法，将抛出一个错误。

_sub: -操作。行为和 "add" 操作类似。

_mul: * 操作。行为和 "add" 操作类似。

_div: /操作。行为和 "add" 操作类似。

_mod: % 操作。行为和 "add" 操作类似。

_pow: ^(次方)操作。行为和 "add" 操作类似。

_unm: - (取负)操作。行为和 "add" 操作类似。

_idiv: // (向下取整除法)操作。行为和 "add" 操作类似。

_band: &(按位与)操作。行为和 "add" 操作类似，不同的是 Lua 会在任何一个操作数无法转换为整数时（参见 3.4.3 节）尝试取元方法。

_bor: | (按位或) 操作。行为和 "band" 操作类似。

_bxor: ~ (按位异或) 操作。行为和 "band" 操作类似。

_bnot: ~ (按位非) 操作。行为和 "band" 操作类似。

_shl: << (左移) 操作。行为和 "band" 操作类似。

_shr: >> (右移) 操作。行为和 "band" 操作类似。

_concat: .. (连接) 操作。行为和 "add" 操作类似，不同的是 Lua 在任何操作数既不是字符串也不是数字（数字总能转换为对应的字符串）的情况下尝试元方法。

_len: # (取长度) 操作。如果对象不是字符串，Lua 会尝试它的元方法。如果有元方法，则调用它并将对象以参数形式传入，而返回值（被调整为单个）则作为结果。如果对象是一张表且没有元方法，Lua 使用表的取长度操作（参见 3.4.7 节）。其他情况，均抛出错误。

_eq: == (等于) 操作。行为和 "add" 操作类似，不同的是 Lua 仅在两个值都是表或都是完全用户数据且它们不是同一个对象时才尝试元方法，调用的结果总会被转换为布尔量。

_lt: < (小于) 操作。行为和 "add" 操作行为类似，不同的是 Lua 仅在两个值不全为整数也不全为字符串时才尝试元方法。调用的结果总会被转换为布尔量。

_le: <= (小于等于) 操作。和其他操作不同，小于等于操作可能用到两个不同的事件。首先，像 "lt" 操作的行为那样，Lua 在两个操作数中查找 "le" 元方法。如果一个元方法都找不到，就会再次查找 "lt" 事件，它会假设 a <= b 等价于 not (b < a)。而其他比较操作符类似，其结果会被转换为布尔量。

_index: 索引 table [key]。当 table 不是表或是 table 表中不存在 key 键时，这个事件被触发。此时，会读出 table 相应的元方法。这个事件的元方法其实可以是一个函数也可以是一张表。如果它是一个函数，则以 table 和 key 作为参数调用它。如果它是一张表，最终的结果就是以 key 去索引这张表的结果（这个索引过程是走常规的流程，而不是直接索引，所以这次索引有可能引发另一次元方法）。

_newindex: 索引赋值 table [key] = value。和索引事件类似，它发生在 table 不是表或是 table 表中不存在 key 键的时候。此时，会读出 table 相应的元方法。同索引过程那样，这个事件的元方法既可以是函数也可以是一张表。如果是一个函数，则以 table、key 以及 value 为参数传入。如果是一张表，Lua 对这张表做索引赋值操作（这个索引过程是走常规的流程，而不是直接索引赋值，所以这次索引赋值有可能引发另一次元方法）。一旦有了 newindex 元方法，Lua 就不再做最初的赋值操作（如果有必要，在元方法内部可以调用 rawset 来做赋值）。

_call: 函数调用操作 func (args)。当 Lua 尝试调用一个非函数的值的时候，会触发这个事件（即 func 不是一个函数）。如果找得到查找 func 的元方法，就调用该元方法，func 作为第一个参数传入，原来调用的参数（args）依次排在后面。

5.1.5 dummylua 的元表实现

dummylua 新增了 luatm.h | c 文件，主要用于元表模块的初始化、元表设置和获取的操作，同时在 global_State 中添加了对应的数据结构。在 luavm.h | c 中添加了 luaV_finishset 和 luaV_finishset 的逻辑，主要是用来执行元方法访问的操作。本节随书源码位于 C05/dummylua-5-1 中。

5.2 用户数据

本节开始对 dummylua 的用户数据（userdata）的设计与实现进行介绍。它的大体设计与实现仍然是参照了 lua-5.3 的标准，只在一些实现细节上略有不同。

▶▶ 5.2.1　用户数据的数据结构

用户数据是用来存放用户自定义的数据结构实例的。用户数据的种类有两种，一种是 light userdata，还有一种则是 full userdata。light userdata 是 Value 结构的一个变量类型，本质是一个 void* 指针。

light userdata 的内存需要用户自行管理，而 full userdata 则是通过 Lua 的 GC 机制进行管理的，本节介绍的也正是 full userdata。后文中，所有指代用户数据的地方均是指 full userdata。对 full userdata 的操作实现，一般是在 C 层进行的，后面会有使用的例子。

在 dummylua 中，用户数据的数据结构定义如下所示。

```
// luaobject.h
#define CommonHeader struct GCObject* next; lu_byte tt_; lu_byte marked

typedef struct Udata {
    CommonHeader;                // GC 公共头部

    // 用户数据可以设置元表,一般用于设置_gc 域,在用户数据被回收之前,_gc 函数会被调用,一般用于回收系统
       资源等
    struct Table* metatable;

    int ttuv_;                   // 相当于 TValue 的 tt_,用来指代 user_变量的类型
    int len;                     // 自定义域的大小
    Value user_;                 // 本质上是 TValue 的 value_部分,这里将 TValue 拆成了两部分
} Udata;
```

代码的注释对每个变量有了一个大致的说明，在后续的内容中会对它们进行较为详细的解释。

▶▶ 5.2.2　用户数据的接口

本节主要介绍用户数据相关的接口，分别是 luaS_newuserdata、getudatamem、setuservalue、getuservalue。先来看 luaS_newuserdata 的定义。

```
// luastring.c
Udata* luaS_newuserdata(struct lua_State* L, int size);
```

这个接口创建了一个用户数据实例，该实例的内存大小，就是 Udata 头部+传入的 size 参数。用户数据实例的构成如图 5-1 所示。

Header:Udata	user domain

● 图 5-1

前面的 Header 就是 sizeof（Udata）的大小，而后面的 user domain 则是由 luaS_newuserdata 的第二个参数 size 来指定。例如，下面定义了一个 Vector3 的数据结构。

```
typedef struct Vector3 {
    float x;
```

```
    float y;
    float z;
} Vector3;
```

下面创建 Vector3 关联的用户数据，创建代码如下。

```
Udata* u = luaS_newuserdata(L, sizeof(Vector3));
```

第二个参数 size 的大小则是 sizeof（Vector3）的大小，也就是 12B。那么，user domain 的大小就是 12B。

在完成了用户数据实例的创建之后，要在 C 层获取自定义的结构实例的指针，获取指针需要一个接口 getudatamem。

```
// luaobject.h
#define getudatamem(o) (cast(char* ,o)+sizeof(Udata))
```

这个宏的作用是获取图 5-2 所示的 user domain 域的地址，图中箭头所指是其起始地址。

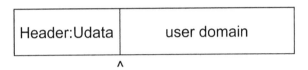

● 图 5-2

通过这个宏可以获取自定义结构变量的实例，具体方法如下。

```
Vector3* v3 = (Vector3* )getudatamem(u);
```

接下来对 v3 所指向的内存块进行处理。用户数据还有一个重要的接口 setuservalue，这是一个宏。它的作用是将一个 TValue 实例赋值到 Udata 头部，分别将 TValue 实例的 tt_赋值给 Udata 的 ttuv_变量，将 TValue 的 value_赋值给 Udata 的 user_变量，其定义如下。

```
// luaobject.h
#define setuservalue(u, o) \
        (u)->ttuv_ = (o)->tt_; (u)->user_ = (o)->value_
```

同样地，获取它的接口定义如下。

```
// luaobject.h
#define getuservalue(u, o) \
        (o)->tt_ = (u)->ttuv_; (o)->value_ = (u)->user_
```

到这里就完成了用户数据相关接口的讨论了。

▶▶ 5.2.3　用户数据的垃圾回收处理

关于 Lua 的 GC 机制，在 2.2 节已经有非常详细的介绍了。本节将重点介绍用户数据的标记和清除阶段的逻辑处理。

用户数据在标记阶段，其处理逻辑如下。

```
// luagc.c
void reallymarkobject(struct lua_State* L, struct GCObject* gco) {
    struct global_State* g = G(L);
    white2gray(gco);
    switch(gco->tt_) {
    ......
    case LUA_TUSERDATA: {
        gray2black(gco);

        TValue uvalue;
        Udata* u = gco2u(gco);
        getuservalue(u, &uvalue);
        if (u->metatable) {
            markobject(L, u->metatable);
        }

        if (iscollectable(&uvalue) && iswhite(gcvalue(&uvalue))) {
            reallymarkobject(L, gcvalue(&uvalue));
        }

        g->GCmemtrav += sizeof(Udata);
        g->GCmemtrav += u->len;
    } break;
        default:break;
    }
}
```

luaS_newuserdata 接口其实是在 Lua 字符串模块里的，因为它的创建和使用逻辑和 Lua 字符串非常类似，在标记阶段也是。用户数据实例（在上述代码中是 Udata* 类型指针 u 在标记为灰色后，直接会标记成黑色，还会将它的 metatable（如果存在的话）标记为灰色，并且放入 gray 链表。此外如果用户数据的 user 域存在，且是一个 GC 实例，那么它也需要被标记为灰色，并且放入 gray 链表中。这里需要注意，用户数据在标记传播阶段，整个被直接标记为黑色，并不会对 user domain（如图 5-2 所示）内部的任何域进行检查和处理。

用户数据的清除逻辑如下所示。

```
// luagc.c
static lu_mem freeobj(struct lua_State* L, struct GCObject* gco) {
    switch(gco->tt_) {
        ......
        case LUA_TUSERDATA: {
            Udata* u = gco2u(gco);
            lu_mem sz = sizeof(Udata) + u->len;
            luaM_free(L, u, sz);
            return sz;
        } break;
        default:{
            lua_assert(0);
```

```
            } break;
        }
        return 0;
    }
```

从代码可以看到用户数据实例（Udata* 指针 u）整个被释放掉了，未对用户数据内部的 user domian 部分做任何的处理，也就是说 user domain 内部如果包含了指向堆内存实例的指针，这部分需要用户自己进行处理。

▶▶ 5.2.4 **用户数据的 user domain 域内部的堆内存清理**

前面提到 user domain 域内如果包含了指向堆内存的指针，那么这部分需要用户进行处理。需要怎么处理呢？Lua 的清除逻辑，并没有提供这样的机会，但是，前面说过，用户数据有一个 metatable 域，并且这个 metatable 如果包含一个名为_gc 的函数，那么在用户数据被 GC 回收之前，会首先调用这个函数。下面来看一个伪代码，假设用户数据的 metatable 域定义如下。

```
{
    _gc = function(udata) release(udata) end
}
```

那么在用户数据实例（udata 为变量名）被 GC 回收之前，_gc 函数会被调用。该函数的参数就是用户数据实例本身。release 是用户在 C 层实现的且导出给 Lua 层使用的函数。release 函数将在 C 层逻辑中，对用户数据的 user domain 域中包含的堆内存实例进行释放操作，避免内存泄漏。

▶▶ 5.2.5 **用户数据的测试用例**

本节为用户数据的测试用例，它设置了一个包含_gc 函数的 metatable 域，接着从 Lua 虚拟栈中移除用户数据实例，然后调用 fullgc 函数进行一次完整的 GC 操作。这个行为会促使_gc 函数被调用。

```c
// p10_test.c
#include "p10_test.h"
#include "../common/luastring.h"
#include "../vm/luagc.h"
#include "../common/luatable.h"

typedef struct Vector3 {
    float x;
    float y;
    float z;
} Vector3;

int gcfunc(struct lua_State* L) {
    Udata* u = lua_touserdata(L, -1);
    Vector3* v3 = (Vector3* )getudatamem(u);
    printf("total_size:%d x:%f, y:%f, z:%f", u->len, v3->x, v3->y, v3->z);
    return 0;
}

void test_create_object(struct lua_State* L) {
```

```
        Udata*  u = luaS_newuserdata(L, sizeof(Vector3));

        Vector3* v3 = (Vector3*)getudatamem(u);
        v3->x = 10.0f;
        v3->y = 10.0f;
        v3->z = 10.0f;

        L->top->tt_ = LUA_TUSERDATA;
        L->top->value_.gc = obj2gco(u);
        increase_top(L);

        struct Table*  t = luaH_new(L);
        struct GCObject*  gco = obj2gco(t);
        TValue tv;
        tv.tt_ = LUA_TTABLE;
        tv.value_.gc = gco;
        setobj(L->top, &tv);
        increase_top(L);

        lua_pushCclosure(L, gcfunc, 0);
        lua_setfield(L, -2, "_gc");

        lua_setmetatable(L, -2);
        L->top--;

        return;
    }

    void p10_test_main() {
        struct lua_State*  L = luaL_newstate();
        luaL_openlibs(L);

        test_create_object(L);
        luaC_fullgc(L);

        luaL_close(L);
    }
```

执行后，得到的结果为：

```
total_size:12 x:10.0, y:10.0, z:10.0
```

这说明创建出来的用户数据，在调用 fullgc 函数后被清除掉了。

▶▶ 5.2.6　dummylua 的用户数据实现

本节的实现位于随书代码的 C05/dummylua-5-2 中，读者可以自行下载、编译运行和查阅。

5.3　上值

本节将深入探讨 Lua 的上值（upvalue）机制。

▶▶ 5.3.1 上值的定义

上值是 Lua 模拟实现类似 C 语言中静态变量机制的一种机制。一个 C 函数带上上值的结构则是 C 闭包（closure），而一个 Lua 函数带上上值则是 Lua 闭包。Lua 官方对于上值相关内容的阐述⊖如下所示。

> While the registry implements global values, the upvalue mechanism implements an equivalent of C static variables, which are visible only inside a particular function. Every time you create a new C function in Lua, you can associate with it any number of upvalues; each upvalue can hold a single Lua value. Later, when the function is called, it has free access to any of its upvalues, using pseudo-indices.
>
> We call this association of a C function with its upvalues a closure. Remember that, in Lua code, a closure is a function that uses local variables from an outer function. A C closure is a C approximation to a Lua closure. One interesting fact about closures is that you can create different closures using the same function code, but with different upvalues.

下面通过一个例子让读者直观感受一下什么是上值。

```lua
local upval = 1
local upval2 = 2
function test()
    local locvar = 3
    print(upval)

    local function aaa()
        print(upval+upval2+locvar)
    end
    aaa()
end
```

在上面的例子中，test 函数的外层一共有两个变量：upval 和 upval2。test 函数内，有一行打印 upval 的代码，因为有这个操作，test 函数需要引用外层函数的 upval 变量，因此 upval 是 test 函数的一个上值。在 test 函数内，又定义了一个 aaa 函数。在 aaa 函数内，因为使用了 upval、upval2 和 locvar 变量，因此 aaa 函数的上值有 upval、upval2 和 locvar。由于 aaa 是 test 内层定义的函数，test 是 aaa 的外层函数，因此 test 函数的上值也包括了 upval、upval2。

▶▶ 5.3.2 Lua 函数的探索

要彻底搞明白上值的概念，首先要厘清 Lua 函数的概念。前面也提到过，带上值的函数就是闭包（实际上每个 Lua 函数都至少包含一个上值）。从类型上来看，Lua 一共有 3 种函数，分别是 Light C Function、C 闭包和 Lua 闭包。

关于 Light C Function 的概念、操作和调用流程，在第 2 章有非常详细的介绍。C 闭包有独立的数据结构，包含一个函数指针以及一个上值列表，受 GC 管控，其创建和运行流程在 luabase.c 文件里的

⊖ https：//www.lua.org/pil/27.3.3.html。

luaB_openbase 函数以及第 3 章调用函数的流程里有介绍。下面主要介绍 Lua 闭包。

1. Lua 的函数层次

下面介绍 Lua 的函数层次。前文已经介绍了 Chunk 的概念，那么什么是 Lua 的函数层次，它和 Chunk 又有什么关系呢？假设有个脚本 test.lua，代码如下所示。

```
1  -- test.lua
2  local a = 1
3  local b = 2
4  function xxx()
5      print(a + b)
6  end
```

本例中 Chunk 就是 test.lua 文件内的所有代码（第 1 行~第 6 行），它和函数层次有什么关系呢？实际上，一个 Chunk 就是一个 Lua 函数，只是它没有函数名，不需要通过 function 关键字来修饰。Chunk 所代表的函数被称为顶级函数（toplevel function），也就是 level 1 函数。

而 xxx 函数是在顶级函数里定义的，因此它是 level 2 函数，如果 xxx 函数内，还定义有其他函数，那么这个函数的 level 就是 3，以此类推。实际上，level 的级别代表了函数定义嵌套的层次，这里最关键的还是顶级函数和 Chunk 的关系。理解函数的层次关系，对于后续理解上值机制非常重要。

```
-- top level function
1      -- test.lua
2      local a = 1
3      local b = 2

-- level 2 function
4      function xxx()
5          print(a+b)
6      end
```

图 5-3 展示了上面例子中函数的层次关系。除了顶级函数，其他层次的函数实际上可以有多重表示含义，比如 xxx 函数，其实质可以替换为如下所示的形式。

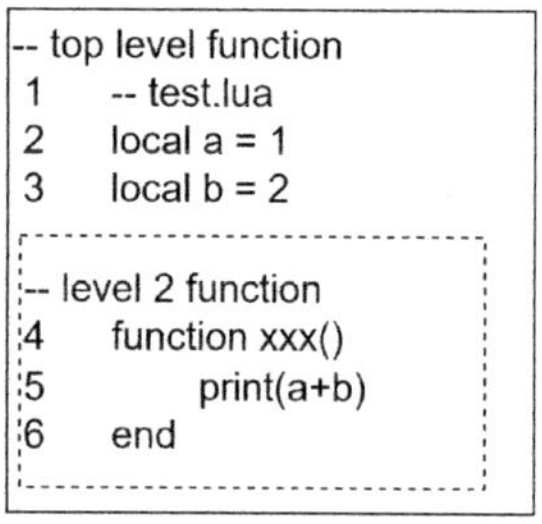

● 图 5-3

```
xxx = function()
    print(a + b)
end
```

因为在 Lua 中，函数是第一类型（first-class），因此函数本身就是一种变量类型，因此这样的语法是成立且合理的。

2. Lua Closure 的数据结构

前面提过，不管是 C 函数还是 Lua 函数，只要带有上值的就是闭包。实际上，每个 Lua 函数至少带有一个上值，本书将在后续的内容中着重阐述这一点。

前文已经介绍过 LClosure 结构，除了包含 GC 相关的变量，LClosure 还包含了一个变量 nupvalues，这个变量记录上值列表的实际大小。Proto 结构是存放 Lua 函数编译结果的结构体。具体结构如图 5-4 所示。

在图 5-4 中，xxx 函数的 LClosure 包含两个主要的部分，一个是 Proto 部分，另一个是 UpVal 部分（也就是上值列表，UpVal 是源码中上值的结构定义名称）。xxx 函数就是整个函

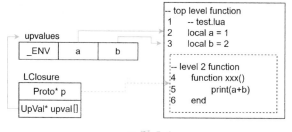

● 图 5-4

数编译的结果，上值列表指向了外层函数的变量 a 和 b。现在还没法直观地看到，**xxx** 函数在虚拟机层面如何引用自己的上值。当 **xxx** 函数完成编译后，虚拟机指令会存在 **Proto** 结构的代码列表中，如图 5-5所示。

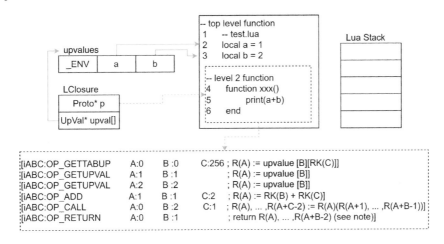

● 图 5-5

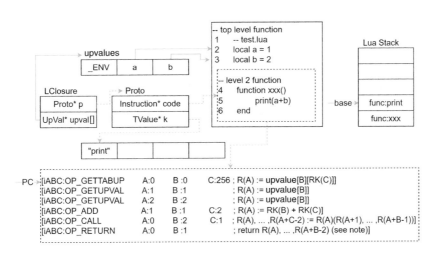

● 图 5-6

下面通过执行列表中的指令，看 **xxx** 函数是如何使用自己的上值的。先看第一步，如图 5-6 所示。此时执行的是 **PC** 箭头指向的指令，它实际表达的含义可以归纳为：

```
R(A) := upvalue[B][RK( C )]
```

上述代码的 **upvalue** 就是 **LClosure** 实例中的 upval 列表。B 为上值列表里的值，RK[C] 的含义是：当 C 的值<256 的时候，它需要到栈上查找；当 C 的值≥256 的时候，它直接到 **Proto** 结构变量 k 中查找，取出 k[C−256] 的变量，在本例中是 k[0]。而此时，代表寄存器的值 R(A) 中，A 的值为 0，

这代表了要将 k[0] 赋值到 R(A)（R(A) 是图 5-6 中 base 指针指向的位置）。于是，推导就变成了：

```
R(A) := upvalue[B][RK[C]]
==>
R(0) := upvalue[0][k[0]]
==>
R(0) := upvalue[0]["print"]
==>
base := _ENV["print"]
==>
base := _G["print"]
```

任何 Lua 函数都至少有一个上值，而这个上值就是以_ENV 为名称的 table，它默认指向了_G。接下来，虚拟机执行第二和第三个步骤，它直接将 upvalue[1] 和 upvalue[2] 的值（分别是 toplevel function 中的变量 a 和变量 b）分别赋值到 base+1 和 base+2 的位置上，于是得到图 5-7 所示的结果。

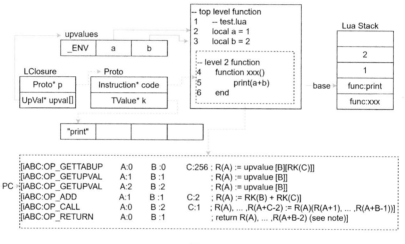

● 图 5-7

接下来执行 OP_ADD 指令，得到图 5-8 所示的结果。

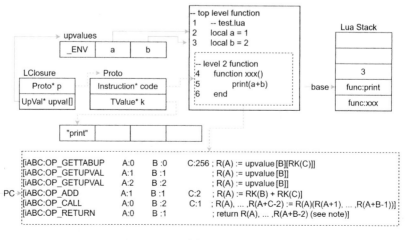

● 图 5-8

最后执行 OP_CALL 指令，调用 base 位置的 print 函数，输出结果为 3。

这里稍微用了一些篇幅来介绍 xxx 函数如何调用上值的流程。需要注意的是，xxx 函数在完成编译以后，所有的指令都是 int 型变量，因此指令是不可能带有任何非数值类型信息的。因此，虚拟机只能根据不同的指令信息，到不同的位置（常量表 k、上值表等）寻找对应的值。这也是 Proto 结构需要 code 列表存储指令信息、用 k 列表存储常量，Lua 闭包实例需要上值列表存储上值的原因，目的是在虚拟机运行的过程中，随时可以根据指令中包含的索引，到这些列表中找到它们的值，最后再进行逻辑处理。

▶▶ 5.3.3　上值的生成

前文介绍了上值的定义，本节开始介绍上值是如何生成的。

1. 首个上值

每个 Lua 函数都至少拥有一个上值，该上值位于第 0 的位置，名称是 _ENV。下面通过一个例子来熟悉它。

```
-- test.lua
local a = 1
local b = 2
function xxx()
    local c = 3
    local d = 4
    print(a + b)

    function yyy()
        print(c + d)
    end
end
```

上面例子的上值关系图如图 5-9 所示。每个 Lua 函数都有一个上值列表，并且首个上值都是一个

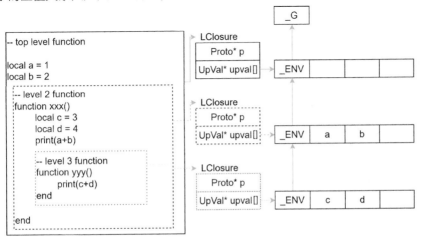

● 图 5-9

名为_ENV 的值，内层 Lua 函数的_ENV 指向外层 Lua 函数的_ENV，而最外层的顶级函数则将值指向了全局表_G。为什么 Lua 要用这种组织方式？为什么将_ENV 作为每个 Lua 函数的第 0 个上值呢？这主要是为了效率，同时也为了让逻辑更为清晰。例如，Lua 函数查找变量的方式如下所示。

1）首先会在自己的 local 变量中查找变量 v，如果找到就直接获取它的值，找不到则进入下一步。

2）查找上值列表看有没有名为 v 的上值，有则获取它的值，没有则进入下一步。

3）到_ENV 里查找名为 v 的值。

在虚拟机运行层面查找变量要简单得多。每个函数只要在自己的 LClosure 实例包含的变量集合（如 local 列表、上值列表、_ENV 等）中查找即可，不需要到外层函数查找，逻辑清晰。

以上面的例子为例，yyy 函数的逻辑很简单，就是打印 c+d 的值。首先 yyy 函数要获取的是名为 print 的函数，它会尝试查找是否有一个名为 print 的 local 变量，因为没找到，所以去上值列表中查找。由于在 yyy 函数的上值列表中，找不到名为 print 的变量，所以就去_ENV［"print"］中查找。因为_ENV默认指向_G，所以从全局表_G 中获取了 print 函数，并压入 Lua 栈中。接下来以同样的方式去获取 c 和 d 的值，因为 c 和 d 是外层函数 xxx 的 local 变量，因此它们被当作上值存储在 yyy 函数的上值列表中了。最后，通过 print 函数打印了 c+d 的值。

2. 上值生成过程

通过查阅源码不难发现，上值实际上是在编译时确定（位置信息和外层函数的关联等）、在运行时生成的。意思就是，在编译脚本阶段就要确定 Lua 函数的上值有哪些、在哪里，在虚拟机运行阶段，再去生成对应的上值。用来表示上值的数据结构有两个，一个是编译时期存储上值信息的 **Upvaldesc**（这个结构并不存储上值的实际值，只是用来标记上值的位置信息），另一个是在运行期实际存储上值的 UpVal 结构。它们的结构定义如下。

```
// luaobject.h
typedef struct Upvaldesc {
    // 本函数的上值是否指向外层函数的栈(如果不是则指向外层函数的某个上值)
    int in_stack;

    // 上值在外层函数中的位置(栈的位置或 upval 列表中的位置,根据 in_stack 确定)
    int idx;

    TString* name; // 上值的名称
} Upvaldesc;
// luafunc.h
struct UpVal {
    // 指向外层函数的 local 变量(开放上值),或者指向自己(上值关闭时)
    TValue* v;
    int refcount; // UpVal 实例被引用的次数
    union {
        struct {
            struct UpVal* next; // 下一个开放上值
            int touched;
        } open;
        TValue value;          // 已关闭上值的值存储在这里
    } u;
};
```

Upvaldesc 的每一个变量都很清晰，也比较容易理解，而 UpVal 结构就要复杂得多了。

由于前面章节已经详细介绍过 Proto 的结构了，这里不再赘述，本节只关注 Proto 和上值之间的关系。Lua 脚本的编译信息会被存储到 Proto 结构实例中，当一个 Lua 函数的某个变量不是 local 变量时，如果希望获取它的值，实际上就是要查找这个变量的位置，如果在 local 列表中找不到，则进入如下流程。

1）到自己的 Upvaldesc 列表中，根据变量名查找，如果存在则使用它，否则进入下一步。

2）到外层函数查找 local 变量，如果找到就将它作为自己的上值，否则查找它的 Upvaldesc 表，找到就将其生成为自己的上值，否则进入更外层函数，重复这一步。

3）如果一直到顶级函数都找不到，那么表示这个上值不存在，此时需要去_ENV 中查找。

下面通过一个例子来理解这个流程。需要注意的是，这个过程是在 Lua 脚本的编译阶段进行的。

```lua
-- test.lua
local a = 1
local b = 2

function xxx()
    local c = 3
    print(a)
    function yyy()
        print(a + b + c)
    end
end
```

上面例子可以通过图 5-10 来展示。

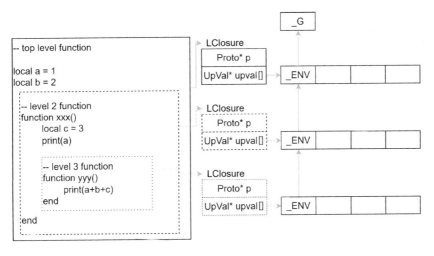

● 图 5-10

当解释器对这个脚本进行编译时，首先会从顶级函数开始（本节只关注上值的编译流程和结果，所以中间会略过大量的细节）。在顶级函数中，变量 a 和 b 均是它的 local 变量。按照它们定义的顺序，在虚拟机运行期间，a 会在栈中第 0 的位置，而 b 则在第 1 的位置。对脚本的编译开始之后，首先会对顶级函数的 Upvaldesc 列表的第 0 的位置填充_ENV 的信息，得到图 5-11 所示的结果。

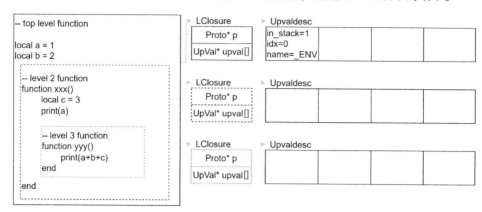

顶级函数的第一个上值信息已经被填充了。从图 5-11 可以观察到，in_stack 的值为 1、idx 的值为 0、name 为_ENV。由于顶级函数已经是最外层的函数了，因此这里可以忽略 in_stack 和 idx 所表示的值，编译器会在脚本完成编译时，将_G 赋值到 upval[0] 的位置，这个后面会详细介绍。

接下来对 xxx 函数进行编译。在 xxx 函数中，c 是它的 local 变量，因此变量 c 将在 xxx 函数栈中第 0 的位置。xxx 函数引用了外层函数的一个变量 a，编译器首先会为 xxx 函数填充第 0 个上值的编译信息，然后再生成它的第 1 个上值 a 的信息，得到图 5-12 所示的结果。

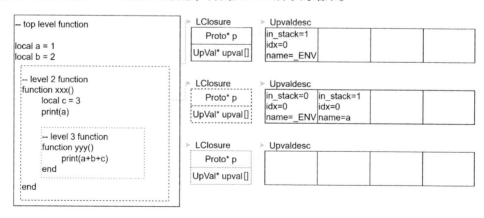

xxx 函数的上值描述信息：第 0 个上值仍然是_ENV，它的 in_stack 值为 0 表示它引用的是外层函数的上值，idx 为 0 表示该值位于外层函数 upval[0] 的位置，name 为_ENV 表示它的名称是_ENV；它的第 1 个上值的信息中，in_stack 的值为 1 表示该上值在外层函数的栈上，idx 为 0 表示上值是外层函数栈上第 0 位置的值（在这里指代外层函数 local 变量 a 的值 1），name 的值为 a 表示它引用外层函数的变量名为 a。再往下，就开始编译 yyy 函数了。由于在 yyy 函数内，a、b 和 c 的值均不是它的 local

变量，因此这里会触发生成上值的逻辑。

yyy 函数首先要处理的变量是 a。由于 a 不是它的 local 变量，所以去它的 Upvaldesc 列表中查找；由于在 Upvaldesc 列表中没有名为 a 的上值，因此要去外层函数找；在开始找之前，它会将_ENV 的信息填写到 Upvaldesc 列表的第 0 的位置上。接下来，yyy 函数会去它的外层函数 xxx 中查找名为 a 的 local 变量，很显然 xxx 没有定义名为 a 的 local 变量，所以它就去 xxx 函数的上值列表里查找。最后它在 xxx 函数的第 1 个上值里找到了这个值，于是得到图 5-13 所示的结果。

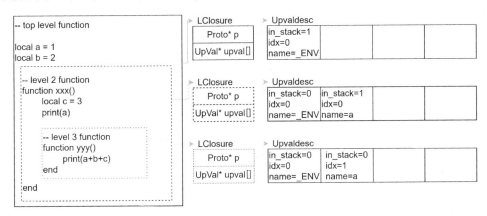

● 图 5-13

yyy 函数生成_ENV 上值的方式和 xxx 函数是一致的，这里不再赘述。而生成的上值 a 则在外层函数 xxx 的 Upvaldesc 列表中找到了，因此这个变量不在栈上，所以 in_stack 为 0，并且 idx 为 1（a 在 xxx 函数 Upvaldesc 列表上的位置）。

接下来，则进入到生成上值 b 的流程。同样地，yyy 函数内部没有定义过变量 b，所以要到外层函数 xxx 中查找。因为 xxx 函数没有定义 b 这个变量，自己的 Upvaldesc 列表中也没有，所以要到 xxx 函数的外层函数去查找。并且在顶级函数中，找到了一个 local 变量 b，此时 xxx 函数首先要将其生成为自己的上值，于是得到图 5-14 所示的结果。

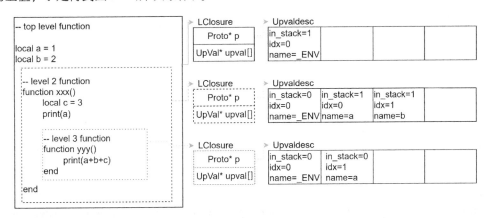

● 图 5-14

name 为 b、in_stack 为 1 表示上值 b 在顶级函数的栈上。前面也说过，在运行阶段，变量 b 会在顶级函数栈上的第 1 的位置（第 0 的位置是 a），所以 idx 的值为 1。接下来，轮到 yyy 函数生成这个上值了。因为上值 b 位于 xxx 函数 Upvaldesc 列表第 2 的位置，因此，得到如图 5-15 所示的结果。

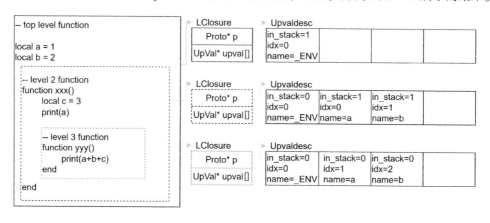

● 图 5-15

接下来，就到了上值 c 的生成流程了。首先因为在 yyy 函数内找不到 c 的定义，因此去 yyy 函数的外层函数 xxx 函数中查找。在 xxx 函数中有一个变量名为 c 的 local 变量，因此，直接生成图 5-16 所示的结果。

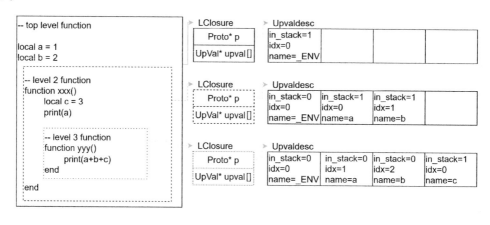

● 图 5-16

c 是 xxx 函数的第 1 个 local 变量，在运行阶段，它在 xxx 函数栈上的第 0 个位置。因此，上值 c 在 yyy 函数 Upvaldesc 列表中的值为：in_stack 为 1（它是外层函数的一个局部变量）、idx 为 0（它在外层函数栈上第 0 的位置）、name 为 c。当编译器完成这个脚本的编译时，会给顶级函数的第 0 个上值赋值 _G，得到图 5-17 所示的结果。

前面的介绍主要集中在脚本编译期间上值的位置信息生成。下面介绍运行过程中如何生成虚拟机真实用到的上值。还是用上面的例子，假设顶级函数首先会执行两个赋值操作，于是得到图 5-18 所示的结果。

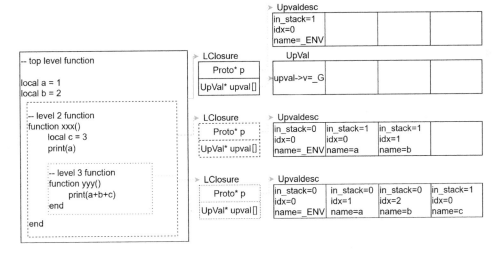

● 图 5-17

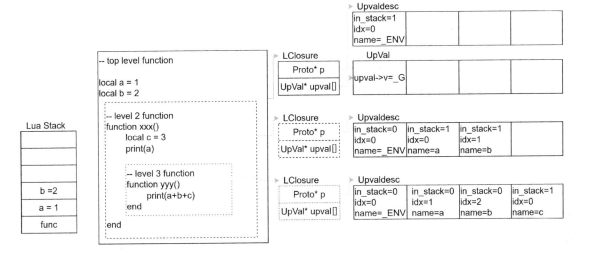

● 图 5-18

两个 local 变量的定义和初始化操作，虚拟机会将 a 和 b 放入栈中。前面也提到过，在 Lua 中函数是 first-class 类型，因此它本身也是一种变量类型，所以前面的例子其实质等价于如下形式。

```
-- test.lua
local a = 1
local b = 2

xxx = function()
```

```
        local c = 3
        print(a)
        yyy = function()
            print(a + b + c)
        end
    end
```

所以，程序接着往下执行就是对一个名为 xxx 的变量赋值一个函数变量。要完成这个操作，首先要创建一个函数实例并填充它的上值信息，最后再赋值给变量 xxx，于是得到图 5-19 所示的结果。

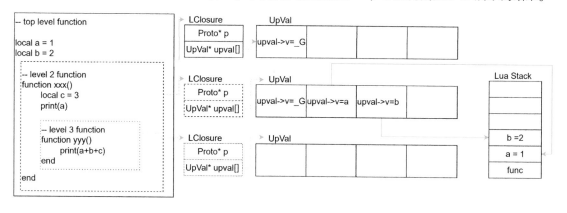

● 图 5-19

由图 5-19 可知，已经开始往 xxx 函数的上值列表（图 5-19 中是 UpVal 类型的指针变量）填充信息了，它的第一个变量是_ENV，这里不包含任何上值名称，而是直接将其指向了外层函数的第一个上值。

回顾一下图 5-9，它们实际上是同一个 UpVal * 实例。接下来，它会创建一个 UpVal 实例，并且 upval->v 指向了外层函数的 local 变量 a，然后是 local 变量 b。执行到这里，这个逻辑流程就算结束了。

可能有读者会问，那 yyy 函数没做处理吗？答案是肯定的。因为这里没有调用 xxx 函数，因此 yyy 函数变量的赋值操作也就不会进行，并且该 LClosure 实例也不会被创建。xxx 函数会被创建，是因为它是在顶级函数里定义的，大家可以回顾一下上面替换成等式的例子。如果在顶级函数里调用 xxx 函数，那么，xxx 函数里的函数也会被创建，yyy 函数被创建的逻辑也就会被执行，于是得到图 5-20 所示的结果。

xxx 函数被调时，它会被压入栈中，同时局部变量也会被压入栈中。这里有一个非常有意思的现象，就是一个函数的上值一直溯源下去，最终的源头，要么是某个外层函数的 local 变量，要么就是最外层函数的_ENV。

本节精心挑选了一个例子，把上值生成的几种情况基本都涵盖到了。这里需要注意的是，本节示例图里的 LClosure 图集，只是为了展示一个关系层次，并不是在编译阶段就会创建 LClosure 实例；编译阶段只会生成 Proto 实例，并将编译结果存到这个结构中；只有执行脚本逻辑阶段，才会将 LClosure 实例创建。

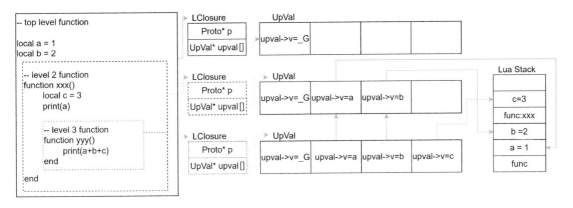

● 图 5-20

▶▶ 5.3.4   开放上值和已关闭上值

本节开始介绍开放上值（open upvalue）和已关闭上值（closed upvalue）。很多读者可能对这两个概念非常陌生，但是理解它对于解释一些和上值有关的现象是非常有帮助的。open upvalue 和 closed upvalue 是针对一个函数的上值是外层函数 local 变量的情况而言的。关于上值的使用，最难理解的也是这个部分。下面通过两个例子来说明这两个概念，先看例 5-1。

例 5-1

```
local var1 = 1
function aaa()
    local var2 = 1
    function bbb()
        var1 = var1 + 1
        var2 = var2 + 1
        print("bbb:", var1, var2)
    end

    function ccc()
        var1 = var1 + 1
        var2 = var2 + 1
        print("ccc:", var1, var2)
    end

    bbb()
    print("hahaha")
end

aaa()
bbb()
bbb()
ccc()
ccc()
```

例 5-1 的输出结果如下所示。

```
bbb: 2      2
hahaha
bbb: 3      3
bbb: 4      4
ccc: 5      5
ccc: 6      6
```

这个例子中，bbb 函数和 ccc 函数是在 aaa 函数里定义的，也就是说，只有调用执行了 aaa 函数，bbb 函数和 ccc 函数才会被创建。下面来看执行这段脚本时的情况，图 5-21 所示是该脚本完成编译时的状态。

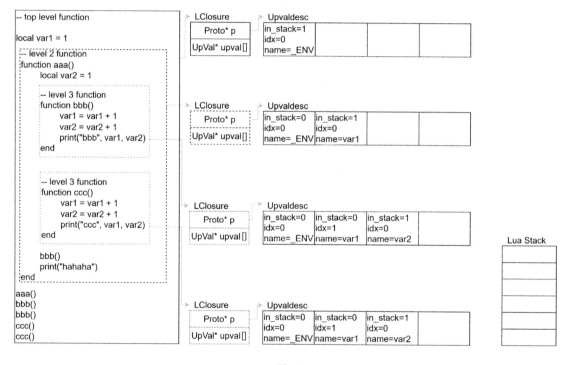

● 图 5-21

图 5-21 中上值的生成过程前文已有类似介绍，这里不再赘述。接下来进入执行环节，先从顶级函数的第一行代码开始，于是得到图 5-22 所示的结果。

接着进入创建 aaa 函数的流程，得到图 5-23 所示的结果。

创建 aaa 函数时，并不会执行 aaa 函数内的逻辑，但是会为其创建一个函数实例，并且完成 upval 列表的填充。执行 aaa 函数后得到图 5-24 所示的结果。

从图 5-24 可以看到，执行 aaa 函数之后，它的内部逻辑会创建 bbb 函数和 ccc 函数（创建 LClosure 实例），并且初始化它们的 upval 列表。这里需要注意的是，bbb 函数和 ccc 函数的第 2 个（上值 var2）UpVal * 指针指向了同一个 UpVal * 实例。图 5-24 中所示的 var1 和 var2 是 open upvalue。当逻辑继续往下走，执行到调用第一个函数 bbb 的时候，此时结果如图 5-25 所示。

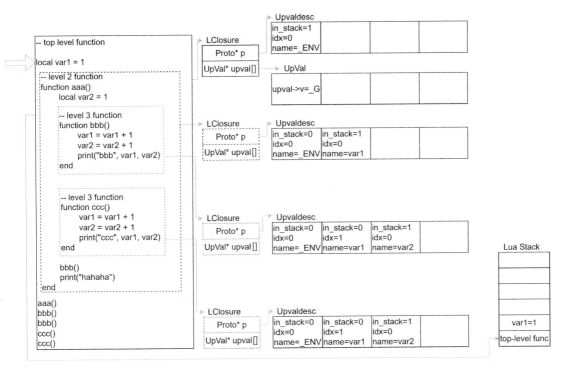

● 图 5-22

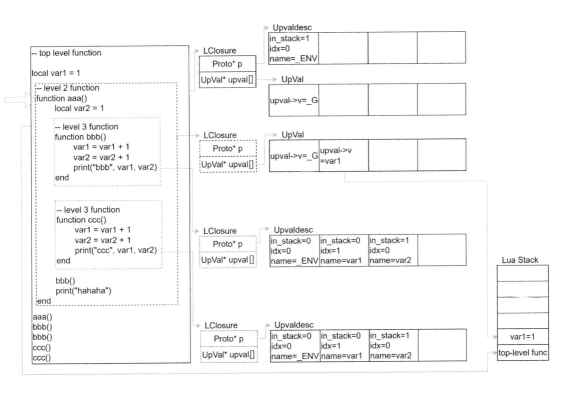

● 图 5-23

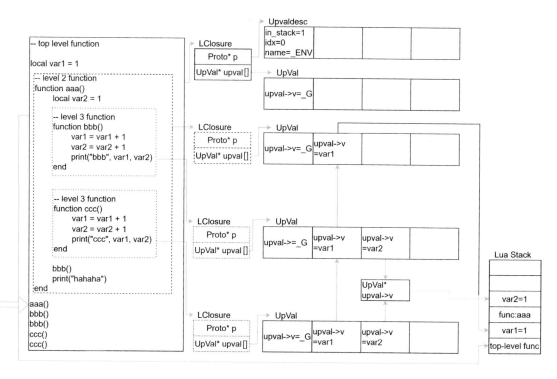

• 图 5-24

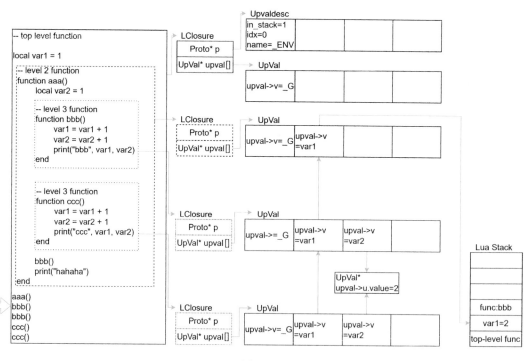

• 图 5-25

此时，aaa 函数已经执行完毕，因此它的局部变量需要从栈中清除，而在执行 aaa 函数的过程中，已经将函数对象（LClosure 实例）、bbb 函数和 ccc 函数创建，它们的 var2 变量共享同一个 UpVal * 实例。

在 aaa 函数执行完毕时，它们的 UpVal * 实例会进行 close 操作，意思就是原来的 upval→v 指向栈的某个位置，现在这个关联将被破除，并且 upval→v 的值赋值为 upval→u.value 的地址。同时，upval→v 原来指向的值会被赋值到 upval→u.value 上。为什么此时填入 upval→u.value 内的值是 2？因为 aaa 函数内调用了一次 bbb 函数，此时控制台会输出如下结果。

```
bbb:2    2
hahaha
```

而接下来要执行的就是图 5-25 中代码区箭头所指的 bbb 函数。这个函数会分别将 var1 和 var2 的值加 1，最后再打印它们。可以看到，var1 仍然在栈上，因此 var1 的值会变成 3，而 var2 指向了一个 UpVal * 实例，而其原来的值是 2，自增 1 后就变成了 3，此时得到的输出结果为：

```
bbb: 2    2
hahaha
bbb: 3    3
```

而与结果相对应的图如图 5-26 所示。

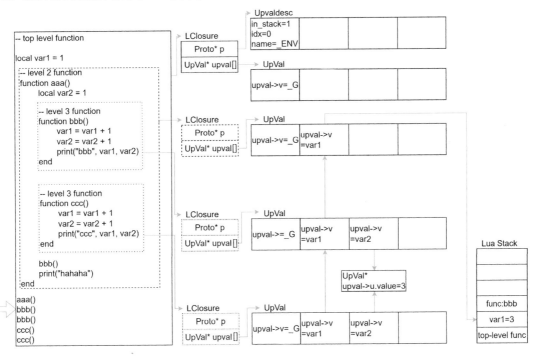

● 图 5-26

接下来执行第二个 bbb 函数的调用。var1 的值仍然在栈上，var2 的值仍然在 UpVal * 实例里，于是得到如下的结果，图 5-27 也反馈了这个结果。

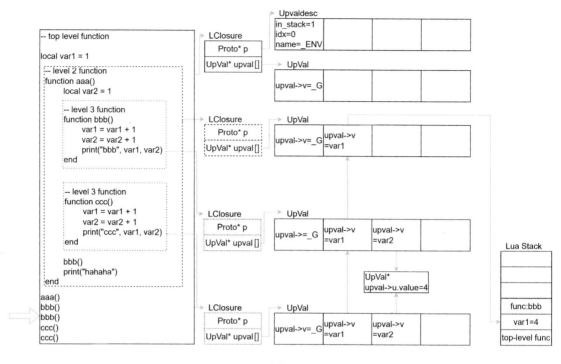

● 图 5-27

```
bbb: 2      2
hahaha
bbb: 3      3
bbb: 4      4
```

接下来执行第一个 ccc 函数。通过观察 ccc 函数的 upval 列表可以看到，不论是 var1 还是 var2，它们引用的都是同一个 **UpVal** ∗ 实例，因此，bbb 函数的执行结果会影响到 ccc 函数。第一个 ccc 函数执行完以后，得到如下的结果。

```
bbb: 2      2
hahaha
bbb: 3      3
bbb: 4      4
ccc: 5      5
```

执行完第二个 ccc 函数得到的结果如下所示。

```
bbb: 2      2
hahaha
bbb: 3      3
bbb: 4      4
ccc: 5      5
ccc: 6      6
```

通过这个例子可以看到，在运行阶段，不同函数引用了同一个上值的话，那它们上值列表里对应的实例实际上是共享的。例 5-1 中 var2 的变化流程，实际上就是从 open upvalue 转变为 closed upvalue 的过程。读者可以通过多次阅读例 5-1，来熟悉这个流程。

例 5-1 展示的是两个同级函数引用同一个外层函数 local 变量的情况，并且经历从 open upvalue 到 closed upvalue 转变的流程。下面要看的是例 5-2。

例 5-2

```lua
local var1 = 1
local function aaa()
    local var2 = 1
    return function()
        var1 = var1 + 1
        var2 = var2 + 1

        print(var1, var2)
    end
end

local f1 = aaa()
local f2 = aaa()

f1()
f2()
```

下面通过图文的方式来展现这个逻辑流程。首先执行脚本的第一行代码，得到图 5-28 所示的结果。

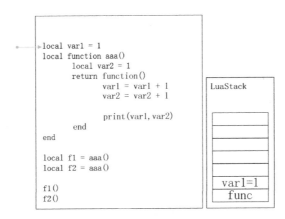

● 图 5-28

接下来会执行 aaa 函数的创建逻辑。此时会创建一个 LClosure 实例，并存放在 local 变量 aaa 中，得到图 5-29 所示的结果。

程序执行流程继续往下走，开始执行"local f1 = aaa()"的逻辑。程序先要进入 aaa 函数的内部执行它的逻辑。先来看执行了第一个赋值操作之后的结果，如图 5-30 所示。

接着执行 aaa 函数，它会创建一个匿名的 function 实例（LClosure 实例），得到图 5-31 所示的结果。

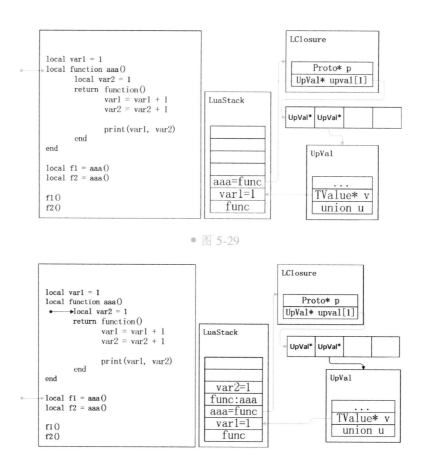

• 图 5-29

• 图 5-30

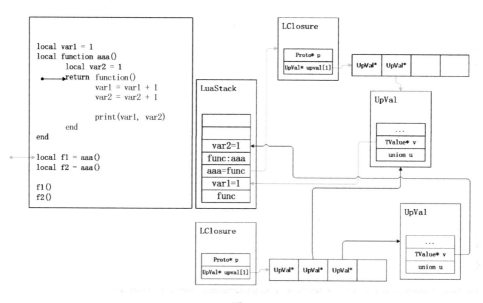

• 图 5-31

图 5-31 最下方的 LClosure 结构就是被创建出来的匿名函数实例。此时，aaa 函数的执行要结束了，因此 aaa 函数的栈信息会被清退，此时匿名函数中的 var2 引用的是外层函数 aaa 的 local 变量。在 aaa 函数完成调用之前，它是 open upvalue，而 aaa 函数调用结束时，它要转变成 closed upvalue，于是得到图 5-32 所示的结果。

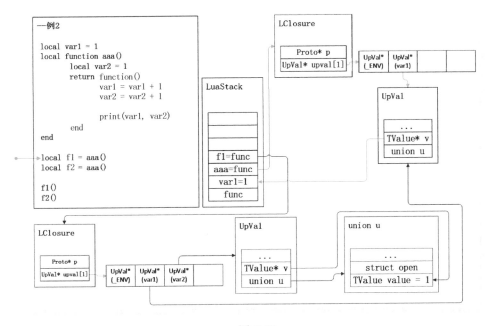

● 图 5-32

在 var2 的上值中，upval->v 指针从之前指向栈上，转向了指向自身的结构之中，并且将原来栈上的值赋给了它。与此同时，局部变量 f1 也被压入栈中，它的值就是从 aaa 函数中创建并返回的函数实例（LClosure 实例）。接下来，代码逻辑会继续往下走，并会重复上面的逻辑，于是得到图 5-33 所示的结果。

可以观察到，aaa 函数又重新创建了一个新的函数实例，并且赋值到 local 变量 f2 中。f1 和 f2 的上值 var1 引用了同一个 UpVal * 实例，而上值 var2 则是每个都独立一份。这里需要和例 5-1 的情况进行区别，例 1 的上值 var2 是共享的，因为调用 aaa 函数时是在同一次调用时创建的。而例 5-2 是分两次调用创建的，因此 UpVal * 实例是各自独立一份。接下来代码会继续往下执行，分别执行了 f1 和 f2 两个函数，于是得到如下的输出结果。

```
2    2
3    2
```

因为 var1 是共享的，所以 f2 执行的时候输出 3，但是 var2 是 f1 和 f2 各自独立有一个 UpVal * 实例的，因此，f1 和 f2 调用的结果都是 2。

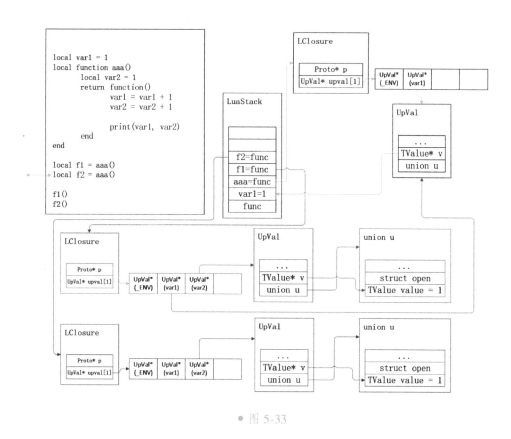

● 图 5-33

▶▶ 5.3.5 dummylua 的上值实现

本节的工程实现在随书代码的 C05/dummylua-5-3 中，读者可自行下载查阅。

5.4 弱表

本节开始介绍 Lua 的弱表（weaktable），首先会介绍弱表的定义和它的用途，然后介绍弱键、弱值以及完全弱引用相关的知识。

▶▶ 5.4.1 弱表的定义

按照官方的定义，弱表是用来告诉 Lua 虚拟机被弱表引用的对象，不应该阻止它们被 GC 回收⊖。与弱表相对的是强表，对于强表来说，所有被强表引用到的 GC 对象都会被标记，从而不会被 GC 机制回收，哪怕这些变量再也不会被使用到。因此，对于强表来说，如果希望被它引用的对象能够被 GC 回收，那么需要将它的值设置为 nil；对于弱表来说，但凡被设置为弱引用的对象均不会被 GC 标

⊖ https：//www.lua.org/pil/17.html

记，当再也没有其他地方引用该对象时，它们会从弱表中被清除。

弱表中，弱引用的类别一共有 3 种，第一种是弱键（key 是弱引用），第二种是弱值（value 是弱引用），第三种是完整弱引用（key 和 value 均是弱引用）。下面来看一下它们的设置方式。

```
local mt = { _mode = "k"}
local tbl = setmetatable({}, mt)
```

在上面的例子中，mt 是 tbl 的元表，mt 的_mode 域设置了值"k"。这表明 tbl 表是个弱表，并且是只包含弱键的弱表。下面看一下弱值的设置方式。

```
local mt = { _mode = "v"}
local tbl = setmetatable({}, mt)
```

本例和前面例子的区别是，元表 mt 的_mode 域被设置为了"v"，而 mt 又是 tbl 的元表，此时 tbl 是个只包含弱值的弱表。完全弱引用的弱表设置方式如下所示。

```
local mt = { _mode = "kv"}
local tbl = setmetatable({}, mt)
```

▶▶ 5.4.2   弱表的用途

弱表的用途是为缓存机制添加自动回收功能，相关代码如下。

```
local mt = { _mode="v"}
local tbl = setmetable({}, mt)

local function getFromCache(key)
    if tbl[key] then
        return tbl[key]
    end

    tbl[key] = loadFromDB(key)
    return tbl[key]
end
```

当外部通过 getFromCache 获取 tbl[key] 的值之后，如果一直持有，那么这个值就会一直在 tbl 缓存中，如果外部不再引用 tbl[key] 值时，那么它会在下一轮 GC 的时候从 tbl 中被清理。这样就不用去实现相对复杂的 LRU（Least Recently Used）机制，来对 tbl 的内存进行限制和处理了。

当然，这里只是讨论了弱表使用的其中一个例子，其他的使用范例交给读者自己去探索。

▶▶ 5.4.3   弱键

本节开始介绍弱键。当一个表被设置为弱键时，在 GC 阶段，它会被遍历并且有其自身的标记规则。

弱键有其特殊的遍历和标记规则，主要发生在 GC 的 propagate 和 atomic 阶段，后面会逐步展开介绍。在开始讨论弱键的遍历和标记规则之前，先来回顾一下强表的遍历和标记规则，如图 5-34。它是一个遍历标记前的强表（假设 Lua 表里所有被引用的对象都是 GC 对象）。

现在执行 GC 操作，要对其进行遍历和标记，于是得到图 5-35 所示的结果。

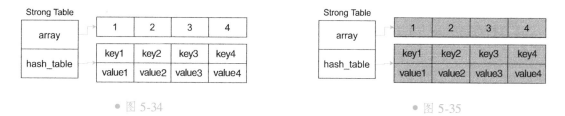

● 图 5-34　　　　　　　　　　　　　　　　● 图 5-35

强表中，所有被引用的对象都会被标记，被标记的对象将不会被 GC 清除，未被标记的白色对象会在 GC 的 sweep 阶段被清除。下面介绍包含弱键的表是怎么处理的，分为以下几个情况来讨论。

1）Lua 表的数组部分。

2）Lua 表哈希表部分的 key 值只包含 uncollectable 对象（如 integer、float、boolean 等）和 string 类型时的情况。

3）Lua 表哈希表部分的 key 值只包含 collectable 对象的情况（string 类型除外）。

先看第一种情况，Lua 表是弱键模式时的数组部分处理，如图 5-36 所示，虽然该表是弱键模式，但是数组部分所引用到的所有值都会被遍历和标记，得到图 5-37 所示的结果。

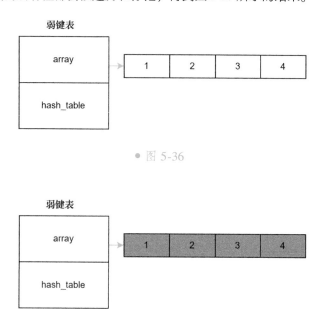

● 图 5-36

● 图 5-37

再来看第二种情况，当 key 值是 uncollectable 对象（如 integer、float 和 boolean 等）以及 string 对象时，其所对应的 value 在 GC 阶段会被全部标记。其中 string 类型的 key 比较特殊，当遍历到 string 类型的 key 时，会直接尝试标记它，并且将其引用的对象标记，表现形式如图 5-38、图 5-39 所示。

这里尤其要注意的是，string 类型的 key "aaa" 被直接标记，并且其所对应的 value 也被标记，为

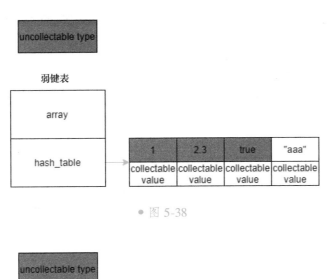

• 图 5-38

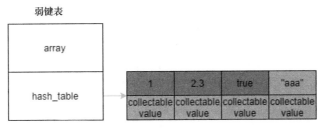

• 图 5-39

什么要这样处理？因为 Lua 的字符串分为长字符串和短字符串，其中，短字符串会做内部化处理。因此构建一个新的短字符串时，可能实际是复用了短字符缓存表里的字符串，它可能已经被标记过，也可能没被标记，为了消除这种不确定性，这里直接将字符串和 uncollectable 类型归为一类。

接下来，看第三种情况。这种情况的 key 值全部是 collectable 对象，如图 5-40 所示。

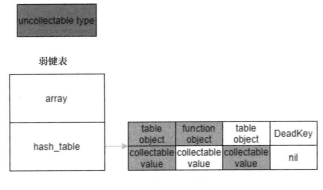

• 图 5-40

如果，此时进入到 GC 阶段，要对该表进行遍历和标记，那么将得到图 5-41 所示的结果。

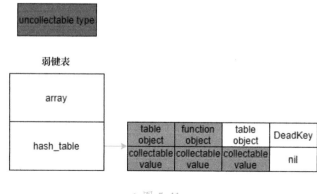

● 图 5-41

function 对象为 key，所对应的 value 被标记了。不论是数组部分，还是哈希表部分，但凡有 value 被标记，就意味着整个表被标记了。

在 propagate 阶段，弱表会被直接塞入 grayagain 链表中，留到 atomic 阶段再处理。而在 atomic 阶段，Lua 虚拟机首先会一次性完成 grayagain 链表的遍历和标记操作。此时再处理弱表时（前面讨论的流程），如果弱表中存在 key 为 collectable 对象（string 类型除外），且为白色和哈希表部分没有 white-white entry（键值对均是未标记的白色对象），那么该弱表会被塞入 allweak 链表中。前面讨论的几种情况，在 GC 的 atomic 阶段都是直接塞入 allweak 链表中的。

接下来要讨论 white-white entry 的情况。一个弱表一旦包含 white-white entry，在 propagate 阶段经过遍历和标记之后，会被放入 grayagain 链表中。而在对 grayagain 链表进行处理的 atomic 阶段，它会被放入一个被称为 ephemeron 的链表中。allweak、ephemeron 链表均是 global_State 结构的成员变量。

在 atomic 阶段结束之前，GC 机制会分别对 allweak 和 ephemeron 链表的 key 进行清理，然后对 weak 表（后面会讨论）和 allweak 表的 value 进行清理。

图 5-42 展示了 key 的清理顺序，图 5-43 则展示了 allweak 链表 keys 的清理流程。在 clearkeys 阶段，但凡被标记为白色的 key，最后都被清理掉了。

GC atomic status

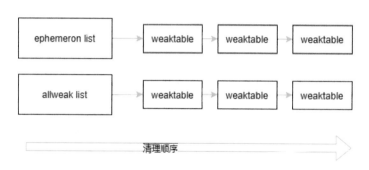

● 图 5-42

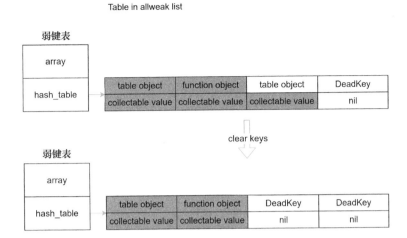

● 图 5-43

接下来介绍，ephemeron 链表内的弱表是怎么清理的。

和 allweak 链表一样，但凡被标记为白色的并位于 ephemeron 链表中的弱表，它们的 key 和 value 也会被清理掉。

只要是弱键模式下的弱表，包含了 white-white entry 的时候，它就会被放入到 ephemeron 链表之中，如图 5-44 所示。

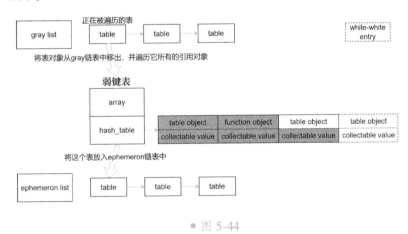

● 图 5-44

有些读者可能会有疑问，同样的表对象放到 ephemeron 链表和 allweak 链表中，最终 white key 的部分都会被清除，效果看上去是一致的，为什么不能将 white-white entry 也放入到 allweak 列表中？原因是 gray 链表（其实会做这个操作已经是 atomic 阶段了，其本质是 grayagain 链表）很可能没有遍历完，当继续遍历和标记后面的对象时，原来的 white-white entry 可能会发生变化，如图 5-45 所示。

图 5-45 弱表的最后一个 collectable value，对应的是 ephemeron 链表中 white-white entry 的 key 值。在完成遍历操作之后，white-white entry 的 key 值会被标记，得到图 5-46 所示的结果。

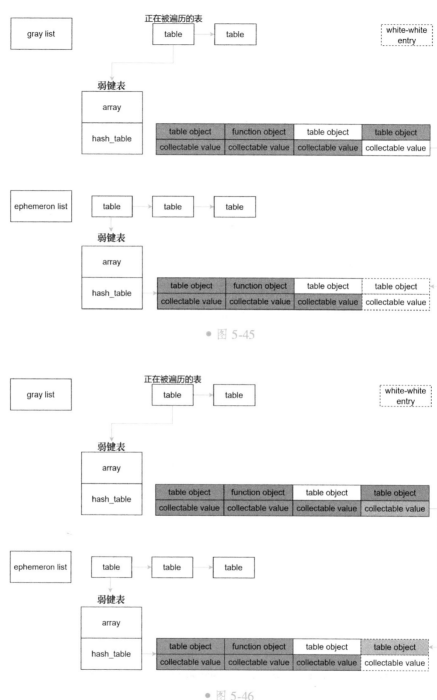

● 图 5-45

● 图 5-46

在 Lua 的 GC atomic 阶段，清理 allweak 列表之前，会对 ephemeron 列表进行一次收敛操作，检查是否有键值对需要被标记。如果有，那么在遍历完本轮的 ephemeron 列表之后，还需要重新再遍历一次。但凡一个 Lua 表还有 white–white entry，那么它仍然会被放入 ephemeron 列表中。如果没有 white–

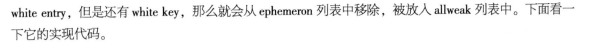

white entry，但是还有 white key，那么就会从 ephemeron 列表中移除，被放入 allweak 列表中。下面看一下它的实现代码。

```
// luagc.c
static void converge_ephemeron(struct lua_State* L) {
    int changed = 0;
    do {
        changed = 0;

        struct GCObject* gco = G(L)->ephemeron;
        struct Table* ephemeron = gco2tbl(gco);
        G(L)->ephemeron = NULL;

        for (; ephemeron != NULL; ephemeron = gco2tbl(ephemeron->gclist)) {
            if (traverse_ephemeron(L, ephemeron)) {
                propagateall(L);
                changed = 1;
            }
        }
    } while (changed);
}
```

上述代码中，外层之所以需要有个 while 循环，主要原因是，对某个 ephemeron 列表中的某个对象实现标记之后，在本对象前面已经遍历过的对象如果也发生改变了，那么它也可能产生新的影响。因此，只有所有的 ephemeron 列表中的对象没有发生任何状态改变时，收敛操作才会结束。

下面来看一下图 5-46 所示的情况。这种情况下，最后一个 collectable value 会被标记，因为该弱表已经没有 white-white entry 了，因此会从 ephemeron 列表中移除，然后又因为它拥有一个 white key，所以它最终会被塞入 allweak 列表中，如图 5-47 所示。

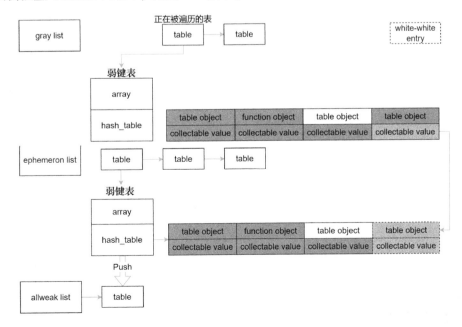

• 图 5-47

重新遍历这个弱表，并且对所有非 white key 所对应的 value 值进行了标记，并且该弱表也从 ephemeron表中移到了 allweak 表中。进入清理 allweak 表的 white key 时，之前临时被标记为 white-white entry 的键值对也不会被清理，因为它们最终并不是真正的 white-white entry。

如果在一开始，就把该对象塞入 allweak 表会有什么后果？因为 allweak 列表没有像 ephemeron 列表那样的收敛操作，因此，它的结果会如图 5-48 所示。collectable value 并没有被标记的机会（ephemeron列表的收敛操作会对所有的表进行扫描和标记），虽然在 allweak 的 clearkey 阶段，它不会被处理，但是在 clearvalue 阶段也会被清空，因此 ephemeron 是个非常重要的机制。

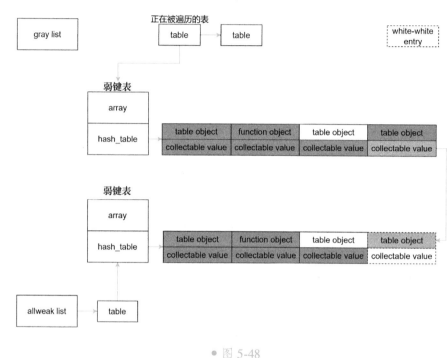

● 图 5-48

本节用了较大的篇幅对弱键的通用机制进行了详细的说明，下面来看一个例子。

```lua
local weakkey_tbl = { _mode = "k" }
local t1 = setmetatable({}, weakkey_tbl)

ga = {} -- global table a
gb = {} -- global table b

do
    t1[1] = "test1"
    t1[2] = function() end
    t1["test"] = "test2"

    local t_str3 = "test3"
    local key = {}
    t1[key] = t_str3
```

```
    local t_str4 = "test4"
    local xxfunc = function() end
    t1[xxfunc] = t_str4

    local tv1 = {}
    local tv2 = {}
    t1[tv1] = tv2
    t1[tv2] = tv1
    t1[ga] = gb
    t1[gb] = ga
end

ga = nil
gb = nil

collectgarbage()

print("-----------------")
for k, v in pairs(t1) do
    print(k, v)
end
```

这段代码是书配源码 C05/dummylua-5-4 里的测试用例，其运行结果如下所示。

```
-----------------
1 test1
2 badf98
test test2
```

在这个例子中，t1 的 key（1、2）是 uncollectable 对象，因此其对应的值会被直接标记。而 test 是字符串，除了它自己会被标记外，其所对应的 test2 字符串也会被标记。key、xxfunc、tv1 和 tv2 由于是 local 变量，因此退出了 do end 域就不再可达，因此它们也会被清理掉。最后 ga 和 gb 所对应的表，因为在 collectgarbage 函数被调用前（这是 fullgc 操作）被设置为 nil，因此 global table a 和 global table b 也变得不可达，最后也会被一并 GC 掉。

到目前为止，就已经完成了弱键部分的介绍了，后面将介绍弱值的情况。

▶▶ 5.4.4　弱值

对于弱值表的处理，在 GC 的 propagate 阶段和弱键表一样，是直接塞入 grayagain 链表的。而在 GC 的 atomic 阶段，则需要经历先遍历，再标记，然后塞入 weak 列表，最后清理 weak 链表引用的过程。下面先来看遍历一个弱值表要经历什么样的操作。

如图 5-49 所示的弱值表，Lua 虚拟机遍历它时，并不会对数组部分进行任何处理。如果一个弱值表的数组部分不为空，那么这个表一定会被塞入 weak 列表中。图中第 3 个数组的插槽被标记为灰色，表示这个位置所对应的值是被标记过的。这里之所以不对数组部分进行任何处理，是因为数组各插槽所关联的值可能在 gray 链表中，后续要被遍历的表引用到，从而被标记。因此这个阶段不论如何都不能直接将白色的实例解除引用关联，最安全的做法是，在清理 weak 表阶段再集中处理。

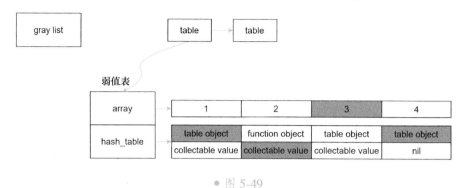

● 图 5-49

接下来，就是遍历弱值表的哈希表部分了。首先会遍历所有的 value 部分，如果 value 的值为 nil，则将 key 设置为 DeadKey；如果 value 不为 nil，则将 key 标记，于是得到图 5-50 所示的结果。

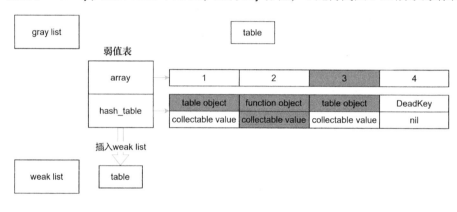

● 图 5-50

在完成遍历和标记之后，就到了清理阶段了。此时，所有数组部分的白色对象均会被设置为 nil 值。而在哈希表中，所有 value 为白色的对象均会被设置为 nil，并且 key 被设置为 DeadKey，如图 5-51 所示。

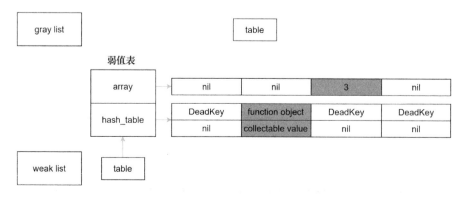

● 图 5-51

至此，就已经完成弱值的介绍了，接下来看一个例子。

```lua
local weakvalue_tbl = { _mode = "v" }
local t2 = setmetatable({}, weakvalue_tbl)
do
    t2[1] = 1
    t2[2] = "test2"
    t2[3] = function() end
    t2["xxfunc"] = function() end

    local vtbl = {}
    t2["xxfunc2"] = vtbl
end

collectgarbage()

print("------------------")
for k, v in pairs(t2) do
    print(k, v)
end
```

输出结果如下。

```
------------------
1    1
2    test2
```

上面的例子中，do end 域里，值 1 是 uncollectable 类型，"test2" 是字符串类型，它们是不可被回收的。其他均是临时的不可达对象，因此在 GC 之后会完全被清理。

▶▶ 5.4.5 完全弱引用

完全弱引用的处理非常简单，但凡元表的_mode 域被设置为 "kv" 时，它们会被直接放到 allweak 列表中，而不会对表中的 key 或者 value 值进行标记。在 atomic 阶段的最后，会分别对它的 keys 和 values 进行清理，前面已经介绍过了，这里不再赘述。

下面来看一个例子。

```lua
local weakkv_tbl = { _mode = "kv" }
local t3 = setmetatable({}, weakkv_tbl)
do
    t3[1] = "test1"
    t3[2] = function() end
    t3["test2"] = "test2"

    local key = {}
    t3[key] = "test3"

    local xxfunc = function() end
    t3[xxfunc] = "test4"
end
```

```
collectgarbage()

print("-----------------")
for k, v in pairs(t3) do
    print(k, v)
end
```

其输出结果如下。

```
-----------------
1     test1
test2test2
```

上面的例子中，t3[2] 的 value 未被标记，因此要被清理。除了 t3[1] 和 t3["test2"] 以外，其他的键值对，要么 key 未被标记，要么 value 未被标记，因此会被清理。

▶ 5.4.6　dummylua 的弱表实现

本节随书代码在 C05/dummylua-5-4 中，读者可以自行查阅。

5.5　require 机制

前面章节主要讲述单个脚本的运行流程。本节将介绍，在 Lua 中，如何在一个脚本中引用其他模块（其他 Lua 脚本或是动态链接库），要做到这一点，需要借助 require 函数来实现。本节将简述 require 函数的运行流程。具体的实现细节，读者还可以查阅本书的随书代码或者查看官方源码。

▶ 5.5.1　require 功能简述

当 Lua 虚拟机实例被创建之后，会调用 lua_openlibs 函数注册一些全局使用的函数，而 require 函数就是其中之一。require 函数的作用就是在一个 Lua 脚本中实现调用其他模块。这个模块可以是另一个 Lua 脚本，也可以是一个动态链接库（在 Windows 系统上是 dll 库，而在 Linux 系统上则是 so 库）。

调用模块的代码如下所示，分别展示了 require 一个 Lua 模块和一个 C 模块的方法。

```
local lua_module = require("path.luamodule")
local cmodule = require ("cmodule")
```

在官方版本中，调用 require 函数的括号通常是省略的。在 require Lua 模块时，传入的参数 path.luamodule 中的点符号，在 require 函数内部会被替换。在 Windows 环境下会被替换为 "\\"，而在 Linux 环境下会被替换为 "/"，替换后的参数，会和默认路径（后文会提到）拼在一起查找模块。被 require 函数加载的模块，一般需要返回一个 Lua 表。

当通过 require 函数加载一个 Lua 模块时，会将 Lua 模块的代码编译并执行一次，然后将其设置到 package.loaded 表中。假设上述代码的 luamodule 如下所示，那么 package.loaded 表中的结果就是 package.loaded["path.luamodule"] =table (luamodule 返回的 Lua 表)。

```
-- luamodule.lua
local ret_table = {}...
return ret_table
```

如果 luamodule 中什么也没返回，那么 package.loaded 中的结果则是 package.loaded ［"path.luamod-ule"］= true。

至于 C 模块，首先要编译一个动态链接库，并且在动态链接库内定义好以 "luaopen_" 作为前缀的函数。在这个函数中，将要导出给 Lua 层使用的函数塞到一个 Lua 表中，并返回。具体实现代码下所示。

```
#include "clib/luaaux.h"
#include "common/luastate.h"

static int hello_world(struct lua_State* L) {
    lua_getglobal(L, "print");
    lua_pushstring(L, "cmodule:hello world");
    luaL_pcall(L, 1, 0);

    return 0;
}

LUA_API int luaopen_cmodule(struct lua_State* L) {
    lua_createtable(L);
    lua_pushcfunction(L, hello_world);
    lua_setfield(L, -2, "hello_world");

    return 1;
}
```

本节开头展示的 Lua 代码中，require 函数传入 "cmodule" 并执行之后，它首先会找到这个动态链接库，以上面这段 C 代码为例，在动态链接库中查找 luaopen_cmodule 函数并执行它。完成之后，在 luaopen_cmodule 函数内创建的 Lua 表，也会存入 packag. loaded 表中。该表会新增一个键值对：package.loaded ［"cmodule"］= table（刚刚创建的 Lua 表）。

当模块被存入 package.loaded 表之后，再次调用 require 函数就会直接从 loaded 表中查找到并返回，而不会再去编译 Lua 脚本并执行或者执行动态链接库里 "luaopen_" 作为前缀的函数。

▶▶ 5. 5. 2 package 初始化

本节附带的测试代码如下所示。

```
#include "p13_test.h"
#include "../vm/luagc.h"
#include "../common/luastring.h"

static void check_error(struct lua_State* L, int code) {
    if (code != LUA_OK && (novariant(L->top - 1) == LUA_TSTRING)) {
        TString* ts = gco2ts(gcvalue(L->top - 1));
```

```
                    printf(getstr(ts));
            }
    }

    void p13_test_main() {
        struct lua_State* L = luaL_newstate();
        luaL_openlibs(L);

        const char* filename = "../scripts/part13_test.lua";
        int ok = luaL_loadfile(L, filename);
        if (ok == LUA_OK) {
                ok = luaL_pcall(L, 0, 0);
                check_error(L, ok);
        }
        else {
                printf("failure to load file % s \n", filename);
        }

        lua_close(L);
    }
```

通过 luaL_newstate 函数创建 Lua 虚拟机实例之后，接下来会通过 luaL_openlibs 函数注册一些全局函数和一些库。其中包括在内部调用 luaopen_package 函数来初始化 package 表。

在创建 package 表之前，luaopen_package 函数首先会往全局注册表（G（L）->l_registry）中创建一个 CLIBS 表。这个表只用到了数组部分，是用来存放动态库实例指针的（比如在 Linux 平台下，通过 dlopen 函数加载出来的动态链接库实例）。通过 require 函数加载一个动态链接库时，会将库实例存入 CLIBS 表中。在虚拟机实例销毁时，卸载它们（比如在 Linux 平台下，通过 dlclose 函数来卸载）。

在完成 CLIBS 表的初始化之后，接下来就是创建一个 package 表，并且初始化 package.searchers。这里将 4 个查找函数注册到它的数组部分中，按先后顺序分别是 searcher_preload、searcher_Lua、seracher_C 和 searcher_Croot。这几个函数是用来查找模块加载器的，后面会介绍加载器的内容。

在完成 package.searchers 表的创建和初始化之后，就是设置 package.path 和 package.cpath 域了。它们分别指明了 Lua 模块和 C 模块的加载路径。它们的官方默认路径如下。

```
#define LUA_VDIR    LUA_VERSION_MAJOR "." LUA_VERSION_MINOR
#if defined(_WIN32)    /* { */
/*
* * In Windows, any exclamation mark ('! ') in the path is replaced by the
* * path of the directory of the executable file of the current process.
*/
#define LUA_LDIR    "! \lua\"
#define LUA_CDIR    "! \"
#define LUA_SHRDIR  "! \..\share\lua \" LUA_VDIR "\"
#define LUA_PATH_DEFAULT \
    LUA_LDIR"?.lua;" LUA_LDIR"? \init.lua;" \
    LUA_CDIR"?.lua;" LUA_CDIR"? \init.lua;" \
    LUA_SHRDIR"?.lua;" LUA_SHRDIR"? \init.lua;" \
    ".\?.lua;" ".\? \init.lua"
```

```
#define LUA_CPATH_DEFAULT \
      LUA_CDIR"?.dll;" \
      LUA_CDIR"..\lib\lua\" LUA_VDIR "\?.dll;" \
      LUA_CDIR"loadall.dll;" ".\?.dll"

#else             /*  }{ */

#define LUA_ROOT     "/usr/local/"
#define LUA_LDIR     LUA_ROOT "share/lua/" LUA_VDIR "/"
#define LUA_CDIR     LUA_ROOT "lib/lua/" LUA_VDIR "/"
#define LUA_PATH_DEFAULT \
      LUA_LDIR"?.lua;" LUA_LDIR"? /init.lua;" \
      LUA_CDIR"?.lua;" LUA_CDIR"? /init.lua;" \
      "./?.lua;" "./? /init.lua"
#define LUA_CPATH_DEFAULT \
      LUA_CDIR"?.so;" LUA_CDIR"loadall.so;" "./?.so"
#endif             /*  } */
```

路径之间通过 ";" 分隔。在 Windows 平台下，"!" 会被替换成 exe 文件的绝对路径。在查找阶段，"?" 会被替换成要被加载的模块的名称（即 require 函数传入的参数）。接着 luaopen_package 函数会将全局注册表中的_LOADED 表，设置到 package.loaded 域中。随后创建 package.preload 表。最后将一个 ll_require 函数注册到全局表中，并且命名为 "require"。

▶▶ 5.5.3 require 运作流程

调用 require 函数加载一个模块时（假设传入参数为 "aa.bb.cc"），会经历如下几个步骤。

1）查找 package.preload 表（预加载器，可以在 Lua 脚本层定义），看能否找到该模块的加载器（即 package.preload ["aa.bb.cc"] 不为 nil），如果能则立即返回结果，否则执行下一步。这里需要注意的是，package.preload 中的值一定是函数类型。

2）查找 package.loaded 表中以 require 函数的参数为键的值，如果存在（例如 package.loaded ["aa.bb.cc"] 不为 nil），则直接返回结果，否则进入下一步。

3）在 package.path 指定的路径中查找模块。前面也提到过，路径通过 ";" 隔开，假设 package.path 的值为：

```
C:\Projects\let-us-build-a-lua-interpreter\C05\dummylua-5-5\build\Debug\lua\?.lua; C: \
Projects\let-us-build-a-lua-interpreter\C05\dummylua-5-5\build\Debug\lua\? \init.
lua;.\?.lua;.\? \init.lua;
```

那么以传入的参数为 "aa.bb.cc" 为例，其查找顺序从上往下则是：

```
C:\Projects\let-us-build-a-lua-interpreter\C05\dummylua-5-5\build\Debug\lua\aa\bb\cc.lua
C:\Projects\let-us-build-a-lua-interpreter\C05\dummylua-5-5\build\Debug\lua\aa\bb\cc \
init.lua
.\aa\bb\cc.lua
.\aa\bb\cc\init.lua
```

这里需要注意的是，传入的参数如果有 "."，那么会被替换成反斜杠，最后再替换路径中的

"?"，并且用新拼好的路径去查找文件。如果找到则进行加载、编译和执行操作，如果没找到则进入下一步。

4）在 package.cpath 指定的路径中查找 C 模块，查找文件的方式和上一步类似，只是路径不一样。假设 package.cpath 在 Windows 平台上的值为：

    C:\Projects\let-us-build-a-lua-interpreter\C05\dummylua-5-5\build\Debug\?.dll;

那么它在 Linux 平台上的值则是：

    C:\Projects\let-us-build-a-lua-interpreter\C05\dummylua-5-5\build\Debug\?.so;

假设要查找的库文件名是"aa.bb.cc"，那么查找它的路径则是（以 Windows 平台为例）：

    C:\Projects\let-us-build-a-lua-interpreter\C05\dummylua-5-5\build\Debug\aa\bb\cc.dll;

如果找到则将它加载到内存，并查找库文件中以"luaopen_"为前缀的函数（本例中是 luaopen_aa_bb_cc，参数中的点会被替换成下画线），然后执行它。如果找不到库文件，则进入下一步。

5）从参数中查找第一个"."前面的部分，将其作为要查找的模块名，然后从 package.cpath 路径中查找。以"aa.bb.cc"为例，此时会查找的路径为：

    C:\Projects\let-us-build-a-lua-interpreter\C05\dummylua-5-5\build\Debug\aa.dll;

如果找到 C 模块，那么将会加载它，并执行"luaopen_"为前缀的函数。在本例中就是 luaopen_aa_bb_cc。如果参数只是"aa"的话，那么查找的也只是 aa.dll，查找并运行里面的 luaopen_aa 函数。如果都找不到则抛出异常。

▶ 5.5.4 dummylua 的 require 机制实现

至此，本节内容就介绍完了。由于 require 函数的实现机制并不复杂，所以本节没有用很大的篇幅去论述。随书源码在 C05/dummylua-5-5 中，读者可以自行下载并查阅。

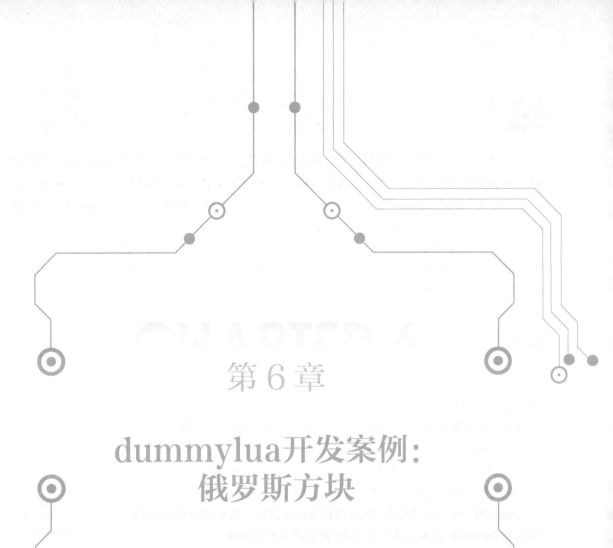

第 6 章

dummylua开发案例：
俄罗斯方块

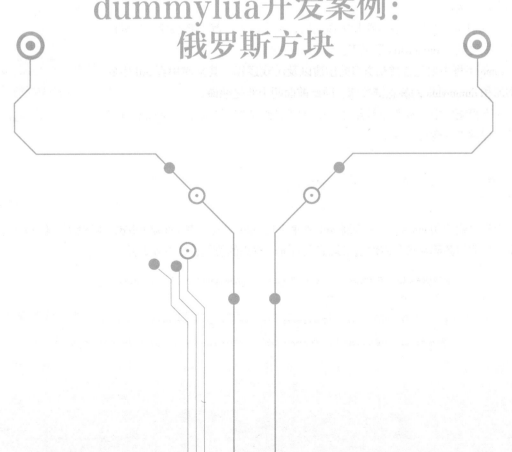

6.1 案例简介

到目前为止，完成了一个功能较为完备的 Lua 解释器了。本章将介绍使用 dummylua 开发的益智小游戏——俄罗斯方块。开发这个小游戏的目的，一方面是为了校验本书所写内容的正确性，另一方面，其实是为了阐述 Lua 解释器从零到基本成型的过程。因此，需要一个小项目来检验它的完整性。为了描述方便，本章后续将此项目称为 tetris。

tetris 是一个在 Windows 系统上运行的益智小游戏。工程实现位于随书源码的 C06/tetris 目录下。工程提供了一个 d2d 的动态链接库，这个库包含了绘制字体和方块的图形接口，并导出给 dummylua 使用。除了图形相关的接口，tetris 的业务逻辑全部在脚本层实现。

6.2 案例代码结构

tetris 的工程组织如图 6-1 所示。它由 3 个工程组成，每个工程都使用 cmake 构建。3rd 内有一个 d2d 工程，对该工程进行编译之后，会生成一个动态链接库，并被复制到 clibs 目录下。这个动态链接库为脚本层提供了绘制字体和方块的接口。

dummylua 工程在完成构建和编译之后，会生成一个静态链接库，生成的结果会被复制到 dummylua 目录下。

game 工程主要包含游戏窗口的创建以及游戏逻辑。其会使用到 3rd 中的动态库和 dummylua 的静态链接库，因此前面两个要先编译。

由于篇幅所限，本章并不会对 tetris 的设计细节展开介绍，只会引导读者构建工程并编译运行 tetris。

● 图 6-1

6.3 编译与运行

首先，要使用 cmake 工具构建 3rd 目录下的 d2d 工程。在 tetris/3rd/d2d 目录下，创建一个 build 目录，然后将源码目录和库输出目录填入 cmake 对应的位置，如图 6-2 所示。

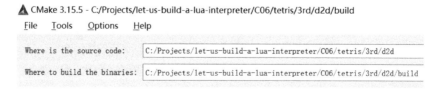

● 图 6-2

单击"Configure"按钮生成 cmake 配置（如图 6-3 所示），然后再单击"Generate"按钮生成 Visual Studio 工程。接着单击"Open Project"按钮打开该工程，然后编译该工程，最后会在 3rd/clibs 目录下生成一个 d2d.dll 动态链接库。

● 图 6-3

接下来需要用同样的方式，在 tetris/dummylua 目录下，创建一个 build 目录。再重复上面的步骤，构建 dummylua 的 Visual Studio 工程，然后在 Visual Studio 工程中编译该工程，最后会在 tetris/dummylua 目录下生成一个 dummylua.lib 的静态链接库。

最后是构建 game 工程，重复前面的步骤，编译和运行后，可以得到图 6-3 所示的结果。

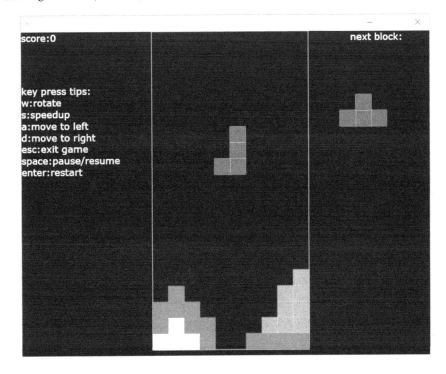

● 图 6-4

至此，对 tetris 项目的构建和运行的介绍就完成了，更多的细节，还需要读者自行阅读随书源码相关部分的内容。

附　　录

附录 A　Lua 虚拟机指令集

本书所有的虚拟机指令都将在附录 A 中阐述，附录中的指令，将按照第 1 章表 1-1 罗列的顺序来阐述。在阅读附录 A 之前，建议读者先阅读第 3 章的 3.1 节~3.5 节，这样能更好地理解虚拟机指令。

A.1　描述指令逻辑的函数和符号

第 1 章介绍了 Lua 虚拟机指令集里的指令，表 1-1 用很多函数和符号来描述虚拟机指令的行为，因此对这些函数和符号进行解释和说明是非常有必要的。

描述指令行为的函数和符号，分别是 R 函数、Kst 函数、RK 函数、PC 变量和上值。

▶ A.1.1　R 函数介绍

R 函数代表获取 Lua 虚拟机上的寄存器，而 Lua 虚拟机的寄存器，是函数被调用时用虚拟栈上的空间来表示的。当 Lua 函数被调用时，Lua 虚拟机会为其分配一个独占的虚拟栈空间。一个 Lua 函数虚拟栈空间的大小由编译器决定，虚拟机只会按照编译的结果来进行分配。Lua 函数栈的每一个空间都可以表示为寄存器，而每一个空间都有一个寄存器 ID 值，如图 A-1 所示。

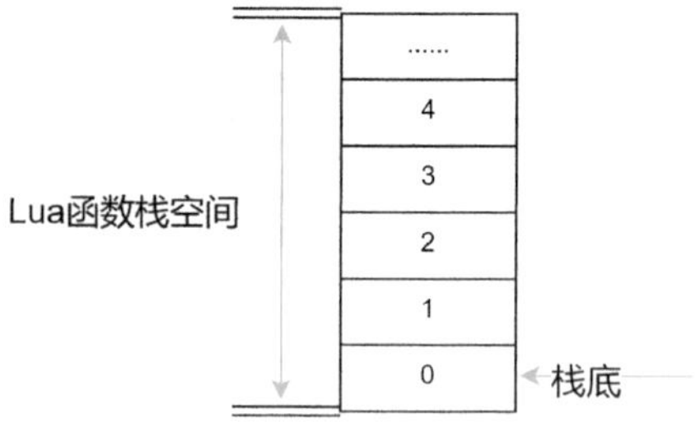

图 A-1 中的数字就是当栈空间表示为寄存器时，它的寄存器 ID，从栈底向栈顶由 0 开始递增。当虚拟机指令表示要获取一个寄存器时，则使用 R 函数来表示，R 函数会返回对应空间的地址，比如 R(0) 表示栈空间中标记为 0 的位置。获取寄存器的地址之后，就可以修改或获取地址所指向的值了。

● 图 A-1

▶ A.1.2　Kst 函数介绍

Kst 函数的作用则是表示获取 Lua 函数中的常量。在 Lua 中，常量指整型数值（如 123）、浮点型数值（如 123.456）、nil 值、字符串（如 "hello"）和布尔值（如 true 和 false）。这些常量会按照出现的顺序被写入到函数的常量表中。

第 3 章已经对 Proto 结构进行了详细的说明。一个 Proto 对应一个 Lua 函数，它包含了 Lua 函数的编译结果。Proto 结构包含一个常量表，也就是说，每个 Lua 函数都有自己独立的常量表。那什么样的值会被存入常量表？下面将举几个例子来进行说明。

例 1，全局变量赋值语句中的左值和右值（当且仅当是常量时）均会存入常量表，如：

```
--test.lua
globalA=nil
globalB = 1
globalC = 1.0
globalD = true
globalE = "global string"
```

使用 protodump 工具转化后得到图 A-2 所示的结果。

```
file_name = ../test.lua.out
 +upvals+1+name [_ENV]
 +proto+lineinfo+1 [1]
 |      |       +2 [2]
 |      |       +3 [3]
 |      |       +4 [4]
 |      |       +5 [5]
 |      |       +6 [5]
 |      +type_name [Proto]
 |      +code+1 [iABC:OP_SETTABUP      A:0   B  :256 C:257 ; upvalue[A][RK(B)] := RK(C)]
 |      |    +2 [iABC:OP_SETTABUP      A:0   B  :258 C:259 ; upvalue[A][RK(B)] := RK(C)]
 |      |    +3 [iABC:OP_SETTABUP      A:0   B  :260 C:261 ; upvalue[A][RK(B)] := RK(C)]
 |      |    +4 [iABC:OP_SETTABUP      A:0   B  :262 C:263 ; upvalue[A][RK(B)] := RK(C)]
 |      |    +5 [iABC:OP_SETTABUP      A:0   B  :264 C:265 ; upvalue[A][RK(B)] := RK(C)]
 |      |    +6 [iABC:OP_RETURN        A:0   B  :1        ; return R(A), ... ,R(A+B-2)  (see note)]
 |      +linedefine [0]
 |      +numparams [0]
 |      +is_vararg [1]
 |      +source [@../test.lua]
 |      +upvalues+1+name [_ENV]
 |      |          +instack [1]
 |      |          +idx [0]
 |      +p
 |      +k+1 [globalA]
 |      | +2 [nil]
 |      | +3 [globalB]
 |      | +4 [int:1]
 |      | +5 [globalC]
 |      | +6 [float:1.0]
 |      | +7 [globalD]
 |      | +8 [boolean:1]
 |      | +9 [globalE]
 |      | +10 [global string]
 |      +locvars
 |      +lastlinedefine [0]
 |      +maxstacksize [2]
 +type_name [LClosure]
```

● 图 A-2

test.lua 的 Chunk 所对应的 Proto 结构，有一个常量表 k，全局变量名和字符串一样，都是以字符串的形式存入常量表 k 中的。此外，整型数值、浮点型数值和布尔型数值也会存入到常量表 k 中。同一个常量在常量表 k 中只有一份。

例 2，局部变量的赋值语句中，局部变量名不会写入常量表 k，但是赋值语句的右值是常量时会写入，如：

```
local a ="hello"
```

使用 protodump 工具转化后生成图 A-3 所示的结果。

```
file_name = ../test.lua.out
+type_name [LClosure]
+proto+p
|       +lastlinedefine [0]
|       +lineinfo+1 [1]
|       |       +2 [1]
|       +locvars+1+varname [a]
|       |        +startpc [1]
|       |        +endpc [2]
|       +upvalues+1+name [_ENV]
|       |         +idx [0]
|       |         +instack [1]
|       +source [@../test.lua]
|       +maxstacksize [2]
|       +linedefine [0]
|       +k+1 [hello]
|       +is_vararg [1]
|       +type_name [Proto]
|       +numparams [0]
|       +code+1 [iABx:OP_LOADK        A:0   Bx :0     ; R(A) := Kst(Bx)]
|           +2 [iABC:OP_RETURN        A:0   B  :1     ; return R(A), ... ,R(A+B-2)  (see note)]
+upvals+1+name [_ENV]
```

● 图 A-3

例 3，局部变量赋值为布尔型常量时不会存入常量表 k，如：

```
local a = true
```

使用 protodump 工具转化后生成图 A-4 所示的结果。

```
+proto+maxstacksize [2]
|     +numparams [0]
|     +linedefine [0]
|     +k
|     +locvars+1+varname [a]
|     |        +startpc [1]
|     |        +endpc [2]
|     +source [@../test.lua]
|     +p
|     +lineinfo+1 [1]
|     |       +2 [1]
|     +upvalues+1+name [_ENV]
|     |         +instack [1]
|     |         +idx [0]
|     +lastlinedefine [0]
|     +is_vararg [1]
|     +type_name [Proto]
|     +code+1 [iABC:OP_LOADBOOL     A:0   B  :1   C:0  ; R(A) := (Bool)B; if (C) pc++]
|         +2 [iABC:OP_RETURN        A:0   B  :1        ; return R(A), ... ,R(A+B-2)  (see note)]
+upvals+1+name [_ENV]
+type_name [LClosure]
```

● 图 A-4

这个语句中常量表为空，但是 code 指令列表中，OP_LOADK 指令替换为了 OP_LOADBOOL 指令，这是 Lua 编译器的一种优化手段。

例4，如果调用的是全局函数，那么函数名和参数列表会写入常量表中，如：

```
gFunc(aa, "bb", 1, true, nil)
```

使用 protodump 工具转化后得到图 A-5 所示的结果。从图中可以观察到，函数名 gFunc、全局变量名 aa、字符串"bb"、整型常量 1 都写入到常量表 k 中了，只有布尔值 true 和 nil 没有写入。观察指令列表 code，可以发现 true 和 nil 的值。因为足够简单，已被完全包含到指令 OP_LOADBOOL 和 OP_LOADNIL 两个指令中了，这属于 Lua 解释器的优化范畴。

```
+proto+is_vararg [1]
|     +upvalues+1+name [_ENV]
|     |         |    +idx [0]
|     |         |    +instack [1]
|     +numparams [0]
|     +type_name [Proto]
|     +locvars
|     +code+1 [iABC:OP_GETTABUP     A:0   B :0   C:256 ; R(A) := upvalue[B][RK(C)]]
|     |    +2 [iABC:OP_GETTABUP     A:1   B :0   C:257 ; R(A) := upvalue[B][RK(C)]]
|     |    +3 [iABx:OP_LOADK        A:2   Bx :2        ; R(A) := Kst(Bx)]
|     |    +4 [iABx:OP_LOADK        A:3   Bx :3        ; R(A) := Kst(Bx)]
|     |    +5 [iABC:OP_LOADBOOL     A:4   B :1   C:0   ; R(A) := (Bool)B; if (C) pc++]
|     |    +6 [iABC:OP_LOADNIL      A:5   B :0         ; R(A), R(A+1), ..., R(A+B) := nil]
|     |    +7 [iABC:OP_CALL         A:0   B :6   C:1   ; R(A), ... ,R(A+C-2) := R(A)(R(A+1), ... ,R(A+B-1))]
|     |    +8 [iABC:OP_RETURN       A:0   B :1         ; return R(A), ... ,R(A+B-2)  (see note)]
|     +lineinfo+1 [1]
|     |        +2 [1]
|     |        +3 [1]
|     |        +4 [1]
|     |        +5 [1]
|     |        +6 [1]
|     |        +7 [1]
|     |        +8 [1]
|     +k+1 [gFunc]
|     | +2 [aa]
|     | +3 [bb]
|     | +4 [int:1]
|     +source [@../test.lua]
|     +p
|     +maxstacksize [6]
|     +linedefine [0]
|     +lastlinedefine [0]
+upvals+1+name [_ENV]
+type_name [LClosure]
```

● 图 A-5

例5，局部函数的调用，如：

```
local lFunc
lFunc(aa, "bb", 1, true, nil)
```

使用 protodump 工具转化后得到图 A-6 所示的结果。可以看到，除了函数名没在常量表中，其他的情况和全局函数调用的类似。

例6，函数的定义，主要分为全局函数和局部函数两种情况。本例代码使用 protodump 工具转化后生成图 A-7 所示的结果。

```
function gFunc(arg1, arg2)
end

local function lFunc(arg1, arg2)
end
```

```
+proto+type_name [Proto]
    +p
    +lineinfo+1 [1]
    |       +2 [2]
    |       +3 [2]
    |       +4 [2]
    |       +5 [2]
    |       +6 [2]
    |       +7 [2]
    |       +8 [2]
    |       +9 [2]
    +source [@../test.lua]
    +k+1 [aa]
    | +2 [bb]
    | +3 [int:1]
    +lastlinedefine [0]
    +maxstacksize [7]
    +linedefine [0]
    +code+1 [iABC:OP_LOADNIL      A:0   B  :0           ; R(A), R(A+1), ..., R(A+B) := nil]
    |    +2 [iABC:OP_MOVE         A:1   B  :0           ; R(A) := R(B)]
    |    +3 [iABC:OP_GETTABUP     A:2   B  :0  C:256 ; R(A) := upvalue[B][RK(C)]]
    |    +4 [iABx:OP_LOADK        A:3   Bx :1           ; R(A) := Kst(Bx)]
    |    +5 [iABx:OP_LOADK        A:4   Bx :2           ; R(A) := Kst(Bx)]
    |    +6 [iABC:OP_LOADBOOL     A:5   B  :1  C:0   ; R(A) := (Bool)B; if (C) pc++]
    |    +7 [iABC:OP_LOADNIL      A:6   B  :0           ; R(A), R(A+1), ..., R(A+B) := nil]
    |    +8 [iABC:OP_CALL         A:1   B  :6  C:1   ; R(A), ... ,R(A+C-2) := R(A)(R(A+1), ... ,R(A+B-1))]
    |    +9 [iABC:OP_RETURN       A:0   B  :1           ; return R(A), ... ,R(A+B-2)  (see note)]
    +numparams [0]
    +upvalues+1+idx [0]
    |          +instack [1]
    |          +name [_ENV]
    +locvars+1+endpc [9]
    |          +varname [lFunc]
    |          +startpc [1]
    +is_vararg [1]
```

● 图 A-6

最外层的 Proto 对应的是 Chunk，只有一个全局函数名 gFunc 被写入常量表，局部函数名 lFunc 并未写入。并且 Chunk 的 Proto 内嵌的两个 Proto 结构，分别对应 gFunc 和 lFunc 函数，它们也没有任何信息写入常量表。也就是说，在函数定义中，参数表的变量名是作为局部变量存在的，因此也不会写入常量表中。此外，Lua 的关键字（如 function、if、else 等）也不会写入常量表。

例 7，表的访问。对一个表的访问有两种方式，一种是通过符号 "." 来访问，另一种则是通过 "［" 和 "］" 来访问。下面来看本例的代码，其使用 protodump 工具转化后生成图 A-8 所示的结果。

```
print(gt.aa)
print(gt[bb])
```

常量表中存储了函数名 print、全局表 gt，以及它的 key：aa 和 bb。这些变量名是以字符串的形式存入常量表的。如果 gt 是个局部变量，那么 gt 本身不会存入常量表中。

例 8，当一个函数定义引用外层函数的变量作为上值的情况。下面来看一下本例的代码，通过 protodump 工具转化后得到图 A-9 所示的结果。

```
function test_func()
    print(var)
end
```

Chunk 对应的 Proto 常量表中包含了 test_func 字符串，因为是在 Chunk 内定义的函数。而 test_func 函数本身的 Proto 实例，常量表中包含了 var 字符串。当 var 是局部变量时，它就不会存入常量表了，这个和上值的机制有关系。

```
+proto+linedefine [0]
|    +locvars+1+startpc [3]
|    |      +endpc [4]
|    |      +varname [lFunc]
|    +maxstacksize [2]
|    +lastlinedefine [0]
|    +type_name [Proto]
|    +is_vararg [1]
|    +k+1 [gFunc]
|    +upvalues+1+name [_ENV]
|    |         +idx [0]
|    |         +instack [1]
|    +lineinfo+1 [2]
|    |        +2 [1]
|    |        +3 [5]
|    |        +4 [5]
|    +code+1 [iABx:OP_CLOSURE      A:0    Bx :0      ; R(A) := closure(KPROTO[Bx])]
|    |     +2 [iABC:OP_SETTABUP     A:0    B  :256 C:0  ; upvalue[A][RK(B)] := RK(C)]
|    |     +3 [iABx:OP_CLOSURE      A:0    Bx :1      ; R(A) := closure(KPROTO[Bx])]
|    |     +4 [iABC:OP_RETURN       A:0    B  :1      ; return R(A), ... ,R(A+B-2)  (see note)]
|    +source [@../test.lua]
|    +p+1+is_vararg [0]
|    |  |  +locvars+1+startpc [0]
|    |  |  |         +endpc [1]
|    |  |  |         +varname [arg1]
|    |  |  |       +2+startpc [0]
|    |  |  |          +endpc [1]
|    |  |  |          +varname [arg2]
|    |  |  +maxstacksize [2]
|    |  |  +type_name [Proto]
|    |  |  +lastlinedefine [2]
|    |  |  +linedefine [1]
|    |  |  +upvalues
|    |  |  +lineinfo+1 [2]
|    |  |  +k
|    |  |  +code+1 [iABC:OP_RETURN       A:0    B  :1        ; return R(A), ... ,R(A+B-2)  (see note)]
|    |  |  +p
|    |  |  +numparams [2]
|    |  +2+is_vararg [0]
|    |     +locvars+1+startpc [0]
|    |     |      |  +endpc [1]
|    |     |      +varname [arg1]
|    |     |    +2+startpc [0]
|    |     |       +endpc [1]
|    |     |       +varname [arg2]
|    |     +maxstacksize [2]
|    |     +type_name [Proto]
|    |     +lastlinedefine [5]
|    |     +linedefine [4]
|    |     +upvalues
|    |     +lineinfo+1 [5]
|    |     +k
|    |     +code+1 [iABC:OP_RETURN       A:0    B  :1        ; return R(A), ... ,R(A+B-2)  (see note)]
|    |     +p
|    |     +numparams [2]
|    +numparams [0]
+type_name [LClosure]
```

● 图 A-7

至此，完成了对常量表的介绍。这里需要强调的是，每一个 Lua 函数都有一个常量表，Lua 函数内的常量会被存入常量表中。

Kst 函数的作用就是返回当前被调用函数中常量表的常量值。由于图 A-2～图 A-9 中，常量表下标从 1 开始，因此当调用 Kst(n) 时（n 为自然数），它实际上是取 Proto.k[n-1] 的值。

本节罗列了 8 个常见的例子，并未涵盖所有添加常量表的规则，因此当读者遇到未出现在例子里的情况时，可以借助 protodump 工具进行综合分析。

```
+proto+upvalues+1+instack [1]
|     |          +name [_ENV]
|     |          +idx [0]
|     +linedefine [0]
|     +lastlinedefine [0]
|     +locvars
|     +source [@../test.lua]
|     +lineinfo+1 [1]
|     |       +2 [1]
|     |       +3 [1]
|     |       +4 [1]
|     |       +5 [2]
|     |       +6 [2]
|     |       +7 [2]
|     |       +8 [2]
|     |       +9 [2]
|     |       +10 [2]
|     +p
|     +k+1 [print]
|     | +2 [gt]
|     | +3 [aa]
|     | +4 [bb]
|     +type_name [Proto]
|     +code+1 [iABC:OP_GETTABUP      A:0  B :0   C:256 ; R(A) := upvalue[B][RK(C)]]
|     |    +2 [iABC:OP_GETTABUP      A:1  B :0   C:257 ; R(A) := upvalue[B][RK(C)]]
|     |    +3 [iABC:OP_GETTABLE      A:1  B :1   C:258 ; R(A) := R(B)[RK(C)]]
|     |    +4 [iABC:OP_CALL          A:0  B :2   C:1   ; R(A), ... ,R(A+C-2) := R(A)(R(A+1), ... ,R(A+B-1))]
|     |    +5 [iABC:OP_GETTABUP      A:0  B :0   C:256 ; R(A) := upvalue[B][RK(C)]]
|     |    +6 [iABC:OP_GETTABUP      A:1  B :0   C:257 ; R(A) := upvalue[B][RK(C)]]
|     |    +7 [iABC:OP_GETTABUP      A:2  B :0   C:259 ; R(A) := upvalue[B][RK(C)]]
|     |    +8 [iABC:OP_GETTABLE      A:1  B :1   C:2   ; R(A) := R(B)[RK(C)]]
|     |    +9 [iABC:OP_CALL          A:0  B :2   C:1   ; R(A), ... ,R(A+C-2) := R(A)(R(A+1), ... ,R(A+B-1))]
|     |    +10 [iABC:OP_RETURN       A:0  B :1         ; return R(A), ... ,R(A+B-2)  (see note)]
|     +maxstacksize [3]
|     +numparams [0]
|     +is_vararg [1]
+upvals+1+name [_ENV]
+type_name [LClosure]
```

● 图 A-8

```
+proto+numparams [0]
|     +linedefine [0]
|     +maxstacksize [2]
|     +lineinfo+1 [4]
|     |       +2 [2]
|     |       +3 [4]
|     +upvalues+1+name [_ENV]
|     |         +idx [0]
|     |         +instack [1]
|     +locvars
|     +p+1+code+1 [iABC:OP_GETTABUP      A:0  B :0   C:256 ; R(A) := upvalue[B][RK(C)]]
|     |  |     +2 [iABC:OP_GETTABUP      A:1  B :0   C:257 ; R(A) := upvalue[B][RK(C)]]
|     |  |     +3 [iABC:OP_CALL          A:0  B :2   C:1   ; R(A), ... ,R(A+C-2) := R(A)(R(A+1), ... ,R(A+B-1))]
|     |  |     +4 [iABC:OP_RETURN        A:0  B :1         ; return R(A), ... ,R(A+B-2)  (see note)]
|     |  +linedefine [2]
|     |  +maxstacksize [2]
|     |  +lineinfo+1 [3]
|     |  |       +2 [3]
|     |  |       +3 [3]
|     |  |       +4 [4]
|     |  +locvars
|     |  +p
|     |  +lastlinedefine [4]
|     |  +upvalues+1+name [_ENV]
|     |  |         +idx [0]
|     |  |         +instack [0]
|     |  +is_vararg [0]
|     |  +type_name [Proto]
|     |  +k+1 [print]
|     |  | +2 [var]
|     |  +numparams [0]
|     +lastlinedefine [0]
|     +k+1 [test_func]
|     +is_vararg [1]
|     +type_name [Proto]
|     +source [@../test.lua]
|     +code+1 [iABx:OP_CLOSURE        A:0  Bx :0         ; R(A) := closure(KPROTO[Bx])]
|          +2 [iABC:OP_SETTABUP       A:0  B :256 C:0    ; upvalue[A][RK(B)] := RK(C)]
|          +3 [iABC:OP_RETURN         A:0  B :1          ; return R(A), ... ,R(A+B-2)  (see note)]
+type_name [LClosure]
+upvals+1+name [_ENV]
```

● 图 A-9

A.1.3　RK 函数介绍

RK 函数其本质是 R 函数和 Kst 函数的结合。RK 函数的具体功能是由它的参数决定的，使用 RK 函数的方式如下所示。

```
RK(x)    x 为非负整数
```

当 x 的值小于 256 时，RK(x) 实际上就是 R(x)。当 x 的值大于等于 256 时，RK(x) 实际就是 Kst(x−256)。RK 函数能够极大地方便描述虚拟机指令的逻辑。

A.1.4　PC 变量介绍

在第 1 章的表 1-1 中，有一些指令的描述里使用了 PC 这个变量，它所表示的是下一个要执行指令的地址。

虚拟机要执行的指令实际上是存储在 Proto 结构中的 code 列表里的，PC 变量本质就是 savedpc 指针，PC 变量自增实际上就是表示 savedpc++操作。

A.1.5　upvalue 介绍

描述指令逻辑中的 upvalue，其实质就是表示 Lua 闭包实例的上值列表。更多关于上值的内容，可以参阅第 5 章的内容。

A.2　指令说明

本节将对本书涉及的 Lua 虚拟机的每一个指令进行详细说明。

1. OP_MOVE 指令

```
OP_MOVE     A B; R(A):=R(B)
//将寄存器 R(B) 上的值赋值到寄存器 R(A) 中
```

OP_MOVE 指令是 iABC 模式，该指令会按照 iABC 模式进行解析。A 和 B 的值均是非负整数值，该指令中 C 域未被使用。图 1-16 中 opcode 的值，即是 OP_MOVE 的枚举值。

由于 A 域是 8bit，因此 A 的取值范围在 0~255。因为 Lua 函数被调用时，虚拟栈空间均可作为寄存器使用，因此虚拟栈空间的最大尺寸是 256。而局部变量是通过虚拟机指令赋值到虚拟栈上的，因此单个函数定义的局部变量数目，理论上不能超过 256 个。

Lua 5.3 源码中，有个 MAXREGS 宏作限制，它的值是 255。实际上在 Lua 编译器中，当用户试图使用第 255 个寄存器时，会抛出 "function or expression needs too many registers" 的语法错误。

图 A-10 展示了复制的流程，这里 A 的值为 1，B 的值为 4。

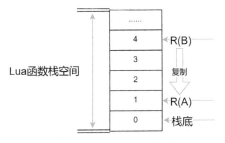

● 图 A-10

2. OP_LOADK 指令

```
OP_LOADK    A Bx; R(A):=Kst(Bx)
//将常量表 k 中的第 Bx 个变量赋值到寄存器 R(A)中
```

OP_LOADK 是 iABx 模式。Bx 是 18bit 的非负整数，因此 Bx 的范围是 0~262143。Kst（Bx）取的是常量表的值，因此常量表最大尺寸实际是 262144。

3. OP_LOADBOOL 指令

```
OP_LOADBOOL    A B C; R(A) := (Bool)B; if (C) pc++
//将 B 的值赋值到寄存器 R(A)中,并且 C 为非 0,那么 pc 指针自增
```

OP_LOADBOOL 指令是 iABC 模式，编译器将布尔值直接编入指令中。B、C 的值是 0 或者 1。如果 C 为真，那么跳过下一个指令，执行下下个指令。

4. OP_LOADNIL 指令

```
OP_LOADNIL    A B;R(A), R(A+1), ..., R(A+B) := nil
//从寄存器 R(A)开始到寄存器 R(A+B)的值,全部设置为 nil
```

OP_LOADNIL 指令是 iABC 模式，其中 C 域没有使用，A 和 B 均是非负整数。图 A-11 展示了一个例子，其中 A 的值为 1、B 的值为 3。

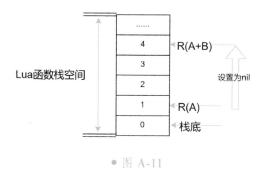

• 图 A-11

5. OP_GETUPVAL 指令

```
OP_GETUPVAL    A B; R(A) := upvalue[B]
//将当前调用的 Lua 函数的第 B 个 upvalue 赋值到寄存器 R(A)中
```

OP_GETUPVAL 指令是 iABC 模式，其中 C 域没有使用，A 和 B 均是非负整数。

6. OP_GETTABUP 指令

```
OP_GETTABUP    A B C; R(A) := upvalue[B][RK(C)]
//将当前调用的 Lua 函数第 B 个 upvalue 取出,它必定是一个表,并且使用 RK(C)获取该表的键,最终将键对应的值
//赋值给寄存器 R(A)
```

OP_GETTABUP 指令是 iABC 模式。这个指令本质是先获得 upvalue[B] 的值，这个值必定是 Lua 表，否则虚拟机会抛出异常。然后通过 RK(C) 获取要访问表的键，最后再将最后的值赋值给寄存器

R(A)。当 C 的值小于 256 时，RK(C) 实际就是 R(C)，当 C 的值大于等于 256 时，RK(C) 实际就是 Kst(C−256)。指令伪代码如下所示。

```
t = upvalue[B]
if not istable(t) then
    Thow error
end

key = RK(C)
R(A) =t[key]
```

7. OP_GETTABLE 指令

```
OP_GETTABLE    A B C; R(A) := R(B)[RK(C)]
//R(B)寄存器内的值必定是一个 Lua 表,通过 RK(C)获取该表的键,再将表对应键的值赋值到寄存器 R(A)中
```

OP_GETTABLE 指令是 iABC 模式。其中 R(B) 寄存器内的值必定是一个 Lua 表，否则 Lua 虚拟机会抛出异常。本指令的伪代码如下所示。

```
t = R(B)
if not istable(t) then
    throw error
end

key = RK(C)
R(A) =t[key]
```

8. OP_SETTABUP 指令

```
OP_SETTABUP    A B C;    upvalue[A][RK(B)] := RK(C)
//获取第 A 个 upvalue,它必定是一个 Lua 表,然后从 RK(B)中获取该表的键,并且将 RK(C)的值赋值到该键对应的值里
```

OP_SETTABUP 指令是 iABC 模式。其伪代码如下所示。

```
t = upvalue[A]
if not istable(t) then
    thow error
end

t[RK(B)] = RK(C)
```

9. OP_SETUPVAL 指令

```
OP_SETUPVAL    A B;    upvalue[B] := R(A)
//将 R(A)寄存器的值作为第 B 个 upvalue
```

OP_SETUPVAL 是 iABC 模式，其中 C 域未使用。

10. OP_SETTABLE 指令

```
OP_SETTABLE    A B C;  R(A)[RK(B)] := RK(C)
//寄存器 R(A)上的值必定是一个 Lua 表。RK(B)是 Lua 表 R(A)的 key,RK(C)将作为该 key 对应的值
```

OP_SETTABLE 是 iABC 模式，其伪代码如下所示。

```
t = R(A)
if not istable(t) then
    throw error
end

t[RK(B)]=RK(C)
```

11. OP_NEWTABLE 指令

```
OP_NEWTABLE  A B C;  R(A) := {} (size = B,C)
```
//创建一个新的表,array 部分的大小为 B,哈希表部分的大小为 C,并将这个表赋值到寄存器 R(A) 中

12. OP_SELF 指令

```
OP_SELF  A B C;  R(A+1) := R(B); R(A) := R(B)[RK(C)]
```
//将寄存器 R(B) 的值复制到寄存器 R(A+1) 中,R(B) 中的值必定是一个 Lua 表,最后通过 RK(C) 获取该表的键,将 Lua
//表对应的值赋值到寄存器 R(A) 中

OP_SELF 指令是 iABC 模式。这个指令有些特别，它一般不能作为第一个指令存在，而是先要有包含目标函数的表存入栈中，才能继续操作，如图 **A-12** 所示。t 表示 **OP_SELF** 指令的前一个指令压入栈中的 Lua 表。接着会将 t[RK(C)] 的值赋值到 R(A) 中，t[RK(C)] 必定是个函数，得到图 A-13 所示的结果。

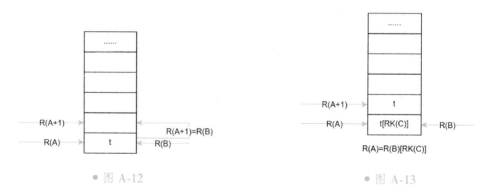

● 图 A-12   ● 图 A-13

13. OP_ADD 指令

```
OP_ADD   A B C;  R(A) := RK(B) + RK(C)
```
//将 RK(B) 和 RK(C) 的值相加后的结果赋值到寄存器 R(A) 中。RK(B) 和 RK(C) 一般要求同时是数值类型

14. OP_SUB 指令

```
OP_SUB   A B C;  R(A) := RK(B) - RK(C)
```
//将 RK(B) 和 RK(C) 的值相减后的结果赋值到寄存器 R(A) 中。RK(B) 和 RK(C) 一般要求同时是数值类型

15. OP_MUL 指令

```
OP_MUL   A B C;R(A) := RK(B) * RK(C)
```
//将 RK(B) 和 RK(C) 的值相乘后的结果赋值到寄存器 R(A) 中。RK(B) 和 RK(C) 一般要求同时是数值类型

16. OP_MOD 指令

```
OP_MOD A B C;R(A) := RK(B) % RK(C)
```
//将 RK(B) 和 RK(C) 的值进行求余操作后的结果赋值到寄存器 R(A) 中。RK(B) 和 RK(C) 一般要求同时是数值类型

17. OP_POW 指令

```
OP_POW    A B C;  R(A) := RK(B) ^ RK(C)
```
//以 RK(B) 为底数,以 RK(C) 为指数进行指数运算,并将结果赋值到寄存器 R(A) 中。RK(B) 和 RK(C) 一般要求同时是数值类型

18. OP_DIV 指令

```
OP_DIV    A B C;R(A) := RK(B) / RK(C)
```
//将 RK(B) 的值除以 RK(C) 的值,并将结果存入寄存器 R(A) 中。RK(B) 和 RK(C) 会被尝试转换成浮点类型再进行运算,
//其中 RK(C) 不能为 0

19. OP_IDIV 指令

```
OP_IDIV    A B C;R(A) := RK(B) // RK(C)
```
//尝试将 RK(B) 和 RK(C) 同时转换成整型数值,然后将 RK(B) 除以 RK(C),最后的结果也是整型,结果会被赋值到 R(A)
//寄存器中。如果 RK(B) 和 RK(C) 不能同时转换成整型,那么它们会尝试被转换成浮点型再进行计算。RK(C) 的值不能
//为 0

20. OP_BAND 指令

```
OP_BAND    A B C;  R(A) := RK(B) & RK(C)
```
//将 RK(B) 和 RK(C) 的值按位进行与操作,并将结果赋值到寄存器 R(A) 中。RK(B) 和 RK(C) 的值一般同时要求为
//整型类型

21. OP_BOR 指令

```
OP_BOR A B C;  R(A) := RK(B) | RK(C)
```
//将 RK(B) 和 RK(C) 的值按位进行或操作,并将结果赋值到寄存器 R(A) 中。RK(B) 和 RK(C) 的值一般同时要求为
//整型类型

22. OP_BXOR 指令

```
OP_BXOR  A B C;R(A) := RK(B) ~ RK(C)
```
//将 RK(B) 和 RK(C) 的值按位进行异或运算,并将结果赋值到寄存器 R(A) 中。RK(B) 和 RK(C) 的值一般同时要求为
//整型类型

23. OP_SHL 指令

```
OP_SHL  A B C;  R(A) := RK(B) << RK(C)
```
//将 RK(B) 的值向左移动 RK(C) 位,并将结果赋值到寄存器 R(A) 中。RK(B) 和 RK(C) 的值一般同时要求为整型类型

24. OP_SHR 指令

```
OP_SHR  A B C;R(A) := RK(B) >> RK(C)
```
//将 RK(B) 的值向右移动 RK(C) 位,并将结果赋值到寄存器 R(A) 中。RK(B) 和 RK(C) 的值一般同时要求为整型类型

25. OP_UNM 指令

```
OP_UNM    A B;   R(A) := -R(B)
```
//将 R(B) 的值取负，再将结果赋值到寄存器 R(A) 中。R(B) 一般是数值类型

26. OP_BNOT 指令

```
OP_BNOT    A B;   R(A) := ~R(B)
```
//将 R(B) 的值按位取反，再将结果赋值到寄存器 R(A) 中。R(B) 一般是整型数值

27. OP_NOT 指令

```
OP_NOT    A B;   R(A) := not R(B)
```
//将 R(B) 的值取非，再将结果赋值到寄存器 R(A) 中

28. OP_LEN 指令

```
OP_LEN    A B;   R(A) := length of R(B)
```
//取 R(B) 的长度，R(B) 可以是字符串或者是表

29. OP_CONCAT 指令

```
OP_CONCAT   A B C; R(A) := R(B).. ... ..R(C)
```
//从寄存器 R(B) 开始到寄存器 R(C) 的值，拼成一个字符串并赋值给寄存器 R(A)

30. OP_JMP 指令

```
OP_JMP   A sBx;   pc+=sBx; if (A) close all upvalues >= R(A - 1)
```
//将 PC 指针移动 sBx 个位置，sBx 可为正数也可为负数。如果 A 为真，所有的 upvalue 设置为 Close 状态

31. OP_EQ 指令

```
OP_EQ   A B C; if ((RK(B) == RK(C)) ~ = A) then pc++
```
//当 A 为 0 时，RK(B) 和 RK(C) 相等，那么 pc 指针自增。当 A 为 1 时，RK(B) 和 RK(C) 不相等，那么 pc 指针自增

32. OP_LT 指令

```
OP_LTA B C;if ((RK(B) <  RK(C)) ~ = A) then pc++
```
//当 A 为 0，且 RK(B)<RK(C) 时，那么 pc 指针自增。当 A 为 1，且 RK(B)>=RK(C) 时，那么 pc 指针自增

33. OP_LE 指令

```
OP_LE   A B C;if ((RK(B) <= RK(C)) ~ = A) then pc++
```
//当 A 为 0，且 RK(B)<=RK(C) 时，那么 pc 指针自增。当 A 为 1，且 RK(B)>RK(C) 时，那么 pc 指针自增

34. OP_TEST 指令

```
OP_TEST    A C;    if not (R(A) <=> C) then pc++
```
//当 R(A) 的值不等于 C 时，pc 指针自增

35. OP_TESTSET 指令

```
OP_TESTSET   A B C;   if (R(B) <=> C) then R(A) := R(B) else pc++
```
//当 R(B) 的值和 C 相等时，令寄存器 R(B) 的值赋值给寄存器 R(A)。当 R(B) 的值和 C 不相等时，pc 指针自增

36. OP_CALL 指令

```
OP_CALL    A B C;  R(A), ... ,R(A+C-2) := R(A)(R(A+1), ... ,R(A+B-1))
//A 是被调用函数在 Lua 虚拟栈中的位置,R(A) 表示这个函数
//B 是被调用函数的参数个数。当 B>0 时,函数 R(A) 有 B-1 个参数;当 B=0 时,从 R(A+1) 到栈顶均是函数 R(A) 的
//参数
//C 是函数预期返回的参数个数。当 C>0 时,函数 R(A) 有 C-1 个参数;当 C=0 时,从 R(A) 到栈顶均是函数 R(A) 的
//返回值。返回值会从 R(A) 的位置开始覆盖
```

37. OP_RETURN 指令

```
OP_RETURN  A B;  return R(A), ... ,R(A+B-2)
//A 表示第一个返回值位于 Lua 虚拟栈中的位置
//当 B>0 时,表示从 R(A) 开始,一共有 B-1 个返回值;当 B=0 时,表示从 R(A) 到栈顶的值都是返回值
```

38. 循环语句指令

循环语句指令包括 **OP_FORLOOP**、**OP_FORPREP**、**OP_TFORCALL** 和 **OP_TFORLOOP**,由于这几个指令比较复杂且需要组合使用,因此对它们的说明请参阅第 4 章第 3 节的内容。

39. OP_SETLIST 指令

```
OP_SETLIST A B C;R(A)[(C-1)* FPF+i] := R(A+i), 1 <= i <= B
//A 指向的位置是 Lua 表在虚拟栈中的位置
//i 的取值范围是[1, B]
//FPF(Field Per Flush)含义是每次处理的元素个数,Lua 默认配置是 50
//B 表示一次设置到 Lua 表中的元素个数,从 R(A+1) 开始到 R(A+B) 的元素,B 的值一般不会超过 FPF
//C 用来定位表 R(A) 开始赋值的位置。R(A+1) 到 R(A+B) 的值,从表的 (C-1)* FPF+1 开始赋值
//A、B 和 C 的值均由编译器决定
//当一个表初始化的元素超过 FPF 的数量时,编译器会生成多个 SETLIST 指令
```

40. OP_CLOSURE 指令

```
OP_CLOSURE  A Bx;  R(A) := closure(KPROTO[Bx])
//创建一个 Lua 闭包实例并赋值到寄存器 R(A) 中。新创建的 Lua 闭包关联 Proto 列表的第 Bx 个 Proto 实例
```

附录 B   Lua 的 EBNF 语法

以下为 EBNF 语法应遵循的基本描述规则。

1）"::="符号左边的符号可以被右边的符号取代。

2）"{}"内的表达式可以出现 0 次或者多次。

3）"[]"内的表达式可以出现 0 次或者 1 次。

4）使用"|"隔开的表达式中，只有一个会被选中用来取代左边的符号。

5）使用""包起来的符号（包括前面几条具有特别功能的符号），仅仅代表它是语句里的一个字符，不具备任何功能。

6）Name 表示标识符。

7）LiteralString 表示字符串。

8）Numeral 表示数值。

在了解 EBNF 的基本元素和描述规则之后，接下来看一下 Lua 语言的 EBNF，具体定义如下。

```
chunk ::= block

block ::= {stat} [retstat]

stat ::= ';' |
        varlist '=' explist |
        functioncall |
        label |
        break |
        goto Name |
        do block end |
        while exp do block end |
        repeat block until exp |
        if exp then block {elseif exp then block} [else block] end |
        for Name '=' exp ',' exp [',' exp] do block end |
        for namelist in explist do block end |
        function funcname funcbody |
        local function Name funcbody |
        local namelist ['=' explist]

retstat ::= return [explist] [';']

label ::= '::' Name '::'

funcname ::= Name {'.' Name} [':' Name]

varlist ::= var {',' var}
```

var ::= Name | prefixexp '[' exp ']' | prefixexp '.' Name

namelist ::= Name {',' Name}

explist ::= exp {',' exp}

exp ::= nil | false | true | Numeral | LiteralString | '...' | functiondef |
      prefixexp | tableconstructor | exp binop exp | unop exp

prefixexp ::= var | functioncall | '(' exp ')'

functioncall ::= prefixexp args | prefixexp ':' Name args

args ::= '(' [explist] ')' | tableconstructor | LiteralString

functiondef ::= function funcbody

funcbody ::= '(' [parlist] ')' block end

parlist ::= namelist [',' '...'] | '...'

tableconstructor ::= '{' [fieldlist] '}'

fieldlist ::= field {fieldsep field} [fieldsep]

field ::= '[' exp ']' '=' exp | Name '=' exp | exp

fieldsep ::= ',' | ';'

binop ::= '+' | '-' | '*' | '/' | '//' | '^' | '%' |
      '&' | '~' | '|' | '>>' | '<<' | '..' |
      '<' | '<=' | '>' | '>=' | '==' | '~=' |
      and | or

unop ::= '-' | not | '#' | '~'